管理叢書

The Business Psychology

商業心理學

掌握商務活動新優勢

3rd Edition

林仁和◎著

三版序

當《商業心理學：掌握商務活動新優勢》第三次修訂進行撰寫，美國心理學家盧桑斯（Fred Luthans，美國管理學會NAM前主席）與優塞夫（Carolyn M. Youssef）在他們的新書《心理資本和超越》（*Psychological Capital and Beyond*, 2015）將「心理資本」（Psychological Capital）概念引進商業心理學領域，引起了學術界與實務界熱烈迴響，同時提供本書修訂版本更具前瞻性的思維（參閱第一章商業加油站）。

所謂「心理資本」是指個人在參與專業訓練與發展過程中所展現出來的積極心理狀態，是促進商業工作者提升績效的心理資源。個人的心理資本有其「盈虧」，也就是正面心理（獎勵）是收入，負面心理（責難）是支出，如果正面心理多於負面心理便是盈利，反之，則是虧損。員工的工作成就感，實際上就是在職場上所獲得的心理資本能夠支撐他產生成就的主觀感受。同樣的道理，消費者是否在消費過程中獲得正面心理資本（消費滿意），是由企業提供優質服務與優良產品來支撐。因此，心理資本被看作企業的財力、技術、生產三大資本以外的第四大資本。

心理學在商業活動中，尤其是在人力資源運作方面，發揮著越來越重要的作用。盧桑斯指出：「企業的競爭優勢從何而來？不是財力，不是技術，而是人。人的潛能是無限的，而其根源在於人的心理資本。心理資本的概念和理論給我們的啓示，就是人力資源管理者，應該從心理學的角度拓寬管理視野，掌握幫助員工提升心理素質的方法和心理輔導的技術，引導員工以積極的心理投入工作，從而激發團隊的活力和激情，並促進工作績效的提升。」

由於個人的潛力巨大，所以相對於資金、技術和生產，心理資本的擴展空間是最大與最快速的，讓具有優質心理資本的員工帶來企業決定性的競爭優勢。擁有過人的心理資本的個人，能承受挑戰和變革，可以成為成功的員工、管理者和創業者，可以從逆境走向順境，從順境獲得更大的成就。自信、樂觀、堅韌的人勇於創新，敢於創新，能夠因地制宜地將知識和技能發揮最大的作用，成就自己也成就了所屬企業。這是「商業心理學」所以成爲商管學院核心課程之一的理由，需要隨時面對新挑戰。本書第三版的出書，適逢其時。

本書秉持一貫宗旨，以實務取向提供大專學生、商業工作者以及有興趣研究商業心理等讀者的參考工具書。新版本做了下列三個部分的修訂。第一部分，結構性的改變：全書共十三章，分爲三篇：基礎篇，包括第1章〈商業心理學理論基礎〉、第2章〈商業心理學的內容範疇〉以及第3章〈商業心理學研究方法〉；實務篇，包括第4章〈消費者的心理活動〉、第5章〈消費行爲與心理特徵〉、第6章〈消費行爲實務運作〉、第7章〈商業環境心理作用〉、第8章〈商品與消費心理作用〉、第9章〈商品包裝的心理作用〉以及第10章〈商品價格心理作用〉；進階篇：第11章〈商業廣告與消費心理〉、第12章〈商業溝通心理發展〉以及第13章〈商業談判心理發展〉。

第二部分，內容的更新：包括概念與參考文獻的更新，增列專業術語與參考書原文以及增加個案研究的案例。首先，配合學術國際化趨勢發展，相關概念與參考文獻的及時更新，是必要的措施；其次，將涉及外文的專業術語與外文書名，在第一次出現時，一律加註原文；第三，增加個案研究，每章都有加強課文內容的案例。

第三部分，在每一章末都附有一篇以實務取向的「商業加油站」，取材自經營管理具有代表性的人物、著作與個案，以便作爲專案探索之用。例如，麥當勞之父克洛克（Ray Kroc）代表性著作《永不放棄：我如何打造麥當勞王國》（*Grinding It Out: The Making of McDonald's*）以及其案例（第8章）；美國香水界先鋒雅詩蘭黛（Estee Lauder）以及她的自傳《雅詩：一個成功故事》（*Estee: A Success Story*）中的案例（第9章）；惠普公司首席執行長菲奧莉娜（Carly Fiorina）以及她的著作《迎接挑戰：我的領導旅程》（*Rising to the Challenge: My Leadership Journey*）中的案例（第13章）；成功企業家川普（Donald Trump）美國2017年新任總統以及在他的著作《川普：交易的藝術》（*Trump: The Art of the Deal*）的精彩故事（第2章）等，提供讀者自我修練的工具。

自1996年《商業心理學》第一次出書至今，歷經了2001年與2010年的修訂，承蒙授課教師、實務工作者以及同學們的許多回饋，讓此次修訂內容更加充實。同時，筆者也要感謝前人（無名氏）所累積下來的智慧結晶，包括本書引用了他們的觀念、理論與案例。此外，本書能夠如期出版，要向揚智文化編輯部致謝。

本書爲授課教師提供「教師手冊」，主要內容包括教學計畫、課程內容PPT、測驗問題題庫以及個案故事。

林仁和 謹識

2017年3月

東海大學

目　錄

實務篇 95

1 基礎篇

- Chapter 1　商業心理學理論基礎
- Chapter 2　商業心理學的內容範疇
- Chapter 3　商業心理學研究方法

商業心理學理論基礎

- 商業心理學科學基礎
- 商業活動的心理發展
- 商業行為的心理發展
- 商業加油站：等待別人恭維的人

商業心理學是心理學的分支學科之一。它將心理學、社會心理學、管理心理學的基本理論運用於人類社會的商業經濟活動。其探討對象是商業經濟活動過程中，人們的各種心理現象及其規律。

商業心理學形成於十九世紀末二十世紀初期的美國。1900年出現了探討消費者心理的廣告學和銷售學；1910年出現了全面探討消費者的購買動機和行爲的市場學；1912年出現了以探討推銷方法爲主的銷售學；它們都是商業心理學形成的基礎。第一次世界大戰後，許多資本主義企業從過去關心產品的生產能力，轉向關心產品的銷售能力，對於現實消費者和潛在消費者的心理現實有了更加深入的探討。逐漸地，商業心理學就成爲一門獨立的科學，一些商業大學紛紛列爲必修課程。

本章根據「商業心理學理論基礎」的主題，討論三個重要的議題：(1)商業心理學科學基礎；(2)商業活動的心理發展；(3)商業行爲的心理發展。

在第一節「商業心理學的科學基礎」裡，探討四個項目：商業心理學的意義、大腦活動的機能、客觀事物的反映、研究的科學原則。在第二節「商業活動的心理發展」裡討論三個項目：感覺與知覺的形成、記憶與聯想的形成、注意與興趣的形成。在第三節「商業行爲的心理發展」裡，討論兩個議題：思維與想像的發展、感情與意志的發展。

第一節　商業心理學科學基礎

埃及人早在西元前三十世紀之前，就猜想到智慧和腦的關係。西元前五世紀的希臘哲學家們也曾說大腦是「靈魂和意識的底座」。中國古代有人則認爲「人的心理活動發生在心臟」，這是因爲人們發現人由於流血過多而失去知覺或死去，便誤認爲精神現象發生在心臟上，所以就把精神活動稱爲「心理」而沿用至今。孟子就說過：「心之官則思。」還有的人認爲，精神活動發生在肝膽或脾臟，至今語言中的「心情」、「心碎了」、「膽小」、「發脾氣」、「肝膽相照」等許多詞彙，仍然保留著這

種認知的痕跡。

除此之外，甚至還有人認爲心理只是「靈魂」寄附在肉體上的表現，靈魂是可以離開肉體而不滅的無形東西。正如其他民間宗教一樣，台灣的民間信仰相信軀體入地爲安，靈魂不滅的信仰。但是，隨著科學發展和經驗的累積，人們終於否定了這些論點。當我們觀察到在睡眠或麻醉時，心臟的活動沒有變異，而精神狀態則大不相同了。腦部受了損傷的人，心理活動就會受到嚴重破壞，造成記憶消失、語無倫次、不能思維、精神失常或神志不清等。

於是人們開始理解到心理現象與腦有很大的關聯。隨著科學和醫學的進步，特別是生物學、生理學、解剖學的發展，以及對神經系統的實驗研究，都爲心理的研究提供了科學的依據。從此，確立了人的大腦在人的心理活動中的重要作用。於是，科學研究結論指出，心理的實質有兩個重點：(1)心理是大腦活動的機能；(2)心理是客觀事物的反應。

一、商業心理學的意義

商業心理學（Business Psychology）是心理學的分支學科之一。它將心理學、社會心理學、管理心理學的基本理論運用於人類社會商業經濟活動。其探討對象是商業經濟活動過程中，人們的各種心理現象及其規律。內容廣泛，包括下列四個項目：

(一)探討消費者的心理

消費者（顧客）有個體消費者和集體消費，例如機關、公司、學校等，重點是探討個體消費者心理。包括消費者對商品的認識過程，由商品引起的愉快與反感的過程，決定如何購買商品的意志過程；消費者的一般購買動機和具體購買動機；消費者的個性（如興趣、能力、氣質、性格）特徵與購買行爲的關係等。

(二)探討商品屬性與商業活動的互動

直接參與商業活動者，包括採購員、推銷員、售貨員等直接從事購買與銷售活動或間接從事購買與銷售活動人員的心理特點，以及與商業活動的相互影響。主要探討採購、銷售人員應具備哪些心理品質，才能做好份內的工作。然後，探討商品屬性與消費者的心理關係。商品屬性，包括商品命名、商標設計、商品包裝、商品價格、商業廣告等。

(三)探討市場與服務心理

市場心理，指的是市場的商品供需關係與心理，商業與心理，例如店面招牌、櫥窗設計、店內裝潢與心理。探討服務心理，則指的是銷售性服務與心理和勞動性服務與心理兩個方面。在銷售服務過程中，服務事項是否完善，服務態度是否積極，都會引起消費者心理的不同反應。

(四)探討組織管理心理

探討商業活動中的組織、領導與管理心理。商業心理學（特別是管理心理學）出現在十九世紀末二十世紀初期的美國。1900年出現了探討消費者心理的廣告學和銷售學。1910年出現了全面探討消費者的購買動機和行爲的市場學。1912年出現了以探討推銷方法爲主的銷售學。它們都是商業心理學形成的基礎。

第一次世界大戰後，許多企業從過去關心產品的生產能力，轉向關心產品的銷售能力，對於現實消費者和潛在消費者的心理現實有了更加深入的探討。逐漸地，商業心理學就成爲一門獨立的科學，一些商業大學紛紛列爲必修課程。

二、大腦活動的機能

現代科學的進步，讓人們瞭解大腦是由高度完善的物質所組成。正如研究所指：心理、意識等是稱爲「大腦」的非常特別複雜的物質的機能。簡單地說，心理主要是大腦的機能。之所以這樣說，是因爲心理的產生除了大腦的結構及其機能爲主外，另外還有整個人的生理結構和機能的協助。然而，既然心理主要是大腦活動的機能，那麼就有兩個問題値得探討：大腦的機能與心理存在著什麼關係？大腦怎樣活動才會反映在人的心理？

(一)大腦的機能與心理存在的關係

科學研究指出，人類的大腦是神經系統的中樞部位，其中大腦兩半球是中樞神經系統的最高部位。它的結構和機能最複雜，是一個複雜的系統，是人的心理活動的主要生理基礎。根據最新人腦科學顯示，大腦的左半球與人的心理中的抽象概念思維及其有關的詞句意義的理解、音樂的旋律、數理邏輯的推理等方面有密切關係。大腦右半球與具體形象思維、物體的空間形象、語言的辨別、音樂的節奏、情緒的表達與辨別等方面有密切聯繫。

然而，左右兩半球透過協同活動，才可能使人的心理活動完整地正常進行。人的大腦皮層活動又決定著人的心理，如果大腦受到損害，人的心理活動也就遭到破壞。

(二)大腦活動反映人的心理

根據生理學家與心理學家巴甫洛夫（Ivan Petrovich Pavlov）創立的「條件反射」（conditioned response, CR）學說認爲：人的心理之所以能夠實現，與大腦皮層參與進行的條件反射活動有主要關係。爲了明白什麼是條件反射，應當先瞭解什麼是無條件反射（unconditioned response, UR）。無條件反射是人的有機體，與生俱來就有的對刺激發生的反應。

無條件反射是動物和人先天具有的反射；條件反射則是動物和人經過後天學習獲得的反射。在無條件的基礎上形成的條件反射，是一種心理反射。心理反射產生了動物有機體高級神經活動之複雜多變的現象。從生理現象的產生來說，無條件反射和條件反射是一個有機的組合體，兩者的劃分只是相對的。

無條件反射只是第一次出現時，才是名副其實的無條件反射。然後，每一次出現，都與條件反射有關。而條件反射則是在無條件反射的基礎上建立起來的，它包含著無條件反射的某些成分。於是，心理學的研究證明，條件反射就是大腦皮層的信號活動。以現實中的具體事物及其屬性的刺激爲信號而建立起來的條件反射系統，稱爲第一信號系統。

個案研究：梅子的心理作用

以人類的生活經驗來說，吃過梅子的人，以後只要見到梅子的形象和顏色，就會不自覺地在口中流出唾液。又如，人們長期接觸陽光或火光，它們有橙紅色的光焰，讓人感覺溫暖，那麼，只要人看到橙紅色，就很自然地感到溫暖。然而，人類和動物不同，人除了具體刺激物能夠形成信號外，還可以用語言、文字、符號在大腦中形成信號。凡是以代表具體事物的語詞的特殊、抽象的信號建立起來的條件反射系統，稱為第二信號系統，這是人類所獨有的。

但是，在現實生活中，人類的兩種信號系統是聯繫在一起而協調活動的。由此使人的心理活動豐富而深刻，遠較動物的心理活動複雜得多，不僅能感知事物，還能進行抽象思維；不僅可以推知往事，還可以預測未來。

總之，沒有頭腦的心理活動是不存在的，也唯有大腦活動的機能才能夠反映出人類的心理活動。

三、客觀事物的反映

大腦是人類的心理產生的器官，但並不等於有了頭腦就可以產生心理。大腦只有在客觀現實的作用下，才能產生心理。在上述認知背景下，我們認爲人類的一切心理現象，不論是簡單的感覺、知覺，還是複雜的思維、情感與意志等，都可以從客觀現實中找到根源。於是，可以這樣說：沒有人類的從實務上活動，就沒有人的心理現象。

人的心理是客觀現實在大腦中的反映。所謂反映，就是物質在相互聯繫和相互作用的運動變化中留下痕跡的過程。它是一切物質普遍具有的屬性。但是，隨著外界事物發展水準的不同，反映也隨著從低級運動形式向高級運動形式發展，發展新的變化。

客觀現實存在的事物很多，包括有自然的與有社會的。自然的事物，例如山川河流、田野森林；社會的事物，例如群衆團體、經濟組織等。人在如此衆多的客觀事物和人群交往中生活、學習、工作。這些多樣化的客觀事物和人群交往的形象所構成的資訊，透過各種能量形成刺激於人的各種感覺，由神經運動傳入了腦中，然後又透過腦中的兩種信號系統的活動，形成了對於外界事物的反映，於是也就形成了不同的心理現象。

此外，這些心理現象也引起了腦神經的物理與化學變化，將資訊儲存在腦中，即產生記憶。甚至可以對儲存的資訊進行加工，例如產生想像。於是，人的心理就變得更加複雜了，出現了人的思想意識、觀點、感情、意志等。由此可見，假使沒有客觀現實的存在，也就沒有人腦對外界事物的反映，同時，也就沒有人的心理產生了。

由於人可以藉由語言、詞語形成條件反射，代替和概括由具體形象所引起的條件反射。所以，人的心理對客觀現實的反映不是像鏡子般的、被動的印象。總是在從實務上中運用已掌握的知識經驗，並結合自己的個性特徵，主動地將客觀事物變爲觀念的東西，積極探索最好的解決辦法，有目的、有計畫地選擇可能的行動。於是，這個事實顯示：人對客觀現實的反映，它是主觀與客觀一起產生整合的作用。

心理學是社會歷史發展的必然產物，它可追溯到原始社會的末期，但是由於社會和科學水準的限制，人們對心理現象的解釋，一直是既沒有系統，又停留在直接感知到的表面現象上。幾千年來，心理學一直從屬於哲學。十九世紀以來，自然科學的迅速發展，尤其是生物學的發展，爲心理學的創立奠定了基礎。當時德國的科學研究工作由於社會生產力的迅速發展，取得了飛躍的進步，特別是在與心理學具有密切關係的生理學方面，居然一躍而居於世界各國之先。

與此同時，德國著名生理學家約翰·惠勒（John A. Wheeler）等人經過深入研究，建立了所謂「感官生理學」（Sensory Physiology）。然後，德國物理學家費希納（Gustav T. Fechner），根據物理學和數學知識，對感覺的局限問題進行了深入研究和精密的數理論證，並創建了「心理物理學」（Psychophysics）。隨後德國的生理學家馮特（Wilhelm M. Wundt），他有志於心理學的研究，把當時已有的和心理學有關的科學資料加以收集、整理，從1862年起陸續編著了很多心理學著作。

1867年以後，馮特正式開設「生理心理學」這一門NN課程，隨後又出版了《生理心理學綱要》。於是在十二年後的1879年，馮特在德國萊比錫大學成立了世界上第一個眞正的心理學實驗室，並且把很多心理現象都納入心理學實驗室加以實驗研究。從此以後，心理學才徹底脫離哲學體系，成爲一門獨立的科學。

四、研究的科學原則

根據現代國際商業活動的需求，研究商業心理學必須遵循以下四項基本科學原則。

(一)研究的客觀原則

觀察的客觀性就是說，一切要從客觀實際出發，實事求是，按照客觀事物本來的面貌去認識事物，反對主觀武斷。當我們進行商業心理學研究，首先必須遵循這一原則。人類的一切心理活動主要由外部刺激所引起的，心理是客觀事物的反映，並透過一系列的生理變化來實現，並在人的各種實務活動中表現出來。正如研究所指出：「我們應依哪些標誌來判斷個人的眞實思想和情感呢？這樣的標準只有一個，就是這些個人的活動。」

同樣的，我們研究消費者或商業工作人員的心理活動，也必須以他們在商業活動中可以被我們觀察和檢驗的表現，作爲研究的材料，客觀地、全面地分析在商業條件制約下心理現象的特點，揭示心理發生、發展變化的規律。

個案研究：視、聽、想

例如，我們要掌握消費者採購過程中心理活動的情況，就要透過購物現場的觀察，在接待消費者的過程中藉由視、聽、想，而不是憑空想像。假使再以同樣的環境和接待方法對許多顧客作同樣的實驗，得到的心理反映基本相似，那就說明我們的研究結果基本符合實際。

貫徹客觀性原則，並不妨礙我們提出大膽的假設，但假設也必須依靠客觀事實材料去證實。例如，我們已經掌握了消費者消費家用電器，往往產生購後維修是否困難的顧慮心理。假如我們設想增添售後負責維修項目，消費者一定會解除顧慮，營業情況將好轉，營業額將大增，那就說明我們的設想是抓住了消費者的心理，採取的措施是符合實際需要的。

(二)研究的聯繫原則

辯證法認爲世界是互相聯繫的，這已爲人類從實務上經驗和科學的發展所證實。所以我們對任何事物都要從聯繫的觀點去進行觀察和分析，反對孤立的、片面的、形而上的觀點。人生活在極其複雜的自然和社會環境中，人的每一心理現象的產生都要受到自然和社會諸多因素的影響，而且這種影響在不同時間、地點裡的反映又有所不同。

由此看來，我們研究人的心理現象，既要觀察多方面的影響因素，而又要根據不同時間、地點等條件加以聯繫分析；既要考慮引起心理現象的原因、條件，同時還要考慮與之相聯繫的其他因素影響。於是，絕不能獨自地研究，而必須是全面地、聯繫地加以分析。

消費者在購物現場的心理活動，會受多種聯繫因素的影響。諸如購物現場的環境、商品的造型、色彩、包裝、價格、質量、廣告宣傳、服務方式和服務質量，以及消費者本身的心境等，都是影響消費者心理活動的因素，而且這些因素在不同時間裡對同一消費者的影響也會有所差別。於是，我們只有將各種影響因素用聯繫的觀點加以分析，才能比較準確地把握消費者的心理狀態。

(三)研究的系統論原則

辯證法認爲世界上的一切事物都是由一定數量的相互聯繫的部分或因素所組成的有機整體，即系統。較小的系統相互組合成較大的系統，較大的系統又相互組合成更大的系統，進而形成縱橫交錯具有層次和結構的系統。這正是整個世界互相聯繫、相互制約的蓬勃現象。

系統論原則要求我們觀察和改造客觀事物要從總體出發，從事物各項要素的相互聯繫、相互作用中來掌握所要瞭解的對象。客觀存在反映的心理現象也是一個個的系統。較小的心理現象子系統相互構成較大心理現象母系統，各種心理現象縱橫交錯，構成了既相互聯繫又相互區別的各種複雜的心理層面。於是，我們在商業活動中，考察各種心理現象時，一定要考慮系統論的原則。

回顧早期台灣的加工出口區開創從「服務」著手的機制，隨後從幾個層面來進行改革，這種改革符合系統論的原則。進行改革的步驟如下：

1.探索以服務爲主的投資項目管理體制，建立發展大商業服務體系。
2.直接管理轉向以服務爲主的間接管理企業的新模式。
3.探索以促進新科技產業化爲主的科技服務管理新機制，建立招商引進資金的服務系統等大經濟服務體系。
4.跳出單純的生產舊模式，逐步轉入管理與服務相整合的新體制。
5.堅持系統論觀點，根據社會發展、國際發展和廣大消費者消費行爲的心理需求，以決定發展的新方向。

(四)研究的發展原則

新的管理哲學指出，事物是不斷向前發展的，世界上的一切事物都處在永恆運動、不斷變化之中，世界上不存在絕對靜止和永恆不變的東西。我們在認識和處理問題就必須堅持發展的觀點，從事物的運動和發展中把握事物的本質及發展趨勢，預見未來的明天。人們反映客觀事物的各種心理現象，也是隨著客觀事物的變化而變化、發展而發展的。

用發展的觀點預測消費者心理變化，對做好商業經貿工作有著特別重要的意義。預測就是依據過去與現在去估計未來，根據現狀與已知去推敲未知，這是運用主觀經驗、客觀條件與科學原理和方法去探索事物的發展規律，並依據規律去預計事物的未來發展狀態與發展變化趨勢。

市場預測是預測科學在市場交易領域的應用。這是運用預測的科學原理與手段，對市場交易活動及其影響因素的未來發展狀況，及其變化趨勢做出估計與設想。在市場經濟培育過程中，運用發展的觀點預測消費者心理的變化，而獲得經貿上的成功是屢見不鮮的。

個案研究：雅芳化妝品公司

以美國「雅芳」（Avon）化妝品公司為例，該公司原先只生產香皂，然後根據不同消費者肌膚不同的現象，從發展的觀點出發，預測不同肌膚消費者的需求心理，調整了配方，推出了含熱帶植物油適合嬌嫩性肌膚；含天然杏仁油適合乾性至中性肌膚；含天然香草精華適合油性肌膚等三種全新配方的乳液，保護肌膚更周全，滿足了不同肌膚消費者的心理需求，獲得經營上的成功。由上述可見，我們對商業活動中的人的心理研究，應當遵循發展的原則。

根據事物演變的可能性，去設想、預測心理變化的趨勢。同時，也要運用已被實務上證實過的心理變化規律，去推斷心理變化的可能性，用以指導我們將來的商業工作。對從事商業經營管理活動的工作人員心理變化的研究，也同樣需要遵循發展原則。我們不僅看到他們現在的個性心理特徵與心理狀態，還要預測其發展趨向。這不僅要熟悉已形成的心理素質與習慣行為，還要看到其發展前景，以發展眼光看待商業工作人員的心理現象，掌握其變化規律，進而做好員工的心理素質的培養和訓練。

第二節　商業活動的心理發展

探索商業心理學理論基礎中的行爲活動的心理形成部分，將包括感覺與知覺的形成、記憶與聯想的形成、注意與興趣的形成等三個項目，茲分述如下：

一、感覺與知覺的形成

感覺與知覺的形成是探討商業心理學理論基礎的第一步，它包括「感覺的實質」與「知覺的實質」兩個項目。

(一)感覺的實質

感覺是人類的大腦憑藉感官功能，對客觀事物表面的與個別屬性的直接反映。任何一種事物都有著許多個別屬性。例如一根香蕉有許多屬性，包括顏色、氣味、味道等，其中任何一個屬性刺激了人的感覺器官，例如眼睛、鼻子、舌頭等，就在人的腦中反映出來，產生了各種感覺，包括視覺、嗅覺、味覺等。

感覺是人對客觀事物的主觀反映。它從內容上說是客觀的，從形式上說，則是主觀的。因爲，人對客觀事物的印象，必須依賴於人的大腦和各種神經系統的感覺器官的正常機能，並受到人的身體機能狀態之影響。所以，不同的客觀對於主體的刺激所引起的感覺是不同的。並不是所有的刺激都能引起主體的反映，它只有在一定適宜的刺激強度和範圍內，才能產生感覺，這就是感覺的局限和感受性的問題。感覺局限是指持續了一定的時間，能引起感覺的刺激量。

感覺局限的高低，顯示了感覺器官對事物屬性的感受能力，也稱爲感受性。感受性是指適宜刺激的感受能力，是用感覺局限的大小來度量的。感覺局限與感受性成反比關係。一般來說，感覺局限越小，感受性就越大。但是，由於個人主體的身體狀態和知識經驗的差異，感覺局限因人而異，因而感受性也有差別。老年人對高音部分的感受性較低，因而，對老人用品的音響廣告，可加強高音部分，以取得較好的廣告效果。然後，商店的銷售人員對於所出售的商品應要求有較高的感受性，才可能提高工作效率，取得較好的工作效果。人類的感受性會隨著同一刺激物持續作用對感覺器官的時間長短發生變化。隨著這種作用的持續時間逐步加長，感覺就逐步適應，這稱爲感覺的適應。

個案研究：感覺適應

人們剛走到賣魚攤位前，開始感到魚腥氣味撲鼻，過了一陣子，由於嗅覺感受性降低，覺得魚腥味就少了。這就是：「入鮑魚之肆，久而不聞其臭」的道理。除痛覺外，差不多所有的感覺都有適應的現象。

兩種不同的刺激物作用於同一感覺器官，其感受性也會發生變化，即產生所謂「感覺對比現象」。由於兩種不同刺激物有同時和先後作用於同一感覺器官的情況，所以又分同時對比和繼時對比。前者如對同樣一塊灰色布料，若與白色布料擺在一起，色調就顯得暗些，若與黑色布料擺在一起，色調就顯得亮些。後者如人吃了糖後，接著吃橘子，覺得橘子不那麼甜，而且很酸。凝視紅色布料後，再看白色布料，白色布料卻顯得帶青綠色感覺等。

另一種感覺現象是「聯覺」，即某一感覺器官對刺激物的感受性，會因其他感覺器官受到刺激而發生變化。例如人的眼睛看到淡藍色，皮膚就產生涼爽的感覺；見到橘紅色，就產生溫暖的感覺。這是視覺使膚覺感受性起變化的作用。另外，在微光刺激下，聽覺的感覺性提高；在強光的刺激下，聽覺的感覺則降低。另外，震動的馬達聲能使視覺感受性降低，而微弱的聽覺能使視覺對顏色的感受性提高等。總之，聯覺的一般現象包括兩種：一種感覺器官受到弱刺激，另一種感覺的感受性則提高；一種感覺器官受到強刺激，另一種感覺的感受性則降低。

感覺雖然是人們對客觀事物認識的最簡單形式，但它卻是一切複雜

心理活動的基礎。我們只有在感覺的基礎上，才能獲得更深入的認識。聯覺原理經常應用於繪畫、花布設計、建築、環境布置等。在商業活動中，它常被應用於商業廣告與商業櫥窗的布置。感覺對消費者的消費行為有很大的作用。感覺不僅是人們獲得外界資訊的來源，也是我們對待客觀事物情感的根據。因為，客觀事物給予主體感覺的差異，會引起不同的情緒感覺，這對做好商業工作有著重要意義。

(二)知覺的實質

知覺是大腦把直接作用於感官所引起的各種感覺綜合起來，而形成對客觀事物的整體反映。任何事物的許多個別屬性，與其整體是不可分割的。一根香蕉是由一定的顏色、氣味、味道、大小、輕重等屬性組成，我們感覺到香蕉的這些個別屬性，然後對它的各個屬性進行綜合，於是形成了對香蕉的整體反映，這就是我們對這根香蕉的知覺。

知覺與感覺的區別在於，它不是對外界事物個別屬性的反映，而是對事物的各種屬性相互聯繫的反映。這種相互聯繫不是簡單的感覺的總和，而是對事物的完整印象。於是，知覺和感覺還有一個重要的差別是：它們之間既有量的差別，也有質的不同。知覺是作爲整體的反映，包含著一定的意義。感覺則不然，例如，吃一盤色、香、味俱全的拼盤和僅看到盤中菜的顏色，其意義顯然大不一樣。

知覺與理解是緊密聯繫在一起的。人對知覺的客觀事物理解愈深，則知覺愈好，進而使人在知覺事物時能夠比較迅速、細緻且全面。例如，有的人對電視機的知識經驗豐富，並能迅速、細緻、全面地找出它的優點和缺點；有的人則對電視機知識經驗較少，就很難評斷它的好壞。

對客觀事物會產生不正確的知覺，即是所謂「錯覺」。它是以歪曲顚倒的形式來反映事物的本質。錯覺在日常生活中是常見的。例如，放在玻璃杯水中的筷子，看上去像兩根折斷的筷子，這是直線位移的錯覺。其他錯覺還有顏色錯覺、角度錯覺、垂直線錯覺、整體對部分影響錯覺等。有時，操作中出現的差錯是由於錯覺造成的，產品設計和包裝設計中也常利用人的錯覺感。

個案研究：錯覺現象

例如，同樣一個人，穿直條紋的衣服，就顯得瘦些、高些，然而穿橫條紋的衣服，就顯得胖些、矮些；穿淺色的衣服，顯得胖些；穿深色的衣服則顯得瘦些等。產生錯覺的原因，一般是知覺對象受背景的干擾或受過去經驗的影響。錯覺在造型藝術上有特殊意義。我們商業活動中的廣告設計、包裝設計、櫥窗設計、商品陳列、髮型設計等，都可以運用錯覺的原理，加以巧妙的處理，往往能引起一定的心理效應。

二、記憶與聯想的形成

記憶與聯想的形成是探討商業心理學理論基礎的第二步，它包括「記憶的實質」與「聯想的實質」兩個部分。

(一)記憶的實質

記憶是大腦對過去經歷過的事物的反映，它是指過去經歷的事物和對象在大腦中經過識記、保持、再認和回憶的完整心理過程。關於記憶的實質，以下簡單說明識記、保持、再認和回憶的相關作用。

1.識記：是識別和記住事物特點的聯繫，進行累積知識和經驗的過程。
2.保持：是知識經驗識記以後和再認以前，以暫時聯繫形式存留於腦中的過程。
3.再認：是經驗過的事物再度呈現時，有熟悉感並能認識的過程。
4.回憶：是把以前產生的對事物的反映再現出來的過程。

人類在生活中，對感知過的事物、思考過的問題、體驗過的情感，總是或多或少有不同程度地保留在頭腦中。即使這些事物已經過去很久，但在一定條件下，這些保留在大腦中的印象會重新顯現，這個過程就是記憶。記憶中所保留的印象，也就是人的經驗。保留在腦中的印象，倘若消失，也就是所謂的遺忘。

記憶是一個心理過程，也就是說，人對過去經驗的反映要經歷一定的過程。「記憶」一詞所表明的，有「記」和「憶」的過程。從資訊加工的觀點看，記憶就是資訊輸入和加工儲存，以及提取和輸出的過程。記憶過程，包括識記、保持、再認、回憶四個部分。記憶過程的四個基本環節，是彼此密切聯繫的與完整的過程。沒有識記，談不上保持，沒有識記和保持，就不可能有回憶。

識記、保持是回憶的基礎，回憶則是識記和保持的結果。再認是加深識記和保持，而回憶又進一步加強識記和保持。記憶在人的心理活動中，有著極其重要的作用。例如，人在心理活動的各個過程，都需要記憶參與——假使沒有對事物個別屬性的記憶，就不可能產生感覺印象；沒有對事物整體的記憶，就不可能產生對事物的知覺；沒有對事物之間相互聯繫及其規律的記憶，就不可能思維；沒有對以往知識經驗的記憶，人的情感過程和意志過程也無法實現。

記憶是按照記憶印象的性質區分，包括形象記憶、邏輯記憶、情感記憶和運動記憶。簡單介紹如下：

1.形象記憶：是以感知過的事物形象爲內容的記憶。

2.邏輯記憶：是以概念、公式、規律爲內容的記憶。

3.情感記憶：是以體驗過的某種情感爲內容的記憶。

4.運動記憶：是對過去做過的運動或動作爲內容的記憶。

其實，在現實與實際生活中，各類記憶不是單獨的存在，而是互相聯繫的。有時爲了記憶一件事，往往有多個種類的記憶參加活動。

(二)聯想的實質

在回憶過程中，會產生聯想現象。所謂聯想，是指記憶由一事物或對象想到另一事物或對象的心理過程。聯想有助於增強記憶，聯想主要有四種方式，簡單介紹如下：

1.接近律：這是一種反映事物或對象在時間上和空間上相互關聯的規律。例如，一般人想到出國旅遊，就會想到桃園國際機場。
2.相似律：這是一種反映事物與對象間在形象或特徵上相互關聯的規律。例如，美國人想到他們的總統，就想到歐巴馬（Barack Obama）或川普（Donald J. Trump）。
3.對比律：這是一種反映事物或對象相反或對立的相互關聯的規律。例如，台灣的老年人由現在的生活富裕與繁榮，就會想到過去的貧窮與落後。
4.因果律：這是一種反映事物或對象相互有原因和結果關係的相互關聯的規律。例如，從台灣近來選舉的熱鬧程度，就會想到民主化的成就。

聯想在商業工作中大量被運用，例如，商品命名就有啓發消費者聯想的心理效能；而商品包裝設計，也具有誘發美好聯想的心理效應。

三、注意與興趣的形成

探討商業心理學理論基礎的注意與興趣，將包括「注意的實質」與「興趣的實質」兩個部分。

(一)注意的實質

注意是心理活動對特定對象的指向和集中。注意本身並不是一種獨立的心理過程，而是感覺、知覺、記憶、思維等心理過程的一種共同特性。任何心理過程在開始時，總是表現爲我們的注意指向於這一心理過程所反映的事物，並伴隨著心理過程，逐步深入與擴大。

◆**注意的分類：有意識與無意識**

注意通常分爲有意識的注意與無意識的注意兩類，茲分述如下：

首先，「有意識的注意」是指人們有目的且主觀努力地集中注意於特定目標。例如，我們集中精力於科學研究、文化探索、業務考核等。有意識的注意，不僅指向個人樂意要做的事情，而且指向他應當要做的事情。有意識的注意受著人類意識的調節和支配，是人類特有的注意形式。某消費者到商店買他事先已經想要買的某種商品，到商店後集中精神尋找這種商品，並往往不爲其他商品的刺激所干擾，這就是具有意識的注意。

其次，「無意識的注意」是由於感興趣和外界的刺激而引起的，事先沒有預定的目的，也不需作意志努力的注意。無意識的注意往往是在周圍環境發生變化時產生的，它是表現於在某些刺激物直接影響下的。例如，聽到聲音、看到人群、聞到香味，人不由自主地立刻把感覺器官朝向這些刺激物並試圖認識它。

無意識的注意在實際活動中有積極的一面，但也有消極的一面。它可以把我們的注意貫注於一定事物，以獲得對該事物的更多認識，但也可能引起我們的分心。我們在商業活動中可以利用其有利一面，例如，推出新產品、別開生面的經營方式、獨出心裁的廣告等，都有利於吸引消費者的注意，達到促銷的目的。

有意識的注意和無意識的注意，在實際工作中往往是不能斷然地被分開。而且它們是相互交織產生的，同時又是可以互相轉化的。例如，某消費者本來是有意識注意尋找預定要買的某種商品，但在尋找過程中，突然被另一件同類商品的新款式所吸引，於是把注意力轉向這另一商品上了。這就是從有意識注意向無意識注意的轉化。

當然，這種由有意識注意轉化的無意識注意，還是帶有其自覺性和有目的性的，只不過不需要作意志努力罷了，於是這種無意識注意也被稱爲「有意識後注意」。在商業活動中應重視這種「有意識後注意」的心理特性，使它在經營活動中能被我們加以利用，產生更好的經營效果。

◆注意的功能：指向、集中、選擇、保持及調節

注意有指向、集中、選擇、保持及調節等五種功能，茲分述如下：

1.指向功能：注意總是指向一定的具體對象，而同時離開其餘的對象，例如選擇商品時，人們的心理活動總是指向某一商品，並集中在它的身上。
2.集中功能：注意的集中功能就是把心理活動貫注於某一事物。集中功能與指向功能是同時存在的，否則就談不上注意。
3.選擇功能：選擇功能是反映注意，它總是選擇主觀上認爲有意義的、符合需要的和當前活動一致的各種主要影響，而避開次要的各種影響。
4.保持功能：是指注意能長時間集中於一定的對象，並一直保持到完成動作以達到目的爲止。但是，保持功能也是一種鍛鍊，它與意志、體質、持久力等主觀條件有關。
5.調節功能：注意的調節功能是指注意有可能經過主觀調節，分配到不同的但有聯繫的若干事物上，使注意的中心和注意的邊緣適當搭配，予以兼顧。這種功能要經過一定的培養和鍛鍊，才能做到眼觀四面、耳聽八方。注意在現代經營管理中得到廣泛的應用，培養能幹的營業人員就要一面收款及包裝，一面照顧顧客挑選貨品，還要同時兼顧顧客詢問的問題。

(二)興趣的實質

興趣是人們力求接觸、認識某種事物的意識傾向。它在認識過程中有穩定的指向或趨向。之所以稱爲興趣，是因爲這種穩定的指向或趨向能夠持續較長的時間。人對各種事物所抱持的態度絕不會完全相同的。不同的人們對同一事物很可能抱持著不同的態度，同一個人對著不同的事物也會抱持著不同的態度。當一個人對某一事物抱持著積極的態度時，我們就認爲他對這種事物發生了興趣。

於是，我們不能簡單地認爲興趣就是態度，因爲人對各種事物所抱

持的態度可能有很多種，當一個人對一定的事物抱持著積極的態度，才能稱之爲興趣。興趣和注意乃是具有極其密切的關係。假使一個人對某一事物抱持著積極的態度，那麼他必然會積極地把自己有關的心理活動指向、集中於這種事物。於是，可以說興趣就是一個人優先地對一定的事物發生注意的傾向。

除此之外，興趣和情感也是具有密切關係的。假使一個人對某種事物發生興趣，那麼他在接觸這種事物過程中就必然會體驗到積極性的情感。

第三節　商業行爲的心理發展

商業行爲活動的發展是伴隨著商業活動中，心理形成後的重要過程，在這個階段裡，消費者完成他們的消費行爲。探索商業心理學理論基礎中行爲活動的發展部分，將包括「思維與想像的發展」和「感情與意志的發展」兩個項目。

一、思維與想像的發展

探討商業心理學理論基礎的思維與想像，將包括思維的實質與想像的實質兩個項目。

(一)思維的實質

思維是大腦對客觀現實概括的間接的反映。它反映的是事物的本質與內部規律性。思維是一種心理過程，人類藉由思維活動，反映現實的對象和現象的本質特徵，並揭露對象與現象之中，以及它們之間的各種聯繫。感覺和知覺是思維的兩個基礎，同時，感性形象也是思維的另一個要素，從感知覺到思維是一個質的飛躍。思維不是感知覺材料的簡單堆積，而是對事物內在本質特徵的概括。

思維是指人的理性認識，也是意識的高級形式。思維給予人類的是同類事物的一般特性，它的一般特徵是間接性與概括性。思維是指人的理性認識。所謂間接性的反映，是指我們藉由已獲得的經驗知識，間接地去理解和把握那些沒有被感知過的，或根本不可能感知到的事物。例如，有的消費者對新出產的自動排檔汽車的構造原理不明白，但可以根據過去使用手排檔汽車的感知表象，看到使用時的狀況。藉由人們已有的知識經驗，就有可能理解新事物的結構原理。

所謂概括性的反映，就是把同一類事物的共同本質特性提取出來加以認識，也就可以認識某一類事物的一般特性。例如，消費者透過感覺和知覺，可以感知各種水果的不同特色和具體的品質，透過思維則可以得出各種水果都有豐富維他命的共同特點。

◆思維的基本過程

思維的基本過程包括分析和綜合過程、比較過程、抽象和概括過程及系統化和具體化過程等四個方面，茲分述如下：

1. 分析和綜合過程：分析是指人們在思想上把事物整體分解爲各個部分，或把整體的個別特徵、個別方面區分出來；綜合是在思想上，把事物的各個部分或不同特徵、不同方面，找出其共同點和聯繫點，使其整合起來。分析和綜合是彼此相反而又緊密聯繫的過程。
2. 比較過程：是指將各種事物和對象在大腦中加以比較，並確定它們之間相同或差異關係的思想過程。人認識客觀事物，一般是透過比較來實現的，比較則是概括抽象以及系統化的必要前提。
3. 抽象和概括過程：抽象過程是指將事物和對象共同的本質特徵提取出來的思維過程；概括過程則是指將事物和對象共同的本質特徵綜合起來的思維過程。實際上，抽象和概括都是對事物和對象共同的本質特徵的分析和整合。
4. 系統化和具體化過程：系統化過程是指在概括的基礎上，人們可以把對象加以分類，把其中一般特徵和本質特徵相同的事物，分別歸納到特定的類型中的思維過程；具體化過程則是指把經過抽象概括

後的一般特徵和規律，與某個特殊的具體事物或對象聯繫起來的思維過程。

◆思維的基本形式

思維的基本形式包括概念、判斷、推理。簡單的介紹如下：

1.概念：是指按本質特徵的共同性整合起來的整組對象或現象的概括知識。
2.判斷：是指肯定或否定某事物具有某種屬性的一種思維形式。
3.推理：是指從已知的判斷推出新判斷的思維過程。一個推理由兩個組成部分，前提和結論。進行推理時所根據的已知判斷，叫做前提；從前提推出的新判斷，叫做結論。

總之，分析、綜合、比較、抽象、概括、系統化與具體化都是思維過程的各個階段。這些階段在整個思維過程中是緊密聯繫不可分割的。只有經過分析和綜合，才能在我們的思想上將客觀事物的某些特性、特點方面與有關事物的聯繫進行比較，並在這個基礎上抽象出事物的共同的本質特徵，進行概括，形成概念。在運用概念的過程中，又加深對概念（即一般認識）的理解，並運用概念進行判斷和推理。人對客觀事物的認識，就是依照這樣的次序，由簡單到複雜，由低階向高階發展。

(二)想像的實質

想像是人對頭腦中已有的表象進行加工改造，並創造出新形象的過程。人類的頭腦不僅能夠產生過去感知過的事物的形象，而且能夠產生過去從未感知過的事物的形象。前者的形象是記憶表象，而後者的形象則是想像的表象。想像的表象與記憶的表象不同，它不是過去感知過的事物形象的重現，而是在過去感知過的基礎上創造出事物的新形象。想像的表象不是憑空產生的，它是以記憶表象為原材料加工而成的。

想像實質上和其他心理過程一樣，是客觀現實的反映。不僅由於想像的原材料，即記憶表象是現實事物的反映，而且由於人類的想像往往也是現實的需要和主觀的意圖去推動的。而個人的需要和意圖則受社會生活條件的制約，是社會生活要求的反映。於是，人想像的內容性質和水準也會受到社會客觀現實的影響，並受生產力和生產關係及科學技術發展水準的制約。在還沒有使用「電」以前，當時人們無論如何也不會想像到使用「電鍋」煮飯的情景。同時，想像的水準與內容，也會由於人們生活環境和從實務上活動的不同而受到人的意識、興趣、愛好、習慣和知識能力等特點所制約。

想像經常出現在思維中，而且對思維產生重要的影響。消費者在消費商品時，要對他所挑選的商品進行性能、品質的評價。他往往會綜合該商品的各種特性，想像著使用這種商品後產生的效果的情景。這種超前反映形象對形成評價概念有重要的影響作用。

想像是人所特有的一種心理活動，是從實務上產生、發展起來的，同時也是人類從實務上活動的必要條件。在認識過程中人的想像不僅與思維過程有密切的聯繫，在與記憶過程中也常常同時產生。而且，在感情過程和意志過程中，也都有想像的心理活動，推動著感情產生和發展，成爲人的意志行動和從實務上行爲動作的內在動力。甚至可以說，在一個人對新的事物未開始認識之前，就已經存在想像。例如，消費者未進入商店以前，就已經想像著他所要買的東西的形狀、顏色等。可見，想像貫穿於人類的全部心理活動，它對個性的發展和人的生活具有很大作用。

二、感情與意志的發展

探討感情與意志問題，將包括「感情的實質」與「意志的實質」兩個部分。

(一)感情的實質

感情是客觀事物是否符合個人的需要、願望與觀點而產生的體驗。感情的實質，從基本上看，包括兩個方面：情緒和情感。情緒和情感作爲一種主觀體驗，也是對現實的反映。情緒和情感作爲一種態度的體驗，具

有鮮明性和生動性，最容易從臉部的表情反映出來。人們把臉部表情作爲情緒的顯示器，商業活動的工作就是要瞭解人的情緒，認眞觀察消費者的表情。

情感和情緒並不反映客觀事物的特點和性質，而是反映客觀事物和主觀願望之間的需求關係。同時，它是伴隨著客觀環境、個人的立場、觀點和生活經歷而轉移的。情緒和情感既有聯繫又有明顯的差別，情緒和情感雖有特點，但其差別是相對的，在人的身上，情緒和情感常常交織在一起，難以嚴格地區分。情感又是在情緒的基礎上發展起來的，包含著許多情緒色彩。不帶情緒的情感是不存在的。所以，我們又常常把某些情感，包括消費者因商業利益的歪風所激起的憤慨、群衆對貪汙竊盜分子的憎恨等，看做強烈的情緒。

在日常生活中，情緒和情感沒有什麼嚴格的區別，情緒通常作爲一般情感的同義語使用。情緒一開始就與需要（主要是生理需求）、身體的活動、感知覺關聯著，而且始終是跟經常的需要相聯繫。而情感則更多地與社會性需要、社會認知、理性觀念及觀點相關聯。情緒是比較低級的、原始的、人與動物共有的和產生較早的，並帶有許多原始的動力特徵。情感則是更高級的、人類獨有的，它的內容是社會關係的反映，處於不同社會及社會地位的人就有不同的情感，它具有明顯的社會歷史制約性，是個體社會化程度的標誌。

情緒具有情境性和表達性，它隨情境或一時需要的出現而發生，也隨情境的變遷或需要的滿足而較快地減弱或消逝。例如，消費者在進入商店以前，看到商店門前零亂不衛生，產生了不愉快情緒，而進店後見到的是乾淨的地面和擺放得當的商品，又產生了舒暢的心情。而情感則因它基於對主、客觀關係的概括而深入的認知和一貫的態度，因而不僅有情境性，且具有穩定性和深刻性。所以，情感是與人的社會需要相聯繫的，具有社會性。

個案研究：情感心理現象

例如，愛國主義或集體主義的情感、自豪感、優越感、責任感、羞恥心和良心等，都是人在社會生活中逐步產生和發展起來的。情感是人所特有的一種心理現象。個人一旦產生某種情感，一般是不容易改變而且能夠逐漸加強的。

情緒帶有更多的衝動性和外顯性，包括歡喜若狂、手舞足蹈、橫眉豎目、暴跳如雷等；而情感則顯得更加深沉，而且經常以內隱的形式存在或以微妙的方式流露出來。情緒一旦發生，個人往往一時難以冷靜或加以控制，而情感一般不存在這種情況，它始終處在意識支配的範圍內。情緒的基本形式有快樂、悲哀、憤怒、恐懼等四種，其他還有如厭惡、悔恨、羞辱、愛慕等。情緒的一般狀態有心境、激情、熱情等，而情感的基本形式有道德感、美感、理智感等。

情感對人的社會行為產生有積極或消極的作用。例如，商店服務態度好、信譽良好、商品品質有保證、消費和維修方便，都能使消費者產生愉快感、信任感、讚賞感，從而促進商品銷售。反之，則產生不滿意、不信任、甚至憤慨等情感，從而阻礙了消費者消費行為的產生。進一步來說，例如商業工作者假使有良好的職業道德感，就可能對消費者提供優良的服務。反之，假使缺乏職業道德感，滋生那種「消費者有求於我」的優越感，那麼就不可能提供消費者很好的服務。

(二)意志的實質

意志是人爲了達到一定目的，自覺地調節和支配自己的行爲，並與克服困難相聯繫的心理過程。個人在反映客觀現實的時候，不僅產生對客觀對象及其現象的認識，也不僅對它們形成各種的情緒體驗，而且還有意識地對客觀世界進行有目的的改造。這種最終表現爲行動的、積極要求改變現實的心理過程，就是意志。意志是意識的能動表現。無意識的本能行

動、盲目的衝動行爲或者一些習慣動作都不會或很少有意志的成分。人的主要意志品質有自覺性、堅定性、果斷性、自制力。

1.自覺性：是指能夠深刻地認識行動目的的正確性和重要性，並主動地支配自己的行動使之符合於該目的的意志品質。人在繁雜的環境中主動地提出目的，同時主動地採取行動來改變環境以滿足自己的需要。於是，意志集中地體現出人的心理活動的自覺能動性。
2.堅定性：是指在完成艱巨任務時，堅持不懈地克服困難的意志品質。意志具有堅持的作用，意志對行爲的調節並不總是輕而易舉的，有時會遇到各種困難。於是，意志過程的實現往往與克服困難相聯繫。克服困難意味著對行動的預定目的的堅持。
3.果斷性：是善於迅速地明辨是非，堅決地採取決定和執行決定的意志品質。與果斷性相反的是優柔寡斷。
4.自制力：是善於控制自我的意志品質。自制力是意志的抑制功能。易衝動、意氣用事、不能律己、知過不改，除有私心雜念外，也是缺乏自制力的表現。

意志在商業工作中具有重要作用，特別在當前國內外市場，都是非常競爭的情況下，要輕而易舉地取得很好的經濟效益是不大可能。反之，只有具備堅強的意志，克服一切困難，才能使商業工作開拓新的局面，取得好的效益。

商業加油站

等待別人恭維的人

這是一則古羅馬神話中主管招財的福神墨丘里（Mercury）與雕刻師的故事。有一天，古羅馬神話中的墨丘里想知道，現在人們是不是還像過去那樣尊敬他。於是他便化身為一個普通人，來到一個雕刻家的店鋪外，慢慢查看他陳列的雕塑。

「這個朱比特（Jupiter）的雕塑要多少錢？」墨丘里問道。

「那是我最差的作品之一。」雕刻師回答說，「你就給我一個德拉克馬（Drachma）吧！」

「那麼角落裡那個朱諾（Juno）的雕像要多少錢？」墨丘里問。

「那可是我最喜歡的作品之一。」雕刻師回答，「我要三個德拉克馬。」

墨丘里接著發現了他自己的雕像。他心想，自己身為神的使者，又是主管招財的福神，自己的雕像應該值很多錢吧！

「那尊作品是多麼地漂亮呀！」他評論說，「這麼漂亮的墨丘里雕像，你要收多少錢呢？」

「親愛的朋友，」雕刻家微笑著回答，「我真誠地希望你能成為我長期的忠實客户，所以我對你特別優惠，如果你按照前面我報的價格購買那兩尊朱比特和朱諾的雕像，這尊墨丘里雕像我就免費送給你。」

一個等待別人恭維的人，常常是空手而歸。

最聰明的企業總會與顧客長期保持密切的關係。

誰會因為墨丘里的期待落空而責怪雕刻師？雕刻師是無辜的，他的錯誤也可以理解；他只是沒能認出尊貴的顧客——主管招財的福神。商業心理學理論基礎這一章提供商業工作者最根本的三項專業知識：商業心理學的科學基礎、商業活動的心理發展以及商業行為的心理發展。

請思考：你們公司的顧客再度光顧的比例有多少？你們公司是如何

吸引顧客？又是如何與他們保持聯絡？你對客户瞭解多少？在多變的市場中，你和客户的立場有多接近？我們可以從商業活動的心理發展以及消費行為的心理發展討論中尋找答案。

想想看：有的人連續幾十年都去同一家理髮店，儘管住家附近有很多理髮店，可是他寧願開車到那家理髮店。為什麼？因為店裡的幾個理髮師都非常瞭解他。理髮店的價格很合理，理髮師會在門口熱情地招呼他，也深知他的偏好，所以不用多説一句話就能為他剪好頭髮。並能免費獲得很多其他生活相關的資訊，例如，城裡哪裡能吃到最好的奶油煎餅、如何訓練家裡的小狗，或者城裡最好的木匠和電工的名字等。讓他覺得理髮過程是一種心理的享受，而不是一件生理上的麻煩事。許多消費者都希望與生活有關的其他行業的服務員，也像這些理髮師一樣，瞭解自己的習慣。

與顧客保持緊密的聯繫，是一個持續不斷的過程。公司一般會用意見箱、調查表和回函來調查顧客的真正需要如何？產品在哪些方面需要改進，如何提供更好的服務等。這些方法在過去都很不錯，而現在有電腦、網路與手機的幫助，可以讓公司更加容易瞭解客户。

許多人都到網路商店購買物品，公司會保留客户的購買紀錄，有時客户在訂購新商品時，會提供實用的建議，推薦客户可能也會喜歡的產品。許多網站的電腦遠比大超市裡的商店更知道客户的喜好。

現在，電腦使我們比以前更容易瞭解消費者的偏好。如果你開車到一家加油站加油，服務技師就會走到電腦前，把你的汽車型號輸入電腦，查看生產商推薦你使用哪一種汽油。技師還可以檢查這輛汽車的過濾器、雨刷、變速箱等。這些技師就是參考消費者用車習慣的歷史紀錄得出結論，讓你的等待時間被最小化。

你加油的三個月後，加油站就會提醒你該換機油了。公司記錄你在兩次光顧加油站之間行駛多少路程的紀錄，由此他們就能瞭解你的駕駛習慣和產品偏好。對消費者的服務所評估的資料當然不只這些小事，現在更流行所謂大數據的分析，結合電腦與網路功能的大幅提升，運用大數量的資料，可以提供消費者更多友善的服務項目。

更瞭解你顧客的需要，就可以自動增加回頭客的數量。

個案研究：心理資本

瞭解顧客必須經過適當的培訓，好讓企業員工的「人力」變成「人才」。美國著名學者盧桑斯（Fred Luthans）與優塞夫（Carolyn M. Youssef）2006年就在他們的著作《心理資本：發展人的競爭優勢》（*Psychological Capital: Developing the Human Competitive Edge*）提出了「心理資本」（Psychological Capital）的概念，並延伸到人力資源管理領域。2015年在他們的新書《心理資本和超越》（*Psychological Capital and Beyond*）再一次將「心理資本」概念引進商業活動領域，並引起了學術界與實務界熱烈迴響。

心理資本是人力資本的昇華。心理資本強調「你會做什麼」，諸如知識的應用與技能；人力資本強調「你知道什麼」，諸如關係和人脈。心理資本是人力資本的優勢，也是超越財力資本的一種核心要素，透過培訓從「你知道什麼」發展到「你會做什麼」來獲取競爭優勢，心理優勢基於積極的心理動機，關注人的積極態度，體現個人對未來的信心、希望、樂觀和毅力，關注個人或組織在面對未來逆境中的自我管理能力。

總之，在個人層面上，心理資本促進個人成長和績效的心理資源。在組織層面上，心理資本則透過改善的員工績效，最終實現組織的投資回報和競爭優勢。心理資本具有獨特性，能有效地測量和管理，透過投資與開發心理資本，能改善績效，形成組織競爭優勢。

Chapter 2

商業心理學的內容範疇

- 商業心理學的基礎
- 商業心理學的應用
- 商業心理學的研發
- 商業加油站：不要信任那些自身難保者的建議

商業心理學正式出現於十九世紀末的美國。當時，美國的經濟開始從較早的自由競爭進入了壟斷時期，因而導致壟斷集團之間在爭奪市場的競爭上日益激烈。工商企業的資本家爲了爭取更多的消費者、擁有更多的市場占有率，於是開始把心理學運用到商業市場的行銷活動。在二十世紀初期，各種依據心理學原理指導的商品生產和銷售的學科，包括廣告學、市場學與行銷學等相繼出現。這些學科中對於消費者的消費行爲以及其心理現象等的研究，爲當時商業心理學的形成和發展，創造了有利的條件。此後，隨著市場活動的擴張與行銷學的演進，帶動商業心理學的不斷發展。

商業心理學，是一門以實用取向的心理學領域——從研究商品流通、消費過程，以及個人或團體在商品流通與消費過程中產生的相互作用——它必然隨著商業活動的不斷變化而快速地發展。於是，當我們研究商業心理學時，首先，必須要先瞭解，它是如何隨著商業活動的「事件」（events）發展而產生演變。其次，從商業活動的專業觀點來看，當我們學習商業心理學時，也必須認識一些瞭解商業活動的方法（method）或工具（tools）。

根據上面的認知背景，我們繼續在第二章〈商業心理學的內容範疇〉，探討「商業心理學的內容」。本章的主要內容包括三節：(1)商業心理學的基礎；(2)商業心理學的應用；(3)商業心理學的研發。

在第一部分「商業心理學的基礎」裡，討論四個項目：市場需求的不斷發展、消費導向觀念的形成、第三次技術革命的影響、新市場行銷學的挑戰。在第二部分「商業心理學的應用」裡，討論三個議題：滿足新需求、加強經濟效益、提高員工素質。在第三部分「商業心理學的研發」裡，討論兩個議題：商業心理學的研發定義以及商業心理學的研發對象。

第一節　商業心理學的基礎

商業心理學正式出現於十九世紀末的美國。當時，美國的經濟開始從較早的自由競爭進入了壟斷時期，因而導致壟斷集團之間在爭奪市場的競爭上日益激烈。於是，工商企業的資本家爲了爭取更多的消費者、擁有更多的市場占有率，於是開始把心理學引入到商業市場的行銷活動。在二十世紀初期，各種依據心理學原理指導的商品生產和銷售的學科，包括廣告學、市場學與行銷學等相繼出現。這些學科中對於消費者的消費行爲以及其心理現象等的研究，爲當時商業心理學的形成和發展，創造了有利的條件。此後，隨著市場活動的擴張與行銷學的演進，帶動商業心理學的不斷發展。

探討商業心理學的發展背景，我們探討的內容包括市場需求的不斷發展、消費導向觀念的形成、第三次技術革命的影響，以及新市場行銷學的挑戰等四個項目。

一、市場需求的不斷發展

十九世紀末到二十世紀三〇年代，隨著市場行銷學的形成，商業心理學也開始逐漸形成。在這個時期，世界主要的國家先後完成了工業革命，生產迅速增長，並帶動了城市經濟的發達。例如，1920年的美國城市人口開始超過農村人口，於是商品的需求急劇增加，以從1900年到1930年的三十年爲例，美國商品流通領域的從業人員就增加了一倍以上。

由於消費需求的增加，市場的基本特徵則形成了求過於供的賣方市場。企業最想要解決的問題是增加生產、降低成本，以滿足市場的需求，在這個背景下，商品銷售並不是企業的主要問題，因爲這是一個「求」過於「供」的市場生態。

二十世紀初，美國管理工程師泰勒（Frederick W. Taylor）所著《科學管理原理》（*The Principles of Scientific Management*, 2008）一書出版。由於他提出了生產管理的科學理論和方法，且符合了企業主的增產要求，受到普遍重視。於是，美國許多大企業推行泰勒的「科學管理」，使生產效率大為提高，結果開始出現了生產能力的增長，超越市場需求增長速度的現象。

在這種情況下，少數有遠見的美國經營者在經營管理上，為了解決產銷的不平衡問題，開始重視運用心理學研究，用以開闢銷售管道和改善推銷技巧。

以美國的國際收割機公司（International Harvester Company, IHC）為例，在十九世紀末，該公司首創在銷售經營上採用了下列四種與消費心理有關的新辦法：

1.市場分析。
2.明確標價。
3.售後服務。
4.分期付款。

與此同時，國際收割機公司並且把傳統的「當面看貨，出門不換」的老規矩改變為「貨物出門，包退包換」，以此來擴大銷路，效果良好。雖然在當時，這種創舉只是個別企業的行銷策略，然而心理學在商業活動上的應用，已經開始被重視。

從1930年代到第二次世界大戰結束之間，是所謂市場行銷學應用於商品流通領域的重要時期。隨著總體經濟的發展和消費市場的演變，商業心理學在商品經濟高度發展的國家中迅速發展，使其科學依據日益充實，研究範圍不斷地擴大，對消費者和潛在消費者的心理現象有了更深刻的瞭解，這對指導商品生產和銷售活動具有重要作用。

二、消費導向觀念的形成

1930年代之後，在消費市場不斷發展的前提下，工商企業界逐漸確立了以消費者爲中心的新市場行銷觀念，這種觀念改變了過去的單純推銷觀點，發展爲重視依據消費者的需要和期望而進行商品生產和銷售的觀點。此後，商業心理學對市場行銷活動的影響逐漸加大，效果也更加顯著。因而商業心理學逐漸成了工商管理科系與商業經營管理人員的必修學科。

美國在1929年到1933年發生了經濟大危機（Great Depression），震撼了各主要經濟發展國家。由於生產的嚴重過剩，商品銷售困難，導致企業紛紛倒閉。這時企業面臨的問題已經不是求過於供的賣方市場，而是供過於求的買方市場。面對嚴重的市場問題，與企業休戚相關的首要問題，已經不是從前的「如何擴大生產和降低成本」，而是現在的「怎樣把產品賣出去」。

市場行銷學專家爲了幫助企業爭奪市場，解決產品銷售問題，於是提出了「創造需求」的概念，並開始重視市場調查、分析、預測和刺激消費者的需求。因此，這就爲大規模地運用商業心理學，並爲市場行銷學的研究開闢了有利的管道。在這個時期，市場行銷學和商業心理學就很自然地進入了商品流通領域，參與了企業爭奪市場的業務活動，並在整個消費活動中，扮演了重要的角色。

從1950年代到2000年初，市場行銷學的研究對象以及提出的原理概念，逐漸發生了革命性的重大變革，促使商業心理學的應用與發展也推進到一個嶄新的階段。第二次世界大戰結束以後，美國和參戰的一些具有工業基礎的國家，包括英國、法國、加拿大、德國、日本等，將他們急劇膨脹的軍事工業轉向民用工業，而邁入了所謂「第三次技術革命」。同時隨著日本、德國和義大利在戰爭的廢墟上，經過人民艱苦奮鬥和種種客觀條件的配合，奇蹟般地恢復起來，也加入了工業發達國家的行列。

於是，由於工作生產效率大幅度提高，產品的數量劇增，商品的競爭越趨激烈。此時，大型企業及政府吸取了三〇年代經濟大危機的教訓，在生產力高度發展的基礎上，推行所謂高工資、高福利、高消費以及縮短工作時間的政策，用以刺激人們的消費力，使市場需求在量和質的方面都發生了重大變化。結果，市場的基本形勢是產品進一步供過於求，消費者的需求期望不斷地變化，競爭範圍更加廣闊。這種現象導致原有的市場行銷學愈來愈不能適應新消費市場形勢的要求。

三、第三次技術革命的影響

由於美、英、法、加拿大、日本和德國等國家，在消費導向觀念的前導下，經過第三次技術革命的推動，工業生產突飛猛進，工業用品和消費品大量湧現，市場趨勢呈現更加供過於求的不平衡現象。這些國家在生產力高度發展的條件下，紛紛採取許多刺激消費的政策，導致生產者和消費者的要求也愈來愈高。人們已經不能滿足於原有產品在品質方面的提高和數量上的充沛速度，而要求企業提供產品的貨色與品種更爲多樣化與創新。

在這個背景下，消費者不但希望能夠從商品的物質上體現其使用價値，而且更要從中獲得心理上的滿足。在劇烈的市場競爭中，企業的經營業績快速升降，導致企業經營的優勝劣敗變化非常迅速。許多商家從不斷整合的經驗中，逐漸認識到顧客需求心理是推動企業的重要軸心，唯有主動認識消費者現在和將來的需求心理，並且採取有效措施來影響和滿足這種需求心理，企業才能夠生存，並長期占有市場。

經過長期研究，美國市場行銷學家科特勒（Philip T. Kotler）和阿姆斯壯（Gary Armstrong）他們在《行銷學原理》（*Principles of Marketing*, 2015）一書中對市場賦予了新的概念——「廣義市場概念」——包含生產者和消費者之間，實現商品和勞務之潛在交換的任何一種活動，這裡所謂「潛在交換」，就是生產者或勞務要符合潛在消費者需求和願望。按照過去行銷學的概念，市場是在生產過程的「終點」，銷售的職責只是推銷已經生產出來的產品或勞務，而新的行銷概念則強調買方的需求，包括潛在的需求，於是市場則反而成爲生產過程的起點。

於是，行銷的職能，必須先調查、分析、判斷消費者和最終用戶的需求及期望，將所獲得的資訊傳遞到研究開發和生產部門，據以提供適當的產品和勞務，使「潛在交換」得到實現，由此而獲得更高的利潤。如此一來，市場行銷學自然就開始突破了商品流通領域，而融入了企業的生產經營管理，心理學應用的配合運作就自然地蓬勃發展了。

四、新市場行銷學的挑戰

在第三次技術革命的影響下，1950年代的市場行銷學的研究對象，由商品流通領域擴大到商品生產領域，它的基本理論發生了質的變化，於是一門嶄新現代市場行銷學就此誕生了。隨之，商業心理學也突破了商品流通領域，進而指導商品的生產，從而使其指導範圍邁向了一個新的階段。

1960年代和1970年代以來，商業心理學日益與現代市場學、消費經濟學、管理科學、社會學等理論密切整合起來，成爲一門綜合性的管理學科，發展出一系列的專業著作，並得到學術界和企業界廣泛的重視和運用。進入1980年代，現代商業心理學又面臨著許多新的挑戰，現代的商業心理學家和商家正在不斷地進行探索、補充和發展。

在台灣，將心理學引入經濟領域的研究起步較晚，而進行商業心理學的研究，時間則更短。企業相關人士之所以對商業心理學開始產生興趣並引起重視，可以說是由於推行經濟體制改革和開放的結果。隨著經濟體制改革的深入進行和對外出口貿易，台灣的經濟與貿易迅速發展，人民生活水準大幅提高，「賣方市場」已開始向「買方市場」轉化，加上多管道商業流通、多種經濟成分並存和企業自主權的擴大，台灣市場出現了前所未有的競爭局面。由於商業的經營管理人員普遍感到「生意難做」，開始迫切地尋求解決以下問題：

1.怎樣才能提高商業經營和管理水準？

2.如何贏得市場競爭的主導權？

3.如何取得更好的經濟效益？

4.如何爲現代化建設作出更多的貢獻？

屬於海島型出口貿易導向，台灣的經濟迅速發展，與國際經濟銜接時，更需要國際商業心理學的支援。爲此，企業人士希望學習更多有關商業經營和管理的知識，其中包括商業心理學知識，以增強自己的經貿專業本領。正是在這種形勢下，台灣的商業心理學應運而生了，並隨著經貿的蓬勃而發展。

 第二節　商業心理學的應用

在邁向二十一世紀的商業發展，更在具有本土化的台灣企業參與國際經濟活動前提下，研究商業心理學具有多方面的重要意義，也就是應用商業心理學的重點，包括下列三方面：(1)滿足新需求；(2)加強經濟效益；(3)提高員工素質。

一、滿足新需求

商業心理學的應用，首先要整合現階段商業活動的矛盾和滿足新時代商業需求。生產的目的是爲了不斷地滿足社會和人民日益增長的物質和文化生活的需要，但是台灣現階段社會生產力比歐美與日本低，然而社會風氣、流行風潮與個人價值觀則與這些國家幾乎一樣，這樣就構成了社會供求上的矛盾。

由於這個矛盾決定了新時代商業工作的基本任務。這個任務包括促進商品生產、發展商品流通、建立宏觀經濟和現代企業制度、開拓國際貿易、繁榮台灣經濟活動、爲邁向二十一世紀人民日益增長的物質需求與文化生活服務。要整合現階段商業活動的矛盾和滿足新時代商業需求，下列幾項議題提供參考。

(一)多樣化的心理需求

人們的消費需要是多樣的，主要對商品的需要和對勞務服務的需要。需要的內容，則包括有物質生活的、精神文化生活的；有生理性的，還有人們日益增多的心理需要。例如，即使是一件普通的商品，不僅有平常所要求的「物美價廉」，而且在商品的外在因素，包括造型、色彩、商標、命名，乃至包裝等方面也都有了不同程度的要求，而這些要求幾乎都是心理方面的因素。

這也就是說，隨著商品的日益豐富，人民生活水準、文化水準的提高，人們已不滿足於生理性的消費，開始產生許多心理上的需求，而且這種心理性需求在現代商業活動裡占愈來愈重要的地位。

心理需求是複雜多變的，因爲人們的年齡、性別、職業、民族、地區、信仰、經濟收入、文化水準、消費習慣、生活方式等不同，於是，表現在心理上的欲望也就非常多元化。

心理需求的多變，是由於人們的消費意識會隨著客觀條件的變化而變化。例如，現代化生活方式對國內的影響、經濟收入的減少或增加、生活環境的改變、文化水準的提高等。這些客觀條件的變化，都能引起心理的變化。隨著國際化的發展，國內與國外的商業往來日益增多，於是研究國際性的文化背景以及不同國家所表現複雜多變的心理性需求，有助於開展國際商業的活動。以下列舉四個項目提供參考。

◆瞭解日本文化

日本是台灣重要的商業夥伴之一。與台灣相距不遠的日本，他們的許多風俗習慣都有深厚的文化內涵。與日本人開展商業交往，首先得學會日本人的基本禮儀，例如互遞名片、握手、打招呼等。假使能夠把其中的禮儀完全瞭解，那麼與日本人的會見就會顯得輕鬆自如。日本人辦事顯得有條有理，對自己的感情常加以掩飾，不易流露，不喜歡傷感的、對抗性的和針對性的言行與急躁的風格。所以，在與日本人打交道的過程中，沒有耐性的人，常常會鬧得不歡而散。

首先，「愛面子」是日本人的共同性，它是一個人榮譽的紀錄，又是自信的源泉。日本人非常重視情面，如果說出一句有傷面子的話，或是一個有礙榮譽的動作，都會使商業活動陷入僵局。所以，與日本人相處，應時時記住給對方面子。

其次，是送禮，在日本更是習以爲常，在商業交往中同樣風行。送一件禮物給日本客人，即使是小小的紀念品，他都會銘記心中，因爲它不但表明你的誠意，而且也表明彼此之間的交往已超出了商業的界限，代表你對他的友情，他就會深感你的「恩情」。從習慣上說，日本人不喜歡在禮品包裝上打蝴蝶結，用紅色的彩帶包紮禮品象徵身體健康，還有不要給日本客人送有動物形象的禮品。

與日本人打交道或做生意，必須要有精通日語的人員才行，因爲日語是和日本人溝通最直接的工具，日語的意義有時不太明確，語言不通，很容易產生誤會。日本人很尊重和欣賞那些對他們的文化歷史抱著認眞探索態度的外國人。與日本人談生意時，公司必須明確地委託全權負責交涉的代表，而且不要選派太年輕的代表。因爲在日本，通常至少要有十五到二十年的經歷，否則沒有資格代表公司。

另外，日本人認爲「4」是不吉利的數字，忌諱「4」。美國有一家高爾夫球製造廠，將四個球裝成一組賣到日本，但日本的「4」與「死」發音相同，所以，四個一組的商品銷售很差。在數字方面，日本人喜歡9、49，而禁忌1、3、5、7。商業的廣告圖案要注意，日本人喜愛的圖案是松、竹、梅、鴨子、烏龜，而禁忌菊花與荷花。

◆瞭解泰國文化

目前在商場上有愈來愈多的機會與泰國人打交道。泰國人喜歡在廣告、包裝、商標、服飾上使用鮮明的顏色，並習慣於用顏色表示不同日期，例如星期日爲紅色，星期一爲黃色，星期二爲粉紅色，星期三爲綠色，星期四爲橙色，星期五爲淡藍色，星期六爲紫紅色。群衆常按不同日期，穿著不同色彩的服裝。過去白色用於喪事，現在改爲黑色。

例如，泰國的國旗由紅、白、藍三色構成。紅色代表民族和象徵各族人民的力量與獻身精神。白色代表宗教，象徵宗教的純潔。泰國是君主立憲國家，國王是至高無上的，藍色代表王室。藍色居中象徵王室在各族人民和純潔的宗教之中。

常言道：「入境隨俗」。凡是初到泰國訪問與經商的人，必須注意遵守泰國人的風俗禮節，不然很容易發生誤會。泰國人認爲門檻下住著神靈，千萬不要踩踏泰國人房子的門檻。泰國人經商一般不喜歡冒險，小心謹慎，故很多企業都帶有家族色彩。

泰國商人十分注重人際關係，在他們看來，與其你爭我鬥，費盡心思才獲得一些利益，倒不如把這些利益讓給那些紮實而富於人性的對手。對於商品，他們重視品質甚於牌子，只要產品貨眞價實，即使是名不見經傳的產品，也能獲得認可。此外，泰國人同樣很注重面子，十分重視別人對自己的外觀看法。在商業談判中如果能讓對方獲得心理上的滿足，很容易在十分融洽的氣氛中進行。

除非在相當西化的場合，泰國人見面時不握手，而是雙手合十放在胸前。雙手抬得越高，越表示對客人的尊重，但雙手的高度則不能超過雙眼。一般雙掌合起應在額頭至胸部之間。請注意，地位較低或比較年輕者，應先向對方致合掌禮。

泰國人不是按姓來稱呼對方，如「林先生」、「李先生」、「陳小姐」，而是按名字稱呼對方，如「光明先生」、「富貴先生」、「美麗小姐」。值得注意的是，泰國人絕不用紅筆簽名，因爲按他們習慣當人死後是用紅色的字把他的姓氏寫在棺木上的。還有，狗在泰國是禁忌的圖案。一般而言，在東南亞商業活動最好選擇在11月至次年3月，因爲這個時候氣候比較宜人。

◆瞭解新加坡文化

新加坡人許多是來自中國廣東、福建、上海和海南島等地。他們從事的職業無所不包，但一般都繼承了祖先的傳統，例如，經營飲食業、釀

酒業的多是廣東人，從事貿易業的多爲福建人，而廣東潮州人和海南島人，則大多從事工廠勞務或廚師等職業。

瞭解新加坡人的性格與特點，相對而言是比較容易的。與新加坡人談判，多採用方言洽談，有時可以產生一種獨特的作用。碰上說潮州話的商人，首先來一句「自己人，莫客氣」的潮州鄉音，會立即拉近彼此距離的感覺，其他像粵語、客語、閩南語等同樣有助於談判的進行和成功。

新加坡居民對色彩想像力很強，一般對紅、綠、藍色很受歡迎，但視紫色、黑色爲不吉利，黑、白、黃則爲禁忌色。在商業上反對使用如來佛的形態和側面像。在標誌上，禁止使用宗教詞句和象徵性標誌。喜歡紅雙喜、大象、蝙蝠的圖案。數字禁忌爲4、7、13、37和69。

新加坡更講究禮貌，這已成爲他們的行動準則。在新加坡進行貿易談判時，不要翹著腿，否則將破壞成交機會。假如不知不覺把一隻腳晃來晃去，以至鞋底朝向了對方，這筆買賣肯定就要談不成了。

在新加坡，商業活動一般穿白襯衫，著長褲，打領帶即可。但在正式場合仍應穿著西裝、穿外套，並注重言行舉止，可以給對方穩重、可信賴之感。新加坡非常討厭男子留長髮，對蓄鬍子者也不喜歡（除非是老人）。商業活動最好選擇3月到11月，避免在聖誕節及中國農曆新年前後進行。

◆瞭解美國文化

再以美國爲例，與美國人做生意，要注意美國的商業禮俗和美國社會的一些習俗。首先，美國人不像英國人那樣總要衣冠楚楚，而是不太講究穿戴，穿衣以寬大舒適爲原則。但正式場合，美國人就比較講究禮節了。接見時，要講究服飾，注意整潔，穿著西裝較好，特別是皮鞋要擦亮，手指甲要整潔。

美國商人較少握手，即使是初次見面，也不一定非先握手不可，時常是點頭微笑致意，禮貌地打招呼就行了。男士與女士握手通常由女士主動，動作要斯文，不可用力。假使女士無握手之意，男士不要主動伸手，除非女士主動。握手時不能用雙手。主客之間主人先伸手。男性之間，最忌互相勾肩搭背。美國人談話時，不喜歡雙方離得太近，習慣兩人的身體保持一定的距離。

在美國，十二歲以上的男子享有「先生」的稱號，但多數美國人不愛用先生、大人、小姐、女士之類的稱呼，認爲那樣做太鄭重其事了。他們喜歡別人直接叫自己的名字，並視爲這是親切友好的表示。美國人很少用正式的頭銜來稱呼別人，除非對方是一位特殊人物。美國人熱情好客，那怕僅僅相識一分鐘，你就有可能被對方邀請喝咖啡或吃頓飯，但一星期之後，這位朋友很可能把你忘得一乾二淨。到美國人家裡去拜訪，貿然登門是失禮的，必須事先約定。就算要給親朋好友送禮，假使他們事先不知道的話，也不要直接敲門，最好把禮物放在他家門口，然後再通知他自己去取。

再者，商人喜愛表現自己的「隨和」與「幽默感」，能經常在談話中說笑話的人，往往容易爲對方所接受。美國商界流行早餐與午餐約會，約會時要準時赴約。參加宴會時，當女士步入客廳時，男士應該站起來，直到女士找到位子坐下，男士才可坐下。在美國，一般淺潔的顏色受人喜愛，包括象牙色、淺綠色、淺藍色、黃色、粉紅色、淺黃褐色等。在美國很難指出哪些特別高級的色彩。調查研究顯示，在美國純色比彩色受人歡迎，明亮、鮮明的顏色比暗的顏色受人歡迎。

值得注意的是，美國人比較忌諱紫色，如日本的鋼筆製造廠向美國出口鋼筆時，在裝有銀色的鋼筆盒內，用紫色天鵝絨爲底，在美國引起消費者的反感。在美國使用商品的商標，都要到美國聯邦政府進行登記註冊，不然你的商品會被別人冒名頂替。銷售到美國的商品最好用公司的名稱作「商標」，以便於促銷。美國由於猶太人衆多，注意當地的猶太人節日。聖誕節與復活節前後兩週不宜往來。除了6月到8月多去度假外，其餘時間適合訪問與洽商。

由上列個案可見，心理層面的需求是複雜與多變的，這是由各國不同的社會生活及其變化來決定的。我們必須根據不同國家、不同地區、不同民族、不同的年齡層次和職業，以及其不同的經濟收入與消費習慣的複雜和多變的心理需求，來開展商業工作。

(二)國際的市場蛻變

以前在台灣市場以生產導向，在供需關係上比較不平衡，那時商品的種類簡單、花色單調、價格固定、缺少競爭，人們也沒有更積極的心理需求，所以生意很好做。但現在的情形大不相同，尤其面對國際市場複雜多變的消費心理，對商業經營造成難以估量的影響。

現在假如商品不能滿足消費者的心理需要，或商品銷售方式、服務品質與消費者的心理需求相違背，就很可能造成生意冷清的局面。因此，我們必須研究和學習商業心理學，運用商業心理學原理，研究和掌握現實的和潛在的消費者心理，探索消費者心理需求的變化規律，預測消費者心理變化趨勢。

於是，我們要注意的是，一方面，商業部門可以據此作爲商業經營決策的依據，制定合理銷售計畫和安排貨源，採取適當的銷售方式和經營措施，以滿足消費者商品性需要，同時，在勞務服務中，能增強服務的自覺性，減少盲目性，講求服務藝術，提高服務品質，爲消費者提供滿意溫馨的服務。

另一方面，商業部門可以及時地把市場資訊，特別是消費者的消費心理變化，以及對具體樣式的各方面需求的第一手資料，傳遞給生產部門，指導和促進生產部門按照市場需求生產，促進產品更新替換，提供符合消費者心理特點的產品，充分滿足消費者物質和文化生活的需要。

二、加强經濟效益

商業心理學的應用，除了整合現階段商業活動的矛盾和滿足新時代商業需求之外，更進一步要促進經濟發展以增強商業競爭能力與經濟效益。長期以來，台灣企業處在產品經濟環境中，受到傳統的家族經營模式限制，形成了生產導向的觀念。

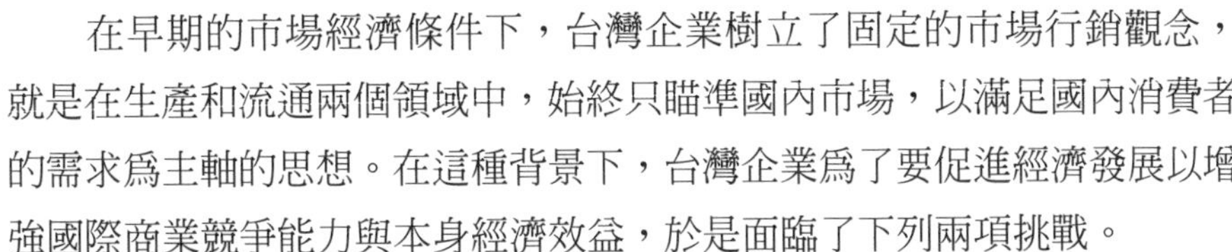

在早期的市場經濟條件下，台灣企業樹立了固定的市場行銷觀念，就是在生產和流通兩個領域中，始終只瞄準國內市場，以滿足國內消費者的需求爲主軸的思想。在這種背景下，台灣企業爲了要促進經濟發展以增強國際商業競爭能力與本身經濟效益，於是面臨了下列兩項挑戰。

(一)市場競爭的壓力

由於台灣企業在推行經濟體制的改革，並獲得了快速的發展，於是商品豐富，市場繁榮。隨著人民生活水準提高，人們對商品的挑選性增強，無論是品牌、性能、規格、花樣，還是品質、數量、價格等，在各方面都提出了新的要求。特別是所謂「哈日族」以及隨後的「哈韓族」的新消費需求，挑動了台灣市場競爭的壓力。

商業活動要想在充滿競爭的市場上立於不敗之地，而且取得發展，獲得較好的經濟效益，只有充實商業本領，積極參與競爭，以爭取更多的消費者。而研究和學習商業心理學並加以運用，是充實商業本領，爭取消費者的重要途徑。

假使不研究和學習商業心理學，就很難說能夠準確地揣測各種消費者的心理需要及其發展趨勢，那麼所經營的商品、所採取的經營方式就可能與消費者的心理相抵觸，就會使經營的商品失去消費者，並失去市場競爭力。所以，研究和學習商業心理學，有助於掌握和預測消費心理及其變化規律，瞭解消費心理與行銷活動的關係。

(二)商業心理的應用

爲了商業競爭與經濟效益，台灣企業於是把商業心理學的原理運用到商品包裝、訂價、商業廣告、商店設計、銷售手段、接待方法等方面。在操作上，採取了有效的心理策略，提高經營能力、服務藝術水準和服務品質，從而加強競爭能力，提高企業的經濟效益。

三、提高員工素質

最後，在商業心理學的應用上要加強從業人員教育，以培養員工的優秀心理素質，從而提高企業組織的管理水準。商業活動要增強活力，在市場競爭中立於不敗之地，除了提高經營水準，採取適當的行銷手段和心理策略外，還要取決於商業工作人員本身的素質和企業的管理水準。下列兩個重要項目提供參考。

(一)員工的培訓教育

商業工作人員良好素質的核心是優秀的心理素質。於是，如何培養商業優秀人員的心理品質，是商業心理學研究的重要內容。廣大商業工作人員研究與學習商業心理學，有助於瞭解自己的個性心理特徵，全面地、客觀地分析自己的各方面心理品質，包括氣質、能力、性格等方面的特點，提高自我分析、自我評價和自我監督的能力，從而根據自己的個性特點確定努力方向，發揮個性心理的積極方面，控制和克服消極方面。

於是，在培訓中，研究和學習商業心理學有助於企業領導幹部，除了自身的優秀心理品質培養外，還可以一改過去傳統的思想教育方法，透過分析，掌握員工心理狀態和個性心理特點，解決員工的心理不平衡問題。採取有效的方法對員工進行心理引導，培養良好道德品質、情感品質、意志品質和能力品質，更加有效地促使企業組織成員之間的集體心理得到相容，有利於企業各方面工作的協調和效率提升。

(二)掌握心理學的應用

爲了有效地管理企業，必須研究和學習商業心理學，因爲要提高企業的管理水準，單靠過去那種行政命令指揮的辦法行不通了。只有瞭解和掌握商業組織的各種管理項目與心理的關係，努力使企業的各方面管理與計畫管理、工作管理、組織管理、業務管理等工作，在商業工作人員中產生良好的心理效應，使管理工作產生積極的、應有的效果。

以計畫管理爲例，如確定企業內部的部門或員工的任務指標，假使訂得過高，將使其產生畏懼心理，失去信心，甚至可能產生對領導幹部、計畫部門的抗拒心理，進而增加集體心理不相容的因素。假如計畫指標訂得過低，又可能使其產生怠惰鬆散或盲目樂觀等消極心理，失去工作興趣和奮鬥學習的目標，影響潛力的發揮。

總之，從工作管理方面來看，企業領導幹部在安排工作時，應當根據員工的個性心理特徵，考慮其種種心理需求，給予適當的安置，讓其充分發揮個性心理特徵的積極方面，才更能激發工作熱情和提高工作效率。而研究和學習商業心理學，對提高企業管理水準，提高企業整體的素質有重要的意義。

第三節　商業心理學的研發

商業心理學研究發展的主要目的，是爲了更有效地支援商業心理學的應用。因此，這個項目的重要性，在當代劇烈市場競爭的前提下，更突顯其角色。探討商業心理學的研發，包括商業心理學的研發定義、商業心理學的研發對象、商業心理學的研發方法等三個主題。更詳細的專題討論，請參閱第3章〈商業心理學研究方法〉。

一、商業心理學的研發定義

商業心理學既然是心理學的應用領域，我們的探索當從基本的心理學研究開始，然後進入到商業活動上的應用。心理學是社會歷史發展的必然產物。它可追溯到原始社會末期。但由於受到社會和科學水準的限制，對人的心理現象的解釋，只停留在直接感知到的表面現象上。

幾千年來，心理學從屬於哲學，直至1879年，德國生理學家、哲學教授馮特，發表了許多心理學觀點，並創辦了心理學刊物，從而使心理學分離出來成爲一門獨立的科學。

(一)商業心理學研究什麼？

商業心理學是研究心理現象及其活動規律的科學。人們研究其目的，是爲了揭示人的心理現象的發生、發展和變化的規律，以便自覺地運用這些規律，指導所有的經濟活動，從而取得預期的效果，做好各項工作。世界上每個人，只要他是一個神志正常的人，都會有心理現象。只不過，有的人自覺地意識到了它，而有的人則沒有意識到而已。

個案探討：消費心理現象

例如，當一個人進入商店買東西開始，就會產生種種心理現象，包括：

1.當他看到店內環境整潔、燈光明亮、空氣清新、商品陳列美觀，心裡就會感到愉悅。

2.當他走近櫃檯，銷售人員對他不理不睬時，他心裡又會感到不愉快。

3.當他看到了面前正是自己盼望已久的某種商品時，也許因為好不容易找到這種商品而激動不已。

4.當他經過不斷地挑選，但找不到一件滿意的商品時，又會感到沮喪與失望。

5.假如他對某件商品比較滿意，但又因為價格過高而發愁。

6.當他想像到當孩子獲得這件禮物會非常高興時，他就下定決心買下商品。

在整個消費過程中，觀察、思索、下定決心消費以及整個過程的各種感受都是心理現象。心理學把人的心理現象概括成為心理過程與個性心理特徵等兩個層面。

一、心理過程

心理過程，主要是指人的心理形成及其活動的過程。心理過程包括認識過程、感情過程、意志過程等三個項目。我們可以透過下面的實例瞭解這三個過程的發展情況。

(一)認識過程

認識過程是人認識客觀事物的表面屬性和內在聯繫的心理活動過程。當某一消費者購買沙發時，首先會經過挑選的過程，他先用眼睛觀看它的形狀、大小、花色，以及用手摸摸它的質感如何，這就是對商品的感覺和知覺。為了使買的沙發顏色與客廳的其他用品顏色相配，他還要想一下家裡客廳已有的其他用具的顏色，可能還會想像布置這沙發後，整個客廳的氣氛如何？

透過對沙發的形狀、大小、顏色、布料等方面的綜合分析、抽象概括後，認為這種沙發不錯，於是特別注意其中一組，這是人的思維過程。上述的感覺、知覺、回憶、想像、注意、思維等都屬於認識過程。

(二)感情過程

感情過程是客觀事物能否滿足人的主觀需要而產生一種傾向的心理活動過程。這個感情過程包括喜、怒、哀、樂等。當這位消費者看到所挑選的沙發正是自己原來想像要買的那一種，就會感到高興。否則因為發現沙發上的缺點很多，又會感到不滿意，這是感情過程。

(三)意志過程

意志過程是人為了達到特定目的，自覺地支配和調節自己的行動，並與克服困難互動的心理活動過程。當這位消費者正要決定消費時，卻因一起前往選購的家人表示反對，或由於價格比原先預算的價格要高出許多，他會感到為難。這也許會導致消費者退縮不打算消費，也許會經過一番意志努力，排除干擾，最後決定消費。這就是意志過程。由此可見，人的心理活動一般都包含有認識過程、感情過程和意志過程等三個層面。

總之，這三個具體的心理過程，對每個人來說都是存在的，這是個人的心理現象共同性的一面。但是，由於每一個人先天因素的影響和後天的生活環境、生活經驗、文化教育等條件的不同，心理現象也就發生了因人

而異的現象。例如，每一個人的意識傾向，包括觀點、動機、興趣、世界觀等，以及能力、氣質、性格等方面的心理特徵都是不同的。這些不同的心理特徵構成了一個人的個性心理。

二、個性心理特徵

所謂心理特徵，就是一個人所具有的各種重要的和持久的心理特點。一個人的各種心理特徵的綜合，就形成了個性。由此可知，個人無論是感知、記憶、想像、思維，還是感情、意志等心理過程都不是抽象的，而是在每個具體的人身上產生時，總帶有個人的特點。俗語說：「人心不同，各如其面。」這就是說，人的心理猶如人的相貌一樣，是多樣化、個個不相同的。每個人都有與別人不同的主觀世界。

個性心理的結構成分有兩個方面：

1.各自的意識傾向性，包括不同的需要、動機、興趣、習慣、態度、信念、理想、世界觀等。

2.各自的心理特徵，包括不同的能力、氣質、性格等。

上述這些不同的需要、動機、信念與不同的能力、氣質、性格的融合，即構成了一個人的獨特個性。至此，我們可以知道人的心理現象的兩個層面——心理過程和個性心理，是密切地聯繫在一起的。一方面，每個人的心理過程都帶有個性心理的色彩；另一方面，個性心理特徵又是透過心理過程表現出來。離開了各個具體的心理過程，既看不到個人的興趣、能力，也看不到個人的氣質、性格。所以說，心理過程和個性心理是同一個心理現象的兩個不同方面。要瞭解個人的心理，必須對這兩個方面分別進行研究。要瞭解個人的心理全貌，則必須將這兩個方面整合起來加以研究與考察。

(二)心理學研究學科定位

心理學不僅和自然科學有聯繫，還和社會科學有關聯，而且也和哲學有關係。因爲人的心理的產生，必須依靠個人內在的腦力活動和外在客觀事物資訊的輸入結合。要明白這類的問題，就必須求之於自然科學。同時，人的心理產生的根源及其內容都取之於社會中的事物。要明白這類問題，就必須依靠社會科學才能解決。

此外，研究心理學的方法論基礎，就需要哲學的理論基礎。由此可見，心理學既不能列入自然科學的行列，也不能放到社會科學的園地裡去。於是，心理學就處於哲學、自然科學、社會科學的整合點上。因此，心理學屬於邊緣科學的範疇。

人們愈來愈認識到心理學是一門重要的學問。因爲人們意識到任何領域的任何活動都必須有人進行，而且是在人的心理活動的參與下進行。因此，爲激發人的積極性和提高人的工作效率，對心理學原理的運用日益值得人們重視。我們同時發現，經濟越是發達的國家，如美國、英國、德國、法國和日本等，越是重視心理學在各個領域的應用。在許多國家，各個領域都要求有心理學工作者參加。

美國是愈來愈重視運用心理學來加強企業管理。例如，許多心理學顧問提出有一定彎度和坡度的道路引起司機注意和警覺的合理設計方案，被不少國家建設高速公路時採納。於是，心理學就成爲二十一世紀經濟發展國家的熱門科學之一。心理學家從各個不同的角度、不同領域與不同的對象進行了具體的心理研究，從而逐步建立了心理學的科學體系。

心理學的科學體系以普通心理學爲主幹，分出了許多的分支學科，包括教育心理學、體育心理學、藝術心理學、軍事心理學、工業心理學、商業心理學、醫學心理學、矯治心理學、變態心理學、社會心理學、管理心理學等。不論哪一分支學科，都以普通心理學的原理作其理論基礎。

二、商業心理學的研發對象

商業心理學是心理學的一個分支，它是一種心理學的應用科學。商業心理學是研究商業活動，包括商品流通以及勞務過程中人們的心理現象和心理活動規律的科學。商業心理學的研發對象是什麼呢？它的研究對象是作爲商業經營活動主體的人，包括消費者、商業工作者、勞務員、管理者等人的心理現象的產生、發展和變化規律，以及商業經營活動、公共關係、商業談判和組織管理與心理的關係。研究商業心理學的對象與內容，主要包括有下列五個項目：

(一)消費者消費行爲的心理研究

商業心理學的第一個研究對象，是研究消費者的消費行爲所牽涉到的心理活動，包括消費者的消費需求心理、消費者的個性心理，以及消費者消費行爲的心理活動過程等方面的研究。

(二)商品生產與消費心理研究

商業心理學的第二個研究對象，是研究商品生產與消費者的心理關係，包括商品設計、商品命名、商標設計、商品包裝與消費者心理關係等。

(三)商業活動與消費者心理研究

商業心理學的第三個研究對象，是研究商業活動與消費者的心理關係，主要內容包括商品訂價、商業廣告、商店設計、商品銷售等方面與消費者心理關係等。

(四)商業活動與公共關係研究

商業心理學的第四個研究對象，是商業活動與工作中的公共關係的心理，它主要包括商業活動中對外界的資訊交流與人際溝通等項目。

(五)商業談判技巧與組織管理研究

商業心理學的第五個研究對象，則是研究商業談判的技巧以及研究商業組織的心理，它包括商業工作人員的個人心理、集體心理和商業組織的管理心理等。此外，商業心理研究的詳細論述，請參閱第3章〈商業心理學研究方法〉。

商業加油站

不要信任那些自身難保者的建議

這是一則兒童書裡「掉在井裡的狐狸和公山羊的故事」。話說，一隻狐狸不小心掉到井裡，牠努力想沿著牆爬上來，但牆實在太滑，再怎麼掙扎都沒法爬上去。狐狸只好待在井底，正在這時一隻口渴的山羊來到井邊。

「你怎麼啦？」山羊問道。

「你大概還沒聽到最近的新聞吧！」狐狸不疾不徐地說，「天氣變了，馬上要發生一場大旱災。所以我跳下來，盡可能地多喝水。水很快就要流光了，你也得趕快喝水啊！」

「你肯定嗎？馬上會有一場大旱災？」山羊聽了有些猶豫。

「快看看你周圍吧！」狐狸說，「有沒有發現樹葉比平時要發黃一點，草也比平時要枯萎一點，看看是不是這樣？你最好也跳下來喝水吧——我已經喝得太多了，胃幾乎要漲開來了。」

山羊到周圍的樹叢裡看了一圈，牠愈看愈覺得樹葉是比平時要黃一些，於是牠也跳下去了。等山羊落到井底，早有準備的狐狸馬上跳到牠背上，然後趴到井上，奮力爬出井去。

出了井以後，狐狸邊走邊回頭對著井裡喊：「下一次你在跳下來之前，最好再仔細地多看一看。」

雖然每一個觀察者都認為：自己看到的是真實的。

要記住：不要信任那些自己身處危機者的建議。

紐約麥迪遜大道（Madison Avenue）現在是美國廣告業的中心，它就是透過創造幻覺而發了財，它有很多成功的廣告，例如：喝了這杯啤酒，女人們就會喜歡上你；買了這輛車，你的人生就顯得完整。有時候，人的本性會讓我們心甘情願地為這些幻覺付錢，即使我們知道它們肯定是假的，卻也不能完全免於購買幻覺。

每一宗商業交易裡都有一些內在的幻覺，沒有一樣東西真的是它表面上看起來那樣。不信的話，可以看看川普（Donald Trump）美國2017年新任總統的書，在《川普：交易的藝術》（*Trump: The Art of the Deal*, 2015）一書中，他描繪了創造幻覺的技巧，這使得他在大西洋城的賭博中大賺特賺。（註：筆者閱讀此書獲益良多，推薦此書。又由於居住紐澤西地區近三十年的地緣關係，進一步瞭解個案的經過。）

個案研究：川普酒店公司

川普酒店公司（Trump Plaza）獲得了紐澤西州賭博控制委員會頒發的許可證。所有的建築和建築計畫都經過批准。但當下的問題是，儘管川普公司有著豐富的建築經驗，但從來沒有蓋過賭場。就在這時候，羅斯（Michael Rose）假日酒店公司的主席來川普公司談一筆交易：川普公司蓋賭場，假日酒店公司來經營管理，最後的收益雙方五五分。而且，假日酒店公司運用自己的資金來經營賭場，完全不需要川普公司出一分錢，川普公司也不用考慮建構與賭場有關的業務部門。談判很快就結束了，雙方都很滿意。剩下的步驟就是要讓假日酒店公司的董事會批准此方案，但出現了一些麻煩。

假日酒店公司特意在大西洋城召開年度的股東大會，這樣大家可以有機會看到川普公司吹噓的宏偉建築。更重要的是，大家可以實地考察建設的進展，但董事會成員發現了問題，賭場的建設進展非常緩慢，這就有可能影響或延遲這筆買賣的簽約。川普公司只有一週的時間來解決這個問題。川普公司說：「我們找來了建設主管，我告訴他，他要盡一切努力，找來一切他可能找到的推土機和運輸卡車。」設施負責人被告知，要馬上把這一片近乎全空的兩英畝土地變成「世界上最活躍的工地」。運輸卡車在工地裡來來回回地開，推土機很快又把它們裝滿。這些突然發生的變化讓人驚喜。

假日酒店的董事會成員在第二週再次造訪工地，很多人都被如此迅速開展的工地運作震驚了。一個董事會成員評論川普公司說：「他們既然能做到這一點，就一定能克服一切的障礙。」董事們滿意地各自回家了。三週以後，他們簽署了合作協議，川普公司最終得以進入賭博業。

幻覺是一種個人脫離現實的心理狀態，制度性幻覺（Institutional Illusion）則擴大範圍到整個公司，甚至整個行業，例如，投資人對股市榮景過分期待，這項不切實際的心理狀態有必要參考商業心理學的研究發展議題，進一步討論。

因果理論指出：有果，必有因。因此，制度性幻覺的產生也有其必然的條件。

第一，幻覺的發生一般有三個因素，即個人主觀評價問題、制度目標的實際價值問題，以及個人對制度目標的評價問題。一般來說，公司制度目標的實際價值對於員工個人或投資人來說，是難以預測的，因而留下了制度性幻覺空間。

第二，幻覺的形成直接緣於員工或投資人對公司目標評價與它的實際價值的不符，這一不符不論是樂觀的還是悲觀的，都表現為員工或投資人對既定制度環境的適應性反應，它植根於客觀事實。幻覺的某種證據就是為了說明這種適應性反應所帶有錯覺程度的高低。

第三，幻覺的後果影響著處於幻覺中員工或投資人的選擇性行為。如果說，幻覺的形成是他們對既定制度適應性的反應，那麼，幻覺一旦形成，就將對幻覺中的員工或投資人面對既定制度產生選擇行為，例如，員工繼續留職或另謀高就，投資人繼續持股或脫手等行為，產生了相對的影響。

個案研究：樂陞弊案

2016年5月31日，台灣樂陞科技大股東日商百尺竿頭數位娛樂有限公司，宣布將從公開市場以溢價22%的價格，每股128元的價格，合計48.6億元收購樂陞科技，經投審會同意，只待交割。但8月31日，百尺竿頭卻付不出錢來，惡意違約交割，兩手一攤。這是台灣證券史上第一樁，公開收購「成功」卻付不出錢的案例。更令外界驚訝的是，騙了股民的百尺竿頭，金管會最高罰款只有240萬。外界也發現，百尺竿頭股本只有5,000萬，竟然提了近50億的併購。這個弊案反應了制度性幻覺導致投資個人幻覺的巨大影響力。

受小股東委託的樂陞董事長、董事會，對百尺竿頭開大門歡迎，如今一樁高達近50億的騙局，竟然可能無人負責。到底樂陞案是怎麼層層失守的？樂陞董事會有無發揮「把關」功能？獨立董事最務實的功能，就是「重複檢查」（double check）監督公司運作，保護沒有經營權的小股東的權益。檢驗樂陞與百尺竿頭這樁公開收購案，經營團隊迅速在一週後宣布大利多，指稱買賣雙方有高度共識，為投資人提供了支持性幻覺，同時也擴大了投資人的需求性幻覺，最後，讓制度性幻覺持續發酵。

盡力去發現——每宗商業交易裡都可能存在著幻覺。

資料來源：參考http://www.cw.com.tw/article/article.action?id=5078180#sthash.p4B0zavO.dpuf

商業心理學研究方法

- 研究的理論基礎
- 現場觀察研究法

- 訪談調查研究法
- 問卷調查研究法

- 心理測驗研究法
- 商業加油站：晚餐與生命之爭

商業心理學的專業研究歷史並不長，其使用的理論、方法與工具等建立在其他專業領域研究，特別是普通心理學的基礎上。由於目前各大學商學院都有提供基礎心理學的學習課程，在這項前提下，本文選擇其中比較關聯重重的項目論述。

根據上面的認知背景，我們繼續第2章〈商業心理學的內容範疇〉，探討「商業心理學的研究方法」。本章的主要內容包括四個部分：(1)研究的理論基礎；(2)現場觀察研究法；(3)訪談調查研究法；(4)問卷調查研究法；(5)心理測驗研究法。

在第一節「研究的理論基礎」裡，探討四個議題：研究理論基礎與建構、研究對象與目標、研究者角色環境以及研究設計與工具。在第二節「現場觀察研究法」裡，探討五個議題：現場觀察法的種類、現場觀察與人資管理、現場觀察與市場研調、現場觀察法的效益以及現場觀察法的評價。在第三節「訪談調查研究法」裡，探討三項議題：訪談調查法的類型、訪談法的操作過程以及訪談調查法的評價。在第四節「問卷調查研究法」裡，探討三項議題：問卷調查法的種類、問卷調查法的問卷設計以及問卷調查法的評價。最後，在第五節「心理測驗研究法」裡，探討五項議題：心理測驗研究的內容、心理測驗研究的種類、心理測驗研究的原則、心理測驗研究的操作以及心理測驗研究的評價。

第一節　研究的理論基礎

商業心理的研究，必須遵循研究法的兩項基本理論原則：定量研究方法（Quantitative Research Method）與定性研究方法（Qualitative Research Method）。社會科學領域的研究也把定量研究稱爲「量化研究法」，也稱定性研究爲「質性研究法」。

定量研究是爲了對特定研究對象，由於研究總體的數量龐大，使用統計法獲得準確結果而進行；定性研究則是具有探索性、診斷性和預測性等特點，它並不追求精確的結論，而只是瞭解問題之所在，得出感性認

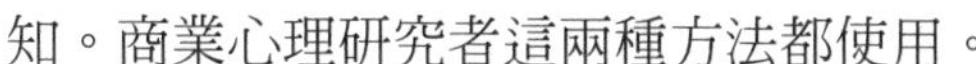

知。商業心理研究者這兩種方法都使用。

一、研究理論基礎與建構

在研究理論基礎與建構上，定量研究與定性研究有以下三項差別：

首先，定量研究與定性研究兩種方法所依賴的理論基礎有所不同。定量研究所研究對象的數目，比較大量，而調查態度比較客觀，例如問卷調查；定性研究，其研究對象數量比較少，與研究者之間的關係也比較密切，例如訪談調查，此研究對象被研究者賦予主觀色彩，成爲研究過程的有機組成部分。

其次，定量研究者認爲研究對象可以像解剖研究一樣，把研究對象（消費者）分成幾個部分，例如花費時間與金額，對這些組成部分的觀察可以獲得整體消費行爲的認知。然而，定性研究者認爲研究對象（消費者）是不可分的有機整體，他們檢視的是消費行爲的全部和整個過程以便得到結論，例如消費動機與態度。

第三，定量研究與定性研究理論建構的差異。定量研究的目標在於檢驗理論的正確性，所獲得的結果是支持或反對先前設定的研究的假設，例如，驗證假設女性消費者對商品價格是否比較會計較。定性研究的理論則是研究過程的一部分，例如，收集消費者對服務人員的態度與商場的環境等資料，經過分析，然後得到結論——是否會再度來消費。

二、研究對象與目標

在研究對象與目標上，定量研究與定性研究有以下兩項區別：

第一，定量研究和定性研究在對研究對象本身的認知上有所差異。定量研究者認爲，所有消費者基本的性別、年齡與消費能力等因素都是相似的。然而定性研究者則強調消費者的個性和人與人之間的關係是有差異的，進而認爲很難將所有的消費者簡單地劃分爲幾個類別，例如：高消費群與低消費群。

第二，定量研究和定性研究對研究的目標有所差異。定量研究者的目標在於發現消費者行爲的一般規律，並對各種環境中的事物作出具有普遍性的解釋。相反的，定性研究則嘗試對消費者在特定情況下，作特別容易消費的解釋，例如，領薪水的日子。換言之，定量研究專注於開發消費廣度，例如，商品價格、消費者性別與年齡的影響因素研究，而定性研究則試圖界定消費深度，例如，服務人員態度因素的研究。

三、研究者角色環境

由於方法論上的取向不同，所以在實際應用中定量方法與定性方法明顯的差別，主要有以下兩方面：

第一，研究者的角色定位。定量研究者力求客觀，直接統計所取得的問卷數據資料，以便獲得結論。定性研究者則針對訪談資料加以研判與分析，以便得到結論。對後者而言，研究者的參與態度是否積極，對資料的研判有相對程度的影響。

第二，研究環境狀況。定量研究運用統計實驗方法，盡可能地控制研究的變數。定性研究則在實際和自然環境中進行，盡量去瞭解消費者在常態下的發展變化，並不控制外在的（數據）變數。

四、研究設計與工具

在研究設計與工具上，定量研究與定性研究有以下兩項區別：

第一，定量研究和定性研究在研究設計的區別。定量研究中的設計在研究開始前就已確定。定性研究中的計畫則隨著研究的進行而不斷發展，並可加以調整和修改。例如，定量研究對消費者的問卷提前規劃與設計、發行問卷的數量以及執行的方式（郵寄或現場分發）。定性研究中的訪談則隨著研究的進行情況變化而不斷發展。

第二，定量研究和定性研究在測量的工具的區別。在定量研究中，測量工具是固定的與獨立的，例如問卷；在實際執行過程中，研究者不一定親自操作，例如，委託工讀生進行。而在定性研究中，研究者本身就是測量工具，必須親自執行訪談，任何人都不可取代。

總之，商業心理的研究，必須遵循定量研究方法與定性研究方法兩項基本理論原則，並充分瞭解兩者在研究理論與實行操作上的差別。

個案研究：生金蛋的鵝

有個農夫養有一隻鵝。一天，他很驚訝地發現，鵝生下了一隻美麗的金蛋。他抱著金蛋跑去告訴妻子這個好消息。從此以後，這隻鵝每天都會產下一隻金蛋。很快地，農夫和他的妻子就變得富裕起來。但他們對這隻令他們致富的鵝的產蛋速度並不滿意，兩人就開始商量，如何取得更多的黃金。

農夫對妻子說，「我有一個好主意。我們索性殺掉這隻鵝，把它肚子裡的黃金一下子全都取出來。」他的妻子表示同意。於是，他們殺了這隻鵝，打開它的肚子，卻發現裡面一無所有。

研究工作需要按照設定的目標進行，適可而止。

在實際工作中，你有多大的自由可以實現自己目標？你給手下員工多大的自由，讓他們實現自己的目標？反過來，你是否經常檢查手下員工的工作情況，看看他們進行得如何？

第二節　現場觀察研究法

現場觀察法（On-site Observation Survey）是商業心理最常用的研究方法之一，主管通常會使用這種方法在現場觀察顧客的消費行為、服務人員的態度與效率等情況，以便作為擬定或改進行銷策略的依據，同時也從觀察現場工作人員服務態度以及員工彼此合作的效率作為獎懲依據。然後，主管也會根據觀察的結果來調配人力。

現場觀察法是指觀察者根據特定的研究目的與提綱或觀察表，用自己的感官和輔助工具去直接觀察被研究對象，從而獲得資料的一種方法。商業心理的觀察具有目的性、計畫性、系統性及可重複性的研究方法。

觀察研究通常利用眼睛、耳朵等感覺器官去感知觀察對象。由於研究者的感覺器官具有一定的局限性，觀察者往往要借助各種現代化的儀器和手段，如照相機、錄音機、錄影機等來增加觀察的效果。

一、現場觀察法的種類

現場觀察法的種類主要包括自然現場觀察法、設計現場觀察法、隱藏現場觀察法以及監視器現場觀察法等四種。

(一)自然現場觀察法

自然現場觀察法是指調查員在一個自然環境中（包括超市、展示地點、服務中心等）觀察被調查對象的行爲和舉止。

(二)設計現場觀察法

設計現場觀察法是指調查機構事先設計模擬一種場景，調查員在一個已經設計好的並接近自然的環境中觀察被調查對象的行爲和舉止。所設置的場景越接近自然，被觀察者的行爲就越接近眞實。

(三)隱藏現場觀察法

我們都瞭解，如果知道自己被觀察，其行爲可能會有所不同，觀察的結果也就不同，調查所獲得的資料也會出現偏差。隱藏現場觀察法就是在不被觀察人知道的情況下監視他們的行爲過程。

(四)監視器現場觀察法

在某些情況下，用監視器觀察取代人員觀察是經常被採用。在一些特定的環境中，監視器可能比人員更經濟、更精確和更容易完成工作。

二、現場觀察與人資管理

根據上列現場觀察法的種類加以有效應用，我們可以作爲人力資源管理工具。

在人力資源管理中，現場觀察法指工作分析人員直接到現場，親自對特定對象（一個或多個工作人員）操作進行觀察、收集、記錄有關工作的內容，工作間的相互關係，人與工作的作用，以及工作環境、條件等資訊，最後把取得的職務資訊歸納整理爲適用的文字資料。現場觀察法使用的原則如下：

(一)避免機械性記錄

爲了避免機械性的研究記錄，現場觀察法的應用應主動反應工作的各有關內容，對觀察到的工作資訊進行比較和研判。

(二)要求工作相對穩定性

現場觀察法的應用要求工作相對穩定，也就是在一定的時間內，工作內容、程序、對工作人員的要求不會發生明顯的變化。

(三)適用於標準化

現場觀察法的應用要適用於標準化，例如，固定工作數量與工作的時間。但是，現場觀察不適用於腦力勞動，例如，以思維判斷或智慧性爲主的規劃設計或交易談判。

(四)觀察的提綱

觀察前要有詳細的觀察提綱和行爲標準，觀察力求結構化，力求做到觀察內容的確定。例如，工作的主要內容：人員的督導者及小組成員、主要使用的設備、工作時間、工作中的非正式組織、工作的體能要求、工作環境等。

(五)觀察的行爲標準

確定觀察的行爲標準，例如，觀察的特定時刻。可選用隨機觀測法、定時觀測法等。其次，確定觀察位置。選擇的觀察位置足以保證可以觀測到工作執行者的全部行爲且不影響被觀察人員的正常工作爲主。

(六)觀察的注意事項

使用觀察研究法，首先要注意工作行爲樣本的代表性，避免以偏蓋全；其次，觀察人員盡可能不引起被觀察者的注意，更不應干擾被觀察者的工作；第三，要求研究者事先對觀察工作的瞭解，包括提供觀察用的問題結構單，以便記錄，避免在塡寫記錄時，因爲不能正確歸類而造成混亂。

三、現場觀察與市場研調

現場觀察法，除了人力資源管理，也經常應用在市場研調上。在市場研調中，現場觀察法是指由調查員直接或藉由儀器在現場觀察調查對象的行爲動態並加以記錄而獲取資訊的一種方法。

(一)人工觀察與非人工觀察

現場觀察法分人工觀察和非人工觀察，在市場研調中用途很廣。例如，研究人員可以透過觀察消費者的行爲來測定品牌偏好和促銷的效果。現代商業心理技術的發展，就設計了一些專門的儀器來觀察消費者的行爲。現場觀察法可以觀察到消費者的眞實行爲特徵，但是，只能觀察到外部現象，無法觀察到調查對象的一些動機、意向及態度等內在因素。

(二)公正態度

爲了盡可能地避免調查偏差，市場調查人員在採用現場觀察法收集資料時，首先要努力做到採取不偏不倚的態度，即不帶有任何看法或偏見進行調查。其次，調查人員應注意選擇具有代表性的調查對象和最合適的調查時間和地點，應儘量避免只觀察表面的現象。最後，在觀察過程中，調查人員應隨時作記錄，並務必作詳細的記錄。

此外，除了在實驗室等特定的環境下和在借助各種儀器進行觀察時，調查人員應儘量使觀察環境保持平常自然的狀態，同時要注意被調查者的隱私權問題。

四、現場觀察法的效益

根據現場觀察法在市場調查的應用，其效益包括對實際行動的觀察、對語言表達的觀察、對表現行爲的觀察、對環境關係的觀察、對時間的觀察以及對文字記錄的觀察等效益。

1.對實際行動的觀察效益，例如調查人員透過對顧客購物行爲的觀察，預測某種商品購銷售的情況。
2.對語言表達的觀察效益，例如觀察顧客與售貨員的談話。
3.對表現行爲的觀察效益，例如觀察顧客談話時的臉部表情等身體語言的表現。
4.對環境關係的觀察效益，例如利用交通計數器對來往車流量的記錄。
5.對時間的觀察效益，例如觀察顧客進出商店以及在商店逗留的時間。
6.對文字記錄的觀察效益，例如觀察人們對廣告文字內容的反應。

五、現場觀察法的評價

與其他科學研究方法一樣，現場觀察法也有應用上的優勢以及自身的局限性。

(一)現場觀察法的優點

現場觀察法有四項優點：

1.它能透過觀察直接獲得資料，不需其他中間環節。因此，觀察的資料比較眞實。

2.因爲在自然狀態下的觀察，能夠獲得生動與眞實的資料。

3.具有及時性的優點，它能捕捉到正在發生的現象。

4.現場觀察法能夠蒐集到一些無法用語言表達的資訊。

(二)現場觀察法的缺點

現場觀察法也有自身的局限性。包括以下五個項目：

1.現場觀察受時間的限制。某些事件的發生是有一定時間限制的，過了這段時間就不會再發生。

2.現場觀察也受觀察對象限制。例如，研究員工的工作效率不佳問題時，員工通常會避免讓別人觀察。

3.受觀察者本身限制。一方面人的感官都有生理限制，超出某個限度就很難直接觀察。另一方面，觀察結果也會受到主觀意識的影響。

4.觀察者只能觀察外表現象和結構，不能直接觀察到事物的本質和人們的思想意識。

5.現場觀察法不適應於大範圍調查，除非借助於包括錄影機等有效工具。

個案研究：池塘邊的雄鹿

炎炎夏日的一天，樹林裡跑出一隻雄鹿，到池塘邊飲水。當它低頭飲水的時候，突然發現水裡照出它的倒影。它的鹿角真是又大又漂亮。於是，雄鹿自言自語說：「我的美麗鹿角使我和森林裡其他動物區別開來。很少有動物像我一樣，有著那麼好的裝飾。我真希望自己身體其他部分也一樣好，那樣才配得上我的鹿角。可惜我的腿太細太脆弱了，這跟我頭上的高貴完全不相稱。」

正當雄鹿顧影自憐的時候，一隻箭從它頭上滑過。雄鹿猛的跳起來，

奪路而逃，發現不遠處就有一片濃密樹蔭，這是最好的避難所。雄鹿朝那裡飛奔而去。鑽入森林，逃出獵人的視線以後，雄鹿擺動脖子。想抖掉身上的樹葉，這樣可以讓自己的形象好看一點。但它一不小心，鹿角和樹枝纏上了。它越掙扎，纏繞得越緊。獵人在遠處聽到響動，就跑過來查看，一箭射中了雄鹿。雄鹿臨死前喘息著說：「我討厭的細腿救了我的命，可惜，我最喜歡的鹿角卻害死了我。」

很少人會欣賞那些往往對他們最有用的東西。

在研究工作上，你最不喜歡的，可能是最有價值的。

第三節　訪談調查研究法

訪談調查研究法是指工作分析人員透過與員工進行面對面的交流，加深對員工工作的瞭解以獲取工作資訊的一種工作分析方法。

一、訪談調查法的類型

依據不同的研究法分類標準，訪談調查法可以分爲多種類型：

(一)以訪談控制程度劃分

以訪談員對訪談的控制程度劃分，包括以下三類：結構性訪談、非結構性訪談以及半結構性訪談。

◆結構性訪談

結構性訪談也稱標準式訪談，就是要有一定的步驟，由訪談員按造事先設計好的訪談調查綱要，向被訪者提問，然後要求被訪者按規定標準進行回答。這種訪談嚴格按照預先擬定的計畫進行，它最顯著的特點是訪談內容的標準化，它可以把調查過程的隨意性控制到最小限度，能比較完整地收集到研究所需要的資料。這類訪談有統一設計的調查表或訪談問卷，訪談內容已在計畫中做了周密的安排。訪談計畫通常包括訪談的具體

程序、分類方式、問題內容、提問方式、記錄表格等。

由於結構性訪談採用共同的標準程序，資訊明確，談話誤差小，故能以樣本推斷總體，有利於對不同對象的回答進行比較與分析。這種訪談常用於正式的以及比較大範圍的調查，例如，詢問消費者對新產品的接受程度，這種方式相當於面對面提問的問卷調查。一般而言，定量研究比較常採用結構性訪談。

◆非結構性訪談

非結構性訪談也稱自由式訪談。非結構性訪談事先不制定完整的調查問卷和詳細的訪談綱要，也不規定標準的訪談程序，而是由訪談員按一個訪談方向或者一個特定主題，與被訪者交談。這種訪談是訪談者與被訪者雙方互動。它的形式是相對自由與閒聊方式的訪談。這種訪談較有彈性，能根據訪談員的需要靈活地轉換話題，變換提問方式和問題順序，以便追問重要的線索。當然，這種訪談收集資料比較深入和豐富。通常，定性研究，例如，求才面談與內部人員升遷，會採用這種非結構性的「深層訪談」。

◆半結構性訪談

針對員工在職訓練效果的調查，經常會採用的訪談形式，是一種介於結構性訪談和非結構性訪談之間的半結構性訪談。在半結構性訪談中，有調查表或訪談問卷，它有結構性訪談的嚴謹和標準化的題目，訪談員雖然對訪談結構有一定的限制，但是，給被訪者留有較大表達自己觀點和意見的空間。訪談員事先擬定的訪談綱要可以根據訪談的狀況隨時進行調整。

在定性研究中，研究的初期多操作非結構性訪談，以瞭解被訪者關注的問題和態度，隨著研究的深入，逐漸進行半結構性訪談，對以前訪談中的重要問題和疑問作進一步比較深入的提問和追問。

半結構性訪談兼有結構性訪談和非結構性訪談的優點，它既可以避免結構性訪談缺乏靈活性，難以對問題作深入的探討等局限，也可以避免

非結構性訪談的費時、費力，難以作定量分析等缺陷。

(二)以調查對象數量劃分

假使以調查對象數量劃分，訪談調查研究法可以劃分爲個別訪談與集體（小組）訪談。

◆個別訪談

個別訪談是指訪談員對每一個被訪者逐一進行的單獨訪談。其優點是訪談員和被訪者直接接觸，可以得到眞實可靠的資料。這種訪談有利於被訪者詳細、眞實地表達其看法，訪談員與被訪者有更多的交流機會，被訪者會感受到重視，安全感更強，訪談內容更易深入。個別訪談是訪談調查中最常見的形式。

◆集體訪談

集體訪談也稱爲小組訪談或座談，它是指由一名或數名訪談員親自召集一些調查對象就訪談員需要調查的內容徵求意見的調查方式。集體訪談是教育訓練效果調查研究中一種很好的方法，透過集體座談的方式進行調查，可以集思廣益，互相啓發與探討，而且能在較短的時間裡收集到廣泛而全面的資訊。

集體訪談的訪談員必須有熟練的訪談能力和組織會議的能力。通常需要準備調查綱要，如果在訪談前，將調查的目的、內容等通知被訪者，訪談的結果往往更加理想。參加小組座談會的人員要有代表性，一般不超過十人。訪談員要使座談會現場保持輕鬆的氣氛，這樣有利於被訪者暢所欲言。如果討論中發生爭論，要讓爭論持續下去；如果爭論與主題無關，要及時引導到問題中心上來。主持人一般不參加爭論，以免妨礙與會者的思路。另外還要做好詳細的座談記錄。

由於在集體訪談中匿名性較差，若有涉及到個人的私密性的內容不易採用這種訪談方式。同時，這種訪談也會出現被訪者受其他人意見左右的情況，訪談員應充分考慮這些因素，盡可能減少這種情況的出現。

(三)以人員接觸情況劃分

訪談調查研究，假使以人員接觸情況劃分可以包括面對面訪談、電話訪談以及網上訪談三種。

◆面對面訪談

面對面訪談也稱直接訪談，它是指訪談雙方進行面對面的直接溝通來獲取資訊資料的訪談方式。它是訪談調查中一種最常用的收集資料的方法。在這種訪談中，訪談員可以看到被訪者的表情、神態和動作，有助於瞭解更深層次的問題。

面對面的訪談可以由訪談員或被訪者決定訪談現場來進行訪談。為了方便被訪者，一般來說，以到被訪者決定的訪談現場為主。

◆電話訪談

電話訪談也稱間接訪談，它不是交談雙方面對面坐在一起直接會談，而是訪談員借助工具（電話）向被訪者收集有關資料。電話訪談可以減少人員來往的時間和費用，提高了訪談的效率。而且訪談員與被訪者相距越遠，電話訪談越顯示其效率，因為電話費用的支出低於交通費用的支出，特別是人力往返的支出。電話訪談與面對面訪談的合作率相差不多，根據估算，面對面訪談比電話訪談大約可節省百分之五十的費用。

電話訪談也有其局限性，例如，它不如面對面訪談那樣靈活、有彈性；不易獲得更詳盡的細節；難以控制訪問環境；不能觀察被訪者的非言語行為等。但是，採取面對面訪談或電話訪談，則電話訪談值得優先考慮。隨著手機通訊的快速發展，電話訪談將會有很廣闊的發展前景。

◆網上訪談

網上訪談是由以前的郵寄問卷發展而來的改良方式。網上訪談是訪談員與被訪者，透過文字而非語言進行交流的調查方式。隨著網路的普及，網上訪談也開始流行。網上訪談也類似電話訪談一樣，屬於間接訪談。網上訪談可以避免人員往返，因而具有節省人力和時間的優勢，它甚

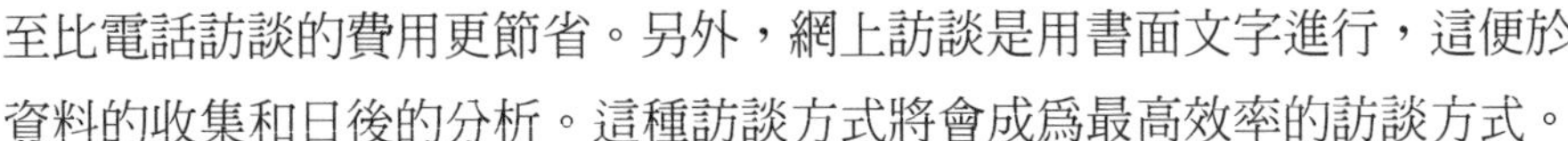

至比電話訪談的費用更節省。另外，網上訪談是用書面文字進行，這便於資料的收集和日後的分析。這種訪談方式將會成為最高效率的訪談方式。

但是，網上訪談也有電話訪談的局限，例如無法控制訪談環境，無法觀察被訪者的非語言行為等。同時，由於網上訪談對被訪者是否熟悉電腦操作以及訪談的對象要有適當的電腦配備與寬頻網路。

(四)以調查次數劃分

訪談調查研究，若以調查次數劃分可以包括橫向訪談與縱向訪談兩種。

◆橫向訪談

橫向訪談又稱一次性訪談，它是指在同一時段對某一研究問題進行的一次性收集資料的訪談。這種研究需要抽取一定的樣本，被訪者有一定的數量，訪談內容是以收集事實性材料為主。橫向訪談收集內容比較單一，訪談時間短，需要被訪者花費的時間較少。橫向訪談常用於量的研究。

◆縱向訪談

縱向訪談又稱多次性訪談或重複性訪談，它是指多次收集固定研究對象有關資料的跟蹤訪談。也就是對同一個樣本進行兩次以上的訪談以收集資料的方式。縱向訪談是一種深度訪談，它可以對問題展開由淺入深的調查，以探討深層次的問題。縱向訪談常用於個案研究或驗證性研究等的定性研究。

訪談調查法的類型多樣化，因此，一個訪談可能具有兩種類型，例如有時面對面訪談也同時是縱向訪談，或非結構性訪談，集體訪談也同時是結構性訪談，訪談員可根據研究的具體需要，靈活操作。

二、訪談法的操作過程

訪談調查研究的操作過程，通常包括五個部分：設計訪談綱要、準

確提問問題、準確掌握資訊、正確的回應以及整理訪談記錄。

(一)設計訪談綱要

無論是哪一種形式的訪談，一般在訪談之前都要設計一個訪談綱要，明確訪談的目的和所要獲得的資訊，列出所要訪談的內容和提問的主要問題。

(二)準確提問問題

要想透過訪談獲取所需資料，對提問有特殊的要求。在表述上要求簡單、清楚、明瞭、準確，並盡可能地適合受訪者；在類型上可以有開放型與封閉型、具體型與抽象型、清晰型與含混型之分；另外適時、適度的追問也十分重要。

(三)準確掌握資訊

訪談者要能夠及時收集有關資料。訪談法收集資料的主要形式是「傾聽」。「傾聽」可以在不同的層面上進行：在態度上，訪談者應該是「積極關注的聽」，而不應該是「表面的或消極的聽」；在情感層面上，訪談者要「有感情的聽」，避免「無感情的聽」；在認知層面，要隨時將受訪者所說的話或資訊迅速地納入自己的認知結構中加以理解和同化，必要時還要與對方進行對話，與對方進行平等的交流，共同建構新的認識和意義。另外「傾聽」還需要特別遵循兩個原則：不要輕易地打斷對方和容忍沉默。

(四)正確的回應

研究者要正確的回應被訪者。訪談者不只是提問和傾聽，還需要將自己的態度、意向和想法及時地傳遞給對方。回應的方式有很多種，例如：「對」、「是嗎？」、「很好」等行爲，也可以是點頭、微笑等非言語行爲，還可以是語言與非語言回應的重複、重組和總結。

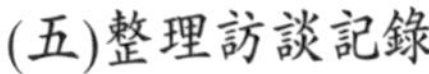
(五)整理訪談記錄

最後，研究者要及時作好訪談記錄，一般還要錄音或錄影，以便作好訪談記錄。最好先整理記錄稿，在檢查無誤之後，撰寫正式訪談記錄。

三、訪談調查法的評價

針對訪談調查法的評價，我們要從正面與負面觀點來討論，也就是訪談調查法的優點與缺點。

(一)訪談調查法的優點

訪談調查法的優點包括以下五項：靈活性、彈性、準確性與客觀性、眞實性以及深入性。

◆靈活性

訪談調查具有靈活性優點，它是訪談員根據調查的需要，以口頭形式，向被訪者提出有關問題，透過被訪者的答覆來收集客觀事實資料，這種調查方式非常靈活，又方便可行，可以按照研究的需要向不同類型的人瞭解不同類型的資料。

◆彈性

訪談調查是訪談員與被訪者雙方交流與雙向溝通的過程。這種方式具有較大的彈性，訪談員在事先設計調查問題時，是根據一般情況和主觀想法制定的，有些情況不一定考慮十分周全，在訪談中，可以根據被訪者的反映，對調查問題作調整或展開。如果被訪者不理解問題，可以提出詢問，要求解釋；如果訪談員發現被訪者誤解問題也可以適時地解說或引導。

◆準確性與客觀性

訪談調查是訪談員與被訪者直接進行交流，訪談員的用心與努力，可以使被訪者消除顧慮，放鬆心情，作周密思考後再回答問題，這樣就提高了調查資料的眞實性和可靠性。另外，訪談調查事先確定訪談現場，訪談員可以適當地控制訪談環境，避免其他因素的干擾，靈活安排訪談時間和內容，控制提問的次序和談話節奏，把握訪談過程的主動權，這有利於被訪者能更客觀地回答訪談問題。

◆眞實性

由於訪談流程速度較快，被訪者在回答問題時常無法進行長時間的思考加以美化答案，因此，所獲得的回答往往是被訪者自發性的反應，這種回答較眞實、可靠，很少掩飾或作假。因此，由於是面對面的交談，因此拒絕回答者較少，回答率較高。即使被訪者拒絕回答某些問題，也可大致瞭解他對這個問題的態度。

◆深入性

訪談員與被訪者直接交往或透過電話、上網間接交談，具有適當解說、引導和追問的機會，因此可探討較爲複雜的問題，可獲取新的、深層次的資訊。在面對面的談話過程中，訪談員不但要收集被訪者的回答資訊，還可以觀察被訪者的動作、表情等非言語行爲，以此鑑別回答內容的眞僞和被訪者的心理狀態。

(二)訪談調查法的缺點

訪談調查法的缺點包括以下五項：缺乏隱密性、訪問者影響比較大、成本較高、記錄比較困難以及處理結果比較困難。

◆缺乏隱密性

由於訪談調查要求被訪者當面作答，這會使被訪者感覺到缺乏隱密性而產生顧慮，尤其對一些敏感的問題，往往會使被訪者迴避或不作眞實的回答。

◆訪問者影響比較大

由於訪談調查是研究者單獨的調查方式，不同的訪談員的個人特徵，可能引起被訪者的心理反應，從而影響回答內容；而且訪談雙方往往是陌生人，也容易使被訪者產生不信任感，以致影響訪談結果；另外，訪談員的價值觀、態度、談話的水準都會影響被訪者，造成訪談結果的偏差。

◆成本較高

訪談調查常採用面對面的個別訪問，面對面的交流必須尋找被訪者，路途往返的時間往往超過訪談時間，調查中還會發生被訪者不在或拒訪，因此耗費時間和精力較多；另外較大規模的訪談常常需要訓練一批訪談人員，這就使費用支出增加。與問卷相比，訪談要付出更多的時間、人力和物力。由於訪談調查費用高、所花時間又長，故難以大規模進行，所以一般訪談調查樣本較小。

◆記錄比較困難

訪談調查是訪談雙方進行的語言交流，如果被訪者不同意用現場錄音，只能寄望訪談員的筆記速度夠快，而一般沒有進行專門速記訓練的訪談員，往往無法很完整地將談話內容記錄下來，訪談後的補記往往會遺漏很多資訊。

◆處理結果比較困難

訪談調查有靈活的一面，但同時也增加了這種調查過程的隨意性。不同的被訪者回答非常多樣，沒有統一的答案，這樣對訪談結果的處理和分析就比較複雜，由於標準化程度低，就難以作定量分析。

總之，訪談調查研究法是尋求員工意見的有效工具。主管會透過與員工進行面對面的交流，加深對員工工作的瞭解以獲取需要的資訊。其具體做法包括個人訪談與小組訪談等方式，訪談調查也可以運用。然後，訪談調查研究也可以運用在徵詢。

第四節　問卷調查研究法

問卷調查法（Questionnaire Survey）也稱問卷法，是調查者運用統一設計的問卷向被選取的調查對象進行，以便透過徵詢意見獲得答案的調查方法。

問卷調查是以書面提出問題的方式，以取得資料的一種研究方法。研究者將所要研究的問題編制成問題表格，以郵寄方式、當面作答或者追蹤訪問方式填答，從而瞭解被詢問者對某一現象或問題的看法和意見，所以又稱問題表格法。問卷法的運用，關鍵在於編制問卷、選擇被詢問者和結果分析。

一、問卷調查法的種類

問卷調查，按照問卷填答者的不同方式，可分爲自填式問卷調查和代填式問卷調查。

首先，自填式問卷調查，按照問卷傳遞方式的不同，可分爲報刊問卷調查、郵政問卷調查和送發問卷調查。其次，代填式問卷調查，按照與被調查者交談方式的不同，可分爲訪問問卷調查和電話問卷調查。

二、問卷調查法的問卷設計

問卷調查法的問卷設計主要包括下列五個部分：問卷的組成、問題的原則、問題的結構、問題的表述以及回答的類型和方式。

(一)問卷的組成

問卷一般由卷首語、問答方式、編碼、內容資料以及結束語五個部分組成。

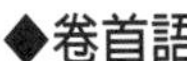

◆卷首語

卷首語是問卷調查的自我介紹，卷首語的內容應該包括調查的目的、意義和主要內容、選擇被調查者的途徑和方法、對被調查者的希望和要求、填寫問卷的說明、回覆問卷的方式和時間、調查的匿名和保密原則，以及調查者的名稱等。爲了能引起被調查者的重視和興趣，以爭取他們的合作和支持，卷首語的語氣要謙虛、誠懇、平易近人，文字要簡明、通俗，並具有可讀性。卷首語一般放在問卷第一頁的上面，也可單獨作爲一封信放在問卷的前面。

◆問答方式

問答方式是問卷的主要組成部分，一般包括調查詢問的問題、回答問題的方式以及對回答方式的指導和說明等。問答方式是提供被訪者回答問題的規範，需要按照特定對象的教育程度撰寫。

◆編碼

編碼就是把問卷中詢問的問題和被調查者的回答，全部轉變成爲A、B、C……或a、b、c……等代號和數字，以便運用電腦對調查問卷進行資料分析與處理。

◆內容資料

問卷的內容資料包括問卷名稱、被訪問者的位址或單位、訪問員姓名、訪問開始時間和結束時間、訪問完成情況、審核員姓名和審核意見等。其中，被訪問者的位址或單位以及訪問員姓名可以以編號替代。這些資料，是對問卷進行審核和分析的重要依據。

◆結束語

最後，問卷結構設計中，還有一個結束語．結束語可以是簡短的幾句話，對被調查者的合作表示眞誠感謝，也可稍長一點，順便徵詢一下對問卷設計和問卷調查的看法。

(二)問題的原則

在問卷中所要詢問的問題，通常會包括以下四類：背景性問題、主觀性問題、客觀性問題以及檢驗性問題。

◆背景性問題

在問卷中的背景性問題，主要是詢問被調查者個人的基本情況。包括性別、年齡或者年齡群、婚姻狀況、教育背景以及工作類別等。在背景性問題中，要避免涉及個資法的問題。

◆主觀性問題

問卷中的主觀性問題是指被訪者的思想、感情、態度、願望等一切主觀方面的問題。例如，詢問消費者可能會喜歡或討厭某商品的理由，對某商品可能的評價等問題。

◆客觀性問題

問卷中的客觀性問題，是指對已經發生和正在發生的各種事實和行爲提出詢問。例如，詢問消費者對食品的安全認知，物價指數對生活影響等問題。

◆檢驗性問題

問卷中的檢驗性問題，主要爲檢驗受訪者的回答是否眞實、準確而設計的問題。例如，用不同的方式重複相同的議題，以便檢驗受訪者的回答是否眞實。

(三)問題的結構

問卷問題的結構設計，通常要依照以下三項原則：按照問題性質類別排列、按照問題複雜或困難程度排列以及按照問題時間順序排列。

◆按照問題性質類別排列

問卷問題的結構，首先是按照問題的性質或類別排列，而不要把性質或類別的問題混雜在一起，例如食品類相關問題與服飾類相關問題要分開來提問。

◆按照問題複雜或困難程度排列

例如，把容易回答的是非問題先提問，然後提出比較複雜回答的問題。

◆按照問題時間順序排列

又如，按照季節（春夏秋冬）上市的產品的相關問題提問，按照年度節慶順序的應景商品問題提問。

(四)問題的表述

問卷問題的表述方式，通常要依照以下三項原則：

◆具體性與單一性原則

問卷問題表述方式的具體性原則，就是提出問題的內容要具體，不要提抽象、籠統的問題。問題表述方式的單一性原則，是指問題的內容要單一，不要把兩個或兩個以上的問題合在一起提出。

◆通俗性與準確性原則

問卷問題表述方式的通俗性原則，是指表述問題的語言要通俗，不要使用被調查者感到陌生的語言，特別是不要使用過於專業化的術語。問題表述方式的準確性原則，是指表述問題的語言要準確，不要使用模棱兩可、含混不清或容易產生疑慮的語言或概念。

◆簡明性與客觀性原則

問卷問題表述方式的簡明性原則，是指表述問題的語言應該盡可能簡單明確，不要太複雜的問題。客觀性原則，是指表述問題的態度要客觀，不要有誘導性或傾向性語言。然後，在問題表述上，也要避免使用否定句形式表述問題。

(五)回答的類型和方式

問卷回答有三種基本類型：開放型回答、封閉型回答和混合型回答。

◆開放型回答

所謂問題的開放型回答，是指對問題的回答不提供任何具體答案，而由被調查者自由塡寫。

開放型回答的最大優點是靈活性大、適應性強，特別是適合於回答那些答案類型很多、或答案比較複雜、或事先無法確定各種可能答案的問題。同時，它有利於發揮被調查者的主動性和創造性，使他們能夠自由表達意見。一般而言，開放型回答比封閉型回答能提供更多的資訊，有時還會發現一些超出預料、具有啓發性的回答。開放型回答的缺點是：回答的標準化程度低，整理和分析比較困難，會出現許多一般的、不準確的、無價值的資訊。同時，它要求被調查者有較強的文字表達能力，而且要花費較多塡寫時間，就有可能降低問卷的回覆率和有效率。

◆封閉型回答

所謂問題的封閉型回答，是指將問題的幾種主要答案、甚至一切可能的答案全部列出，然後由被調查者從中選取一種或幾種答案，而不能作這些答案之外的回答。封閉型回答，一般都要對回答方式作某些指導或說明，這些指導或說明大都用括弧括起來附在有關問題的後面。

封閉型回答有許多優點，它的答案是預先設計的、標準化的，它不僅有利於被調查者正確理解和回答問題，縮短回答時間，提高問卷的回覆率和有效率，而且有利於對回答進行統計和定量研究。封閉型回答還有利於詢問一些敏感問題，被調查者對這類問題往往不願寫出自己的看法，但對已有的答案比較可能進行眞實的選擇。

封閉型回答的缺點是：設計比較困難，特別是一些比較複雜的、答案很多或不太清楚的問題，很難有完整周全的設計，一旦設計有缺陷，被調查者就無法正確回答問題；它的回答方式比較機械，沒有彈性，難以適應複雜的情況，難以發揮被調查者的主觀性；它的填寫比較容易，被調查者可能對自己不懂、甚至根本不瞭解的問題任意填寫，從而降低回答的眞實性和可靠性。

◆混合型回答

混合型回答，是指封閉型回答與開放型回答的結合，它實質上是半封閉、半開放的回答類型。這種回答方式，綜合了開放型回答和封閉型回答的優點，同時避免了兩者的缺點，具有非常廣泛的用途。

三、問卷調查法的評價

針對問卷調查法的評價，我們要從正面與負面觀點討論，也就是訪談調查法的優點與缺點。

(一)問卷調查法的優點

問卷調查法的最大優點是，它能突破時空限制，在廣闊範圍內，對衆多調查對象同時進行調查。其次，問卷調查法也便於對調查結果進行定量研究，資料容易應用電腦統計分析與判讀。最後，問卷調查法可以節省人力、時間和經費。

(二)問卷調查法的缺點

問卷調查法的主要缺點是，只能獲得書面的資訊，而不能瞭解到生動、具體的現實情況。其次，問卷調查由於固定形式導致缺乏彈性，很難作深入的定性調查。

問卷調查，特別是自填式問卷調查，調查者難以瞭解被調查者是認眞填寫還是隨便敷衍，是自己填答還是請人代勞；被調查者對問題不瞭解、對回答方式不清楚，無法得到指導和說明。然後，問卷調查收回比率不高以及有效率偏低。

總之，問卷調查法是公司運用統一設計的問卷向被選取的特定消費

者進行，以便透過徵詢意見取得答案，作為產品改良與行銷的參考。問卷調查法的優點是，它能突破時空限制，在廣闊範圍內，對眾多調查對象同時進行調查。其次，問卷調查法可以應用電腦統計分析與判讀，節省人力、時間和經費。

第五節　心理測驗研究法

心理測驗研究是指採用一系列的科學方法來測量被測驗者的智力水準和個性方面差異的一種科學方法。在人力資源管理實務上，心理測驗研究經常被應用在員工的選拔、訓練績效以及能力潛力評估的工具。同時，在行銷活動上，心理測驗研究也應用在測驗消費者的需求、興趣以及行為的研究工具。

一、心理測驗研究的內容

心理測驗研究應用在商業領域的主要內容包含能力測驗以及興趣測驗。

(一)能力測驗

能力測驗的心理研究包括普通能力測驗與特殊職業能力測驗兩種。主要目的是應用在徵選人才的篩選。

◆普通能力測驗

普通能力測驗通常應用在人力資源管理，主要包括測驗應徵工作者的思維、想像、記憶、推理以及語言等方面的能力。

◆特殊職業能力測驗

特殊職業能力測驗是篩選所需要特殊能力或者具有特殊潛能的人才。例如，測驗電腦工程專業者的數學能力與分析能力；測驗設計工作者的空間關係的判斷能力以及測驗司機的平衡能力與反應能力。

(二)興趣測驗

興趣測驗主要是測試消費者的心理活動：想要什麼和喜歡什麼。同時，也在求才過程中從測驗中發現應聘者感興趣的事物，並得知應聘者滿足工作的條件。

二、心理測驗研究的種類

心理測驗研究的種類很多，根據美國心理學會（APA）調查，目前的心理測驗研究量表已經有三千種。以下介紹常用的測驗種類。

(一)內容取向的測驗

根據測驗內容取向，可以把心理測驗研究劃分爲智力測驗、能力傾向測驗以及性向測驗等三類。

◆智力測驗

智力測驗就是測驗被測驗者的智力水準。一個人的智力水準可以用智商（IQ）表示。對於一些固定的工作職位來說，最好能選用智商與工作需要相配合的人去做。例如，一項工作要求工作者的智商在120左右。那麼，智商低於或高於這個數目的人都不是特別合適。智商低的會感到工作吃力，智商高的會不安於現狀，甚至輕視這項工作。

◆能力傾向測驗

能力傾向測驗又稱爲性向測驗。目的在於發現被測驗者的潛在能力，以便深入瞭解其長處和發展傾向。能力傾向測驗通常又可以分爲通常能力傾向測驗和特殊能力傾向測驗。通常能力傾向測驗是測驗一個人的多方面潛能。特殊能力傾向測驗是測驗一個人的單項潛在能力，例如，音樂能力或機械操作能力。

◆個性測驗

個性測驗也稱爲人格測驗。測驗求職者的情緒、需要、動機、興

趣、態度、性格、氣質等方面的心理指標。因此，人力資源主管可以按照職位的特殊性要求，選擇適當個性的應徵者。

(二)語言與非語言測驗

根據測驗工具可以把測驗劃分爲語言文字類測驗和非語言文字類測驗。

◆語言文字類測驗

語言或文字測驗，就是利用問答或筆答進行的測驗。這是心理測驗研究的主要方法，規劃與實施都比較容易。這種測驗方法具有分析規範化，所以團體測驗多採用這種方法。但是，這種方法不能應用於語言或文字識別有困難的人，而且很難比較語言教育背景不同的被測驗者的能力。

◆非語言文字類測驗

非語言文字類測驗或稱爲操作性測驗，包括各種運用畫圖、儀器、模型、工具、實物的測驗。被測驗者在使用、辨認、解釋或即時操作時，反應出心理特徵與狀態。測驗者根據規律或模式，對這些反應的心理特徵、心理狀態做出評估。非語言文字類測驗適用於有語文表達障礙的人，也適合比較語言文化背景不同的被測驗者。有些特殊能力測驗，例如，視覺感知能力、聯想能力和圖形判斷能力的心理測驗研究必須借助非語文類測驗工具。

(三)個別與團體測驗

按照被測驗的人數劃分，心理測驗研究可以分爲個別測驗和團體測驗。

◆個別測驗

個別測驗由同一個主試在同一時間內測驗一個被測驗者。個別測驗的優點是測驗者對被測驗者的言語、情緒狀態可以進行比較具體的觀察，並且有充分機會要求被測驗者的合作，以保證測驗結果充分、可靠。個別

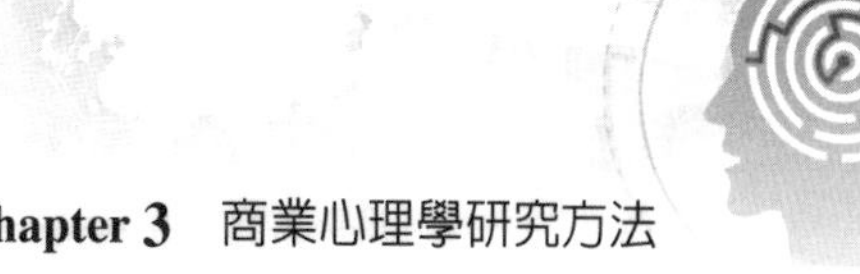

測驗的缺點，在於測驗程序複雜，耗費時間比較長，對測驗者與被測驗者的合作程度要求較高。

◆團體測驗

團體測驗可由一位測驗者同時測驗若干人。許多教育訓練績效測驗都屬於團體測驗，有些智力測驗也可以採用團體測驗的方法。團體測驗的優點是省時，固定時間內可以收到相對較多的資料，測驗者不必接受嚴格的專業訓練也能擔任。缺點則在於對被測驗者的行爲不能作眞實的控制，所得結果不如個別測驗的準確與可靠。

(四)問卷、作業與投射測驗

從測驗的方法來分，可分爲問卷式測驗、作業式測驗、投射測驗。問卷式測驗請參閱前面的討論。作業式測驗則類似課堂的考試測驗，內容包括問答題、是非題與選擇題。投射法也稱投射測驗，在心理學上的解釋，是指個人把自己的思想、態度、願望、情緒或特徵等，不自覺地反應於外界的事物或他人的一種心理作用。此種內心深層的反應，實爲人類行爲的基本動力，而這種基本動力的探測，有賴於投射技術的應用。

(五)難度與速度測驗

根據不同的測驗目的，還可以把心理測驗研究劃分爲難度測驗與速度測驗。

難度測驗的功用在於測驗被測驗者對某一方面知識掌握程度的高低。這種測驗通常是限制時間的，在時間標準內通常是能使90%的被測驗者能夠做完測驗的時間。測驗通常由容易到困難排列，以測驗被測驗者解決難題的能力。

速度測驗是測驗被測驗者完成作業的快慢，這種測驗的測題難度相等，但嚴格限制時間，關鍵是看規定時間內所完成的題量。在時間標準內通常是能讓90%的被測驗者能夠做完測驗的時間。

三、心理測驗研究的原則

由於心理測驗研究的專業化以及個資法要求逐漸嚴格，心理測驗研究的主要原則包括充分的準備、嚴格的執行與保護個人隱私。

(一)充分的準備

心理測驗研究要準備好測驗材料，要能夠熟練地掌握測驗具體實施的過程，要盡可能使每一次測驗的條件相同，這樣測驗結果才能夠正確。

(二)嚴格的執行

心理測驗研究要求根據所預備的工具與所設定的過程嚴格的執行，包括測驗研究的內容、測驗實施和計分，以及測驗結果的解釋與記錄等，都要有嚴格的要求，通常主試者要受過嚴格的心理測驗研究方面的訓練。爲了讓測驗得到預計的效果，公司通常公司會委託專業諮詢機構操作。

(三)保護個人隱私

心理測驗研究要求對個人的隱私加以保護。因爲心理測驗研究涉及到個人的智力、能力等方面的個人隱私，這些內容嚴格來說，應該只讓被試者以及特定的人才有權知悉。因此，有關測驗內容應該嚴加保密。

四、心理測驗研究的操作

爲了充發發揮心理測驗研究在員工招聘中的作用，爲了克服與防止可能產生的不良影響，應該採取標準化與專業化措施。

(一)標準化

爲了在員工招聘中進行心理測驗研究，一定要儘量運用標準化的量表、標準化的指導原則、標準化的環境、標準化的程序，這樣才能夠取得比較準確的測驗結果。

(二)專業化

在進行心理測驗研究時，應該有經過專門訓練的心理學專家的指導。另外，測驗量表儘量保密，不要讓無關的人員接觸到量表，尤其是量表的標準答案。還有，在進行心理測驗研究時，評價一定要謹慎，這樣才能夠全面地、合乎邏輯地、科學地來評價求職者的心理素質、工作能力以及潛在能力。

五、心理測驗研究的評價

心理測驗研究的評價，就從優點與缺點來探討。

(一)心理測驗研究的優點

心理測驗研究在員工招聘中有許多優點，主要有以下四點：比較科學、比較迅速、比較公平以及比較實用。

◆比較科學

目前世界上雖然還沒有一種完全科學的方法，可以在短期內全面瞭解一個求職者的心理素質和潛能，而目前心理測驗研究則是比較科學的測驗方式，以便瞭解一個求職者的基本素質。

◆比較迅速

心理測驗研究可以在較短的時間內迅速瞭解一個人的心理素質、潛在能力和各種能力指標。心理測驗研究在標準化與電腦統計作業的前提，可以比較迅速取得結果。

◆比較公平

在員工招聘中，往往可能會出現不公平競爭的傾向，但是，心理測驗研究可以避免這種不公平性。因爲，透過心理測驗研究，心理素質比較高的員工可以脫穎而出，而心理素質較低的應徵者，落選也會心平氣和，因爲他們知道自己心理測驗研究的成績比較低。

◆比較實用

在經過心理測驗判定素質的高低以後，求職者的測驗結果是可以比較的，因為用同一種心理測驗研究的方法得出的結果容易比較，而其他的方法，例如，面試與口試，往往在不同的場合，不同的地點，不容易客觀地比較。

(二)心理測驗研究的缺點

心理測驗研究的結果有兩項可能出現的缺點：可能被曲解與可能被濫用。

◆可能被曲解

有時候，心理測驗研究獲得了某一種結果，但是被曲解以後，對該求職者的心理和以後的行為都可能產生不良結果。例如，有些主管認為智商高就能力好，而看到智商低的人，可能會產生一種鄙視感。其實，所謂「適才適用」才是正確的觀念。

◆可能被濫用

由於心理測驗研究是一種準確性高的科學測量工具。例如，有些人在員工招聘中濫用不合格的量表，或使用某一種設計不良的量表，這樣得出的結論就不能令人滿意。此外，心理測驗報告可以被有心人盜取或者加以濫用。

總之，心理測驗研究在人力資源管理實務上，被廣泛使用，經常被應用在員工的選拔、訓練績效以及能力潛力評估的工具。同時，在行銷活動上，心理測驗研究也應用在測驗消費者的需求、興趣以及行為的研究上。

商業加油站

晚餐與生命之爭

這是一則「獵狗和兔子的故事」。話説，一隻兔子正在草地上悠閒地吃草。突然，牠看到了一個以前從未見過的獵人，帶著他的獵狗正往這裡走來。兔子想：現在我有了兩個新的對手，可得小心；那隻獵狗看起來要比我年輕很多，牠可能跑得比我快。為了在追逐時擺脱這個傢伙，我要用心研究這裡的每一英寸土地。

有了這個想法以後，兔子就抓緊時間趁獵人不在附近巡邏時出去勘查地形。很快地牠就熟知了這裡每一處隱藏地點，每一處障礙，每一條荊棘中間的小路。沒過幾天，獵人偶爾發現了兔子，追逐開始了。兔子很快地跑過平地，翻過障礙，穿過樹叢，輕而易舉地逃走了。獵狗筋疲力盡，垂頭喪氣地回到獵人那裡。

一個路過的牧羊人看到了追逐的整個過程，就批評獵狗説，你還有臉回到獵人那裡去！你應該為你自己的表現而感到羞愧，兔子個頭那麼小，年紀又比你大，卻還比你跑得快！

「你忘了一件事，」獵狗回答説，「我是為了我的晚餐而奔跑，而兔子則是為了性命。」

只有認為必要的事情，
才能產生有效的動力。

你是否覺得有人如同故事裡的兔子一樣，積極主動工作？

你是否相信，員工們也可以變得更加積極主動？

你是否有過這樣的懷疑，有些員工明明可以更主動，但是，他們偏不這麼做，因為他們覺得額外的努力將很難獲得承認？

你最近有沒有被要求主動地工作？

你額外的努力獲得回報了嗎？

團隊中的其他人認識到你工作的主動性了嗎？

額外的工作是否被承認，這對你的積極性是否有影響？你下次還會主動工作嗎？

一個團隊裡往往擁有大量聰明、能幹、經驗豐富，但是缺乏主動性的人。我曾經和許多絕頂聰明的同事共事，他們準備好去完成一切公司需要做的事情，但除非有人要求他們這麼做，否則絕不開始動手。主動性是個人心中燃燒的火焰。它不需要別人來告訴自己做什麼。它完全是內在驅動的，它讓人把一組程序、一個系統或者一件產品做得比以前更好。人們為了提高自己的技能，情願把業餘時間也投入學習，去進修與工作相關的知識。

很多人的初始動機只是想知道，他們的努力是否會在其他地方也奏效。他們內心是由潛在的對新成功的渴望而驅動的。許多人驚喜地發現，他們最後的收穫比任何人預料的都要多。在David Noonan所著的《伊索寓言與CEO》（*Aesop and the CEO*, 2005）一書中，凱里（Robert Kelly）在他的個案中描述了一位小職員的初始動機對最終巨大收穫的影響力。

個案研究：小職員的大故事

整整有十年，貝特（Beit）一直在為美國麻薩諸塞州的醫療補助系統處理瑣碎的帳單。但是到了1991年，這個州的財政預算縮減了4.6億美元，這直接威脅到了她的工作，同時受到影響的還有數以百計的為州政府不同項目工作卻只拿微薄薪水的職員們。而州長魏爾德（Weald）拒絕提高稅率來填補這個工資缺口。

三十八歲的貝特不得不縮減她的工作時間，當然這使得她有更多精力來照顧兩個孩子，一個九歲，一個兩歲。但一週僅工作三天的嚴酷現實並沒有影響她對工作的忠誠和追求上進的動力。她努力為醫療補助系統尋找更多的收益來源，為此，她把厚厚的醫療補助年鑑和人力健康服務部門的手冊帶回家研究。她耐心地閱讀，甚至夜以繼日，全心地投入浩如煙海的文件檔案中。有一天，她突然發現州和聯邦政府在計算醫療運作的成本和收益時有一個錯誤。結果呢？結果就是麻薩諸塞州醫療補助系統收回的事務費用比它帳面上應得的要少。於是，聯邦政府不得不額外撥回4.89億美元來糾正這個錯誤。

簡直不可思議！一個女職員的努力使一個州消除了財政危機，幫助數以百計的職員保住了飯碗，當然也包括她自己的飯碗，使得一些受到資金約束的項目又正常運轉起來。州長魏爾德高興極了，特別撥了10,000美元來獎勵貝特。這個舉動也大大鼓舞了州政府的員工，他們使整個政府的效率更高了，他們認識到最好的想法往往來自第一線的員工。

「獎勵只是蛋糕上極薄的一層奶油」，貝特後來說，「對我來說，更重要的是州政府意識到我們的工作，而且激發出我們每個人與生俱來的工作潛能。那簡直是太棒了！」

「貝特變成了ABC廣播公司某一週的新聞人物，甚至出現在《紐約時報》雜誌的封面上，還被著名節目主持人大衛．利特曼（David M. Letterman）邀請去做對話節目，」凱里說道，「為什麼她會成為1991年夏天的明星？為什麼全美國人民都喜歡這樣一個普通的為州政府工作的小職員？只是因為貝特表現出積極的工作動力。」

請讀者回顧本章「商業心理學的研究方法」的議題與個案討論，包括現場觀察研究、訪談調查研究、問卷調查研究以及心理測驗研究等，都可以印證貝特故事的背景以及凱里的結論。

個人的工作動力，
往往是事業成敗的關鍵。

2 實務篇

- Chapter 4　消費者的心理活動
- Chapter 5　消費行為與心理特徵
- Chapter 6　消費行為實務運作
- Chapter 7　商業環境心理作用
- Chapter 8　商品與消費心理作用
- Chapter 9　商品包裝的心理作用
- Chapter 10　商品價格心理作用

消費者的心理活動

- 消費者的認識與注意活動
- 消費者的情感與意志活動
- 消費者活動的心理範疇
- 消費心理的學習發展
- 商業加油站：企業合併的得失

所謂「消費」（consume），就是人們對某種物品或服務的占有和使用，而進行以消費者爲主體，就是以個人爲主體的消費者（consumer）。消費者的消費行爲就是指消費者爲了滿足自己需要而消費某種商品或勞務的行爲。消費者多樣化的消費行爲，是由其各種行爲以及千變萬化的心理活動爲基礎的。消費者的消費行爲不僅是透過人發生的，並在其實行消費的全部過程中所發生的心理活動，而且還依存於當時的客觀場合，同時更受大腦神經活動的特點所制約。尤其在動機、興趣、情緒和意志等方面，更多地包含著消費者主體本身需要的因素。

因此，消費者在消費過程中所發生的心理活動，是消費者主體對客觀事物與本身需要的綜合反映，也是主觀與客觀的結合。消費者的繁雜又微妙的心理活動，直接支配和影響著他們的消費行爲，決定著實行消費的整個過程，從而形成了各類型的消費行爲。本章根據「消費者的心理活動」的主題，討論下列四個重要的議題：(1)消費者的認識與注意活動；(2)消費者的情感與意志活動；(3)消費者活動的心理範疇；(4)消費心理的學習發展。

在第一節「消費者的認識與注意活動」裡，探討四個議題：對商品的感覺活動、對商品的知覺活動、對商品的注意活動、對商品的記憶活動。在第二節「消費者的情感與意志活動」裡，探討三項議題：心理的感情與意志活動、對商品的情緒與情感活動、消費者意志活動的層次特徵。在第三節「消費者活動的心理範疇」裡，探討四項議題：消費心理的感知與反射作用、消費感知作用的想像結構、消費感知作用的韋伯定律、消費反射作用的操作性條件。在第四節「消費心理的學習發展」裡，探討三項議題：消費學習活動的基本理論、消費反射作用的認知學習、消費學習活動的外在刺激。

 第一節　消費者的認識與注意活動

消費者的心理活動過程，是指消費主體消費行爲中心理活動的過程，它是消費者不同的心理現象對客觀現實的動態反映。認識消費心理活動，則是消費者心理活動的第一步。當觀察消費者的每一次消費行爲的產生、發展，直至結束的整個過程中，我們會發現下列幾個疑問：

1.消費者爲什麼買？
2.在哪裡買？
3.什麼時候買？
4.向誰買？
5.怎樣買？

這些問題都含有心理活動的作用，有時心理活動對消費行爲的導向又是非常直接的。因此，我們研究消費者消費行爲的心理現象和規律，對我們今後在商業工作中，隨時揣測消費者心理，以便隨時調整和改進商業經營活動，提高商業服務品質，取得更好的經營效果，具有十分重要的意義。在市場活動中，無論是簡單的還是複雜的消費主體的各種心理現象，都是周圍現象在人們頭腦中的反映。消費主體從進入商店之前至採購商品的整個過程，由於周圍存在著影響心理活動的客觀事物，其心理變化是極其複雜的。

消費者消費商品的心理活動，是從認識商品開始的，此過程是消費者消費行爲的重要基礎。那麼，消費者對商品的認識過程是如何展開的呢？一般而言，消費者的主體心理活動過程包括認識、感情、意志與學習等四個過程，還包括反射與感知兩種作用。下列介紹四個有關消費心理認識的過程。

一、對商品的感覺活動

消費者最先會對商品產生感覺，這種過程是商品直接作用於消費者的感覺器官，而引起的對商品之個別屬性的反映。消費者一般是藉由視覺、聽覺、觸覺、嗅覺、味覺等感覺器官來接受商品的有關資訊，並透過神經系統，將資訊從感覺器官傳遞到大腦，並產生了對商品個別的與表面的心理反映。

當一位消費者獲得商品的形狀、大小、音色、軟硬、粗細、氣味、味道等個別屬性之後，會初步產生諸如美觀與否、新奇與否、名貴與否、動聽與否、鮮美與否、香甜與否等感覺。這是消費者對商品認識過程的開端。

二、對商品的知覺活動

在感覺的基礎上，消費者在頭腦中進一步反映該商品的整體，即對商品各種特性的綜合體，獲得對商品總體的印象。這就是消費者對商品的知覺過程。知覺比感覺又深入了一步。由於消費者對商品知覺的產生往往依賴於過去的知識經驗，以及商品總是以整體形象直接作用於感覺器官，因而消費者從對商品的感覺到知覺的認知速度與時間，是極爲迅速和短促的，甚至幾乎是同時進行的。

感知雖然僅僅是消費者對商品的外部特徵和聯繫的直接反映，而且是感性認識階段，但是，只有透過這一階段，才能進一步認識商品所提供的參考資料，形成記憶、思維等一系列複雜的心理過程，消費者才有可能採取消費行動。

三、對商品的注意活動

在同一時間裡，消費者個人不可能感知所有的事物，而只能感知其中的少數對象。而對一定事物的指向和集中，就是注意。

在感知過程中，離不開「注意」的特性。商店裡的商品很多，不可能都被人的視覺所一一接受，即使看到了也是印象模糊。假使你注意地尋找，那麼即使很細小的商品，如鈕釦，也能被你的視覺所捕捉。這是有意識注意對感知過程的重要作用。

當然，有些事物原先並不是被注意的對象，但是，由於該事物的某些強烈刺激因素而引起人的感覺器官的注意，即由無意識的注意轉向有意識的注意。例如，原先想尋找衣服，但偶然地看到一件吸引人的褲子，從而引起了對這件褲子的注意，這就是無意識注意的商品在強度刺激的情況下，也使人發生了感知過程。

四、對商品的記憶活動

消費者在感知過程中，常常還伴有記憶的心理活動。記憶是把過去的生活從實務上、感知過的商品、體驗過的情感，在頭腦中重複反映。

記憶有助於淨化認識過程。因爲過去對這種商品已有所認識，並留有印象，那麼，對眼前商品某些個別屬性的感覺，甚至要比整體的知覺速度快得多，認識過程也要簡單得多。所以，對商品的產生和銷售來說，在商品的造型、包裝、色彩、商標、命名、廣告等方面採取有助於記憶的設計，也就有利於認識過程的進展。

個案研究：第一印象

在關注消費者的認識與注意活動中，網路行銷的「第一印象」最值得討論。「第一印象可能會騙人」這句格言用於形容網站可能比較合適，但網站訪問者或許不容易消除第一印象。

讓某人得以確定一個網站是否吸引人，你認為要花多長時間呢？幾秒鐘？長達一分鐘？有七十五年歷史座落於加拿大首都的卡爾頓大學（Carleton University）研究人員驚訝地發現，向用戶展示一個網站的畫面僅僅五十毫秒——也就是只有一秒鐘的二十分之一——就足以讓他們確定一個網站有多大的吸引力。

恐怕你會反駁說：「這個發現雖然很有趣，但是對於現實世界中的網站使用沒有實際意義。」但以下是另外的一些發現，這些發現再次證實了這種瞬時態印象的重要性：

1.展示五十毫秒後用戶對視覺吸引力的評價與展示更長時間後給出的評價高度關聯。
2.人們發現，視覺吸引力的評價與其他評價高度關聯——例如，一個網站是無聊的還是有趣的、是清楚的還是混亂的等。

第一，證實性偏見使得第一印象很難被改變。

研究人員認為，心理活動中有一種證實性偏見，它會放大第一印象的影響力。我們的頭腦中一旦形成一種觀點，我們就會很欣然地接受與此觀點相一致的新資訊，同時，我們會忽視或排斥與此觀點相矛盾的資訊。

事實上，用戶在幾毫秒內對一個網站的外觀所形成的觀點看起來會使他在繼續查看網站的過程中產生偏見。如果他們的最初印象是好的，他們將會忽視之後發現的缺點。反之，如果他們第一眼就不喜歡這個網站，那麼花更多時間來流覽這個網站是很難改變這種印象的。

第二，快樂的用戶會繼續嘗試。

雖然與上述研究的角度不同，但人為因素專家丹諾曼（Don A. Norman）得出的結論卻是相似的。在他的著作《情感化設計》（*Emotional Design*, 2005）中所做出的研究報告顯示，如果用戶對某一設計感到滿意，他們往往會覺得使用起來更為容易。著眼於基本神經學和心理學，諾曼指出，心態積極的用戶（由一個令人愉悅的或情感上滿意的設計帶來的積極心態）更有可能找到方法來完成任務。而一個消極的或沮喪的用戶更傾向於重複同樣的動作，而這個動作從一開始就是不起作用的。這種重複的嘗試只是偶爾會對物質產品起作用，但對於網站設計卻幾乎從不會成功。自然而然地，更多的失敗會導致更多的挫敗感和最終的不成功。

第三，測試網站的第一印象。

如果存在一種神奇的網站設計方案，照著做就可以給人留下美好的第一印象，那該有多好。不幸的是，雖然在研究中利用了一百個網站主頁進行測試，此項研究卻並未發現這些獲得好評的網頁有任何一致的設計特徵可以用來解釋這些好評——儘管評價者作出的評價是相當一致的。當然，聘用懂得心理應用的優秀設計人員，並支持、幫助他們盡全力設計出引人入勝的、使用方便的網頁是一個成功的開始。讓潛在網頁訪問者評價網頁設計或備選網頁設計，是真正能確定所設計網頁是否吸引目標人群的唯一方法。

第二節　消費者的情感與意志活動

消費者對商品的感性認識和理性認識的過程，就是其在消費行爲中的認識過程。這一過程完成之後，是否會採取消費行動，那是不一定的，還要看消費者認識之後的商品與他原先擁有的消費動機是否符合。於是，產生消費心理的感情活動。消費者在認識和感情過程之後，是否要消費，還有賴於消費者心理活動的意志過程。當消費者在消費行爲中表現出克服困難而有目的地、自覺地支配和調節自己的行動，就是消費者心理活動的意志過程。

在消費者的感情活動中，假使商品能滿足他的需求心理，就產生滿意、愛好、喜歡等積極態度；反之，就產生不滿意、排斥、煩惱等消極的態度。消費者根據客觀現實是否滿足自己的需要而產生的態度的體驗，就是消費行爲中心理活動的感情過程。

一、心理的感情與意志活動

消費者對商品的情緒體驗，只是感情過程的一部分。消費者的感情過程與結局如何，就要看消費活動的現場環境、個性心理特徵、心理背景狀態和社會情感等因素的影響。影響消費者的情感因素是多方面的，例如，消費現場寬敞明亮、整潔清雅、銷售員主動熱情、服務親切，都可以使人產生舒適愉快的情緒。反之，則令人厭煩、沉悶。消費者不同的選購能力、氣質類型以及性格特徵，也都會影響感情過程的狀態。例如，評定商品能力強、反應靈敏、興致高昂以及性格外向的消費者，一般容易適應現場環境，情緒比較高漲。反之，情緒則處於沉悶狀態。

消費者的心理狀態背景，諸如生活遭遇、事業成敗、家庭境況等現實狀況，對消費者的感情過程有著重要的影響。某消費者受到主管的批評或孩子考試成績不佳，但又不能正確地面對之，在這種心境下前來購買商品，情緒本來就很低落，假如此時又遇上商品不如預期滿意，服務不周到，就更增添了他感情過程的消極程度。道德感、理智感、美感等都是高級社會性情感，消費者情緒的產生和變化，在很多情況下，會受到這些高級情感的不同程度的控制、制約與影響。

商業工作者熱情服務、禮貌待客的經營作風，符合大衆行爲道德的準則，會使消費者產生屬於道德感的讚賞感，以愉快、高興等情緒形式表現出來。再如，發現價格與價值背離甚遠，或商品構造不合理、設計不科學等，則會使消費者產生屬於理智的疑慮感，以猶豫、疑惑的情緒形式表現出來。又如，絲質禮服柔軟、貼身，穿起來飄飄然，且能勾畫出人的形體美，符合目前大衆審美觀點的美感，那麼也會使消費者以滿意、愉快的情緒表現出來。

由此可見，影響消費者感情過程的因素是很多的，既有來自對商品本身的認識過程，又有來自外界事物變化的影響和個性心理狀態的影響，從而引起了消費者的積極、消極或雙重的情緒狀態。同時，也促進著不同情緒狀態的轉化。感情過程的結局如何，對促進、抑制或阻礙消費行爲的實現，有著決定性的作用。因此，研究消費者消費行爲中的感情過程，對於促進商業經營活動的順利進行尤爲重要。

消費者心理活動的意志活動過程，通常包括下列兩個基本特徵：

(一)意志過程和消費者的消費目的性相聯繫

消費意志活動的第一個基本特徵，是意志活動過程和消費者的消費目的性相聯繫。這種意志能夠自覺地確定消費目的，同時也是人的意志行動的特徵。消費者不是被動走進購物場所，而是爲了滿足需要才走進購物場所的。也就是說，消費行爲的產生是有它的目的性的。一般地說，消費者在發生消費行爲之前，其消費的結果已作爲意志行動的目的，已形成觀念存在於頭腦之中，他並以這個目的和預想的結果來促進和指導自己的行動。

例如，消費者通常會考慮如何實現消費目的的方式，甚至制定消費的計畫和具體的行動步驟。假使一個消費者消費的目的愈明確，就愈能自覺地去支配和調節自己的心理狀態和外部動作，完成消費活動也就越迅速果斷。

(二)意志過程是與克服困難的活動過程相聯繫

消費意志活動的第二個特徵，是意志活動過程與克服困難的活動過程相聯繫。沒有困難阻礙的消費行動，談不上意志努力。消費者在消費活動中往往會遇到種種的困難。這些困難既有內在因素造成的，也有外界條件造成的。

個案研究：消費動機衝突

許多時候，消費者各種不協調一致的消費動機會導致內在心理與外在環境的衝突。例如，社會需求與個人經濟條件的矛盾、商品品質、銷售方式和服務品質造成的障礙等。消費者在消費行為中，往往需要去克服各種各樣困難，以實現其消費目的。這種克服困難的心理活動過程就是意志過程。意志對消費者的心理狀態和外部動作產生了調節作用。這些調節作用有下列兩種：

1.可以發動為達到消費目的所必需的情緒和行動。

2.也可以制止與消費目的矛盾的情緒和行動。

二、對商品的情緒與情感活動

感情主要包括情緒和情感兩個方面，而表現在對商品的體驗態度上，主要是情緒狀態。當然，最後是否採取消費行動，在受到個人情緒影響的同時，還會受到某些情感方面的影響。消費者的情緒雖然沒有具體的形象，但並不是不可捉摸的。大致上可以從消費者的言談舉止、臉部表情中觀察出來。喜、怒、哀、欲、愛、惡、懼等七情，是消費者的基本情緒表現的形式。

「喜」是消費者達到某種渴望已久的消費目的，或獲得良好服務享受的情緒體驗。有的表現爲滿意的言語表情，有的表現爲欣喜的臉部表情，有的則表現爲歡樂的體態表情等。

「怒」則是消費者未達到消費目的或違背自己的意願時所產生的情緒體驗。有的表現爲不滿意的言語表情，有的表現爲憤怒的臉部表情，有的則表現爲盛怒的體態表情等。消費者的情緒表現的程度有很大的差異，一般可分爲積極的、消極的和雙重的等三類。下面提供簡單介紹：

(一)積極的情緒

消費者的情緒可能表現在積極的態度上，例如愉快、歡喜、熱愛等，它能增強消費者的消費欲望，促進消費行爲發生。

(二)消極的情緒

消費者的情緒也可能表現在消極的態度上，包括厭惡、憤怒、恐懼等，它會抑制消費者的消費欲望，阻礙消費行爲發生。

(三)雙重的情緒

消費者的情緒更可能一方面表現在積極的態度上，例如對商品品質感到滿意，而在另一方面，又對部分狀況不夠滿意，例如價錢偏高。或者，消費者對於能夠找到這種商品感到高興，但又由於商品品質欠佳而感到沮喪等。這種雙重對立情緒的同時存在，算是滿普遍的，它固然會影響到消費行動，但當其中積極因素居多時，還是會轉向積極的情緒狀態中去，反之，當其中消極的因素居多時，就會轉向消極的情緒狀態中去。

三、消費者意志活動的層次特徵

儘管消費者的意志活動過程具有明確的消費目的和克服困難的特徵，但是，這些特徵總是在意志行動的具體過程中表現出來的。關於消費者意志活動，我們通常會把意志過程區分爲下列兩個行動層次：

(一)消費者作出消費決定的層次

消費者意志活動的第一層次，是消費者作出消費決定的層次。這是消費者意志行動的初始層次，它主要表現在：確立動機、確定目的、選擇實現目的的方式和制定實現目的的計畫等方面。

以消費者的消費過程爲例，當人們在進入購物現場之前，一般來說都有一定的消費動機，其程序如下：

1.首先，消費者有享受消費動機，希望購買一台自動洗衣機，以減輕家務工作負擔，得到更多休息和娛樂。

2.同時，他又有追求名牌的心理傾向，要挑選一台進口的洗衣機。

3.但是，在進入購物現場之後，消費者經過認識過程、感情過程，往往出現動機、需求心理與現實相違背或不能滿足動機要求的情況。例如，沒有進口貨，而只有本地製造的。

4.這時，消費者需要重新調整動機，尤其是本來就有多種動機在互相干擾的時候，就更需要有意志的努力，加以認眞權衡並正確選擇其中最合適的主導動機。

5.結果，他認爲既然買不到名牌的自動洗衣機，只要消費半自動洗衣機同樣也能夠減輕工作也就行了。

6.終於，他把享受動機作爲主導動機，而排除了追求名牌心理傾向的消費動機。

合適的動機選定之後，一般就能作出消費決定了，如沒有全自動的，就決定購買半自動的進口洗衣機。至此，將轉入下一階段，即是執行消費階段了。

(二)消費者進行消費決定的層次

消費者意志活動的第二層次，是消費者進行消費決定的層次。消費者作出消費決定之後，即將決定採取實際行動。在執行過程中，仍然有可能遇到來自外部的或內部的困難和障礙，例如，家裡其他成員反購買，或商品少而購買者太多，或這種商品的某些性能仍與自己原先的願望有差距等。因此，仍有可能因此而放棄原來確定的消費目的和行動計畫，或重新確立、修正消費目的和行動計畫。

總之，爲實現消費決定，在執行層次，還必須作出相當的意志努力，最後才能完成消費活動。上述對消費者消費行爲中的心理活動過程，按照其發展的基本環節做了分析。消費者消費行爲中的心理活動雖然一般呈現有認識過程、感情過程到意志過程，但這三個過程並不是如此程序地互不相關，而是有聯繫、彼此滲透，甚至是交叉進行的。

第一，認識過程的深度對意志過程中克服困難的努力程度有影響，反過來，意志過程對深化和加強認識過程也有影響。例如，消費者對商品認識得不徹底，在作出消費決定時，就容易猶豫反覆。透過意志努力，克服了執行消費決定中的各種困難，往往對商品或其他事物又有新的認識等。

第二，感情過程的情緒狀態對意志過程中克服困難的努力程度有影響。反過來，意志過程對感情過程的情緒變化和發展也會發生影響。例如，假使沒有積極的情緒狀態，就難以作出決定和執行消費決定，而透過意志過程又可控制和調節原來不良的情緒，解除各種心理障礙，而將情緒

向好的方向發展等。

總之，認識、感情、意志三個心理活動的過程，既按照它的一般程序發展，又是這樣互有影響、彼此滲透、相互交叉地進行。一般而言，消費者完成了一次消費行爲，其心理活動過程也就隨之結束。而消費者在使用商品的過程中所發生的情緒體驗、新的認識等方面，還將影響下一次的消費行爲。

消費者在進入商店或服務場所之前，一般都是先具有某種需求欲望或動機。在這種需求欲望或動機的促動下，開始發生了某種消費行爲，進而得到某種需要的滿足，結束了一次消費活動。因此，我們研究消費者消費行爲的心理，必須先瞭解消費者的消費需求心理。

第三節　消費者活動的心理範疇

人類的感覺比基本上的五種更多，除了觸覺、味覺、嗅覺、視覺、聽覺之外，還有定向的感覺、平衡感覺等。每一個感覺把資訊持續不斷地輸入大腦，如果一個人吸收全部資訊的話，過多資訊將使大腦嚴重過載。因而，大腦從圍繞個人的環境中挑選資訊，並剔除額外的干擾資訊。本節消費者活動的心理範疇包括四個議題項目：

1.消費心理的感知與反射作用。
2.消費感知作用的想像結構。
3.消費感知作用的韋伯定律。
4.消費反射作用的操作性條件。

一、消費心理的感知與反射作用

人類的心理反射作用是在感知活動之後產生的。反射過程是爲了去解釋更高層次的學習理論，而學習者嘗試思考從一種錯誤行爲去得到一個獎勵，或者避免一次懲罰。心理學家斯金納（Burrhus F. Skinner）

（1956）發展出另一種概念——操作性反射作用，而不僅是被俄羅斯心理學家巴甫洛夫（Ivan P. Pavlov）所證明原有的基礎學習理論。

實際上，大腦自動作出決定，什麼是有關的，什麼是無關的。儘管有許多事發生在我們周圍，我們對其中大多數並不注意。實驗顯示一些資訊在被傳送到大腦前實際上就已被視神經過濾掉了。例如，人們很快地學會忽視外來的噪音，一個進入他人家裡的登門拜訪者，也許會敏銳地注意到一個大聲滴答走的鐘，然而主人也許已完全習慣它了，並且不去注意它，除非有意識地努力去檢查鐘是否依然在走。因而進入大腦的資訊不提供你身邊的世界的完整景象。當個人建立世界觀時，會用保留下來的資訊去繪製組合外面世界所發生的事情。有些空隙（當然這些空隙是大量的）將被用想像和經歷去塡充。於是，認知圖形因而不再是一個「照片」，而是想像的結構。

二、消費感知作用的想像結構

認知圖形成爲想像結構是被五種因素所影響：主觀性、資訊分類、選擇性、期望性與過去經歷。

(一)感知的主觀性

想像結構的主觀性是個人所存在的世界觀。這在消費者感知作用的個人想像結構中，是獨一無二的。它將主導消費者的消費動機與消費態度，甚至消費者的消費決策與消費行爲。

(二)感知的資訊分類

資訊分類的作用是預先判斷事件與產品。個人把資訊組織成相關項目的區塊。例如，在一個特定的樂曲演奏時，所看到的圖片也許會在記憶中被歸成一個細目，從而圖片的顯現會激起音樂，反過來也是這樣。

(三)感知的選擇性

選擇性的功能是大腦從環境中挑選的程度。圍繞著許多在進行中的

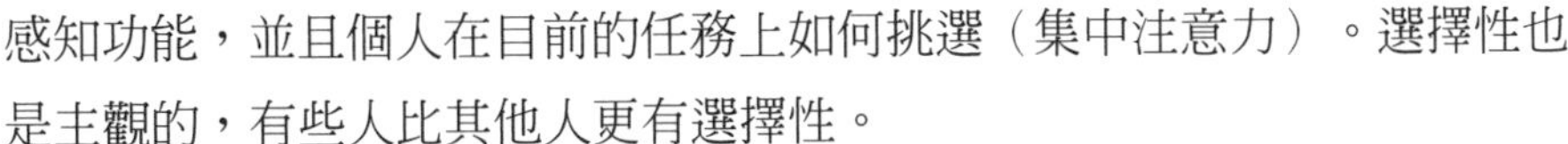

感知功能，並且個人在目前的任務上如何挑選（集中注意力）。選擇性也是主觀的，有些人比其他人更有選擇性。

(四)感知的期望性

期望性將導致個人在特定的方法下去解釋以後的資訊。例如，經常看留長頭髮的男人，然後看到一位同樣留長髮的女孩子，也會誤認爲她是男孩子。

(五)感知的過去經歷

過去經歷導致我們在已知的狀況下解釋以後的經歷，心理學家稱之爲先前定律。有時來自我們經歷過的景象、氣味、聲音將激發起不相宜的反應：烘烤麵包的味道也許會回憶起二十年前一個小村莊的麵包店，但實際上香味是由附近的超市的麵包櫃檯的煙霧劑的噴霧所產生。

應用到產品品質感知的認知形象，例如消費者使用商品選擇軟體去挑選物品，並指定價格。在大多數消費者的感知中，典型的價格、廠牌和零售商名字，其價格和品質之間有很強的積極關係。

個案研究：主觀性資訊

消費資訊具有強烈的主觀性，因為消費者將把決定消費行為建立在所選擇之消費資訊基礎上。我們每個人都從環境中有不同的選擇，而且我們每個人都有不同的看法。關於品質的資訊將被分類，或被分成種類：個人也許把捷豹（JAGUAR）與寶馬（BMW）放在同一類中，也許把新力（SONY）和日立（HITACHI）放在同一位置上。選擇性將依賴於環境中有多少形象存在，或個人對此主觀領域的興趣和動機的形成，以及個人資訊所掌握的程度，更能夠關閉外在世界的干擾。

於是，品質的期望扮演了一個重要的角色：如果個人正期望一個高品質的東西，他將選擇那些能支持這種觀點的證據，並且傾向於忽略那些不支持的證據。過去的經歷在品質判斷中也扮演了重要的角色。

如果消費者對那一國的產品已有了壞的記憶，這也許會導致一個普遍的感知，那就是那國的產品品質很差。價格對人們的品質觀上也有重要的影響。一般認為，價格越高，在某方面品質就越好。當然，這種觀點常常被糾正。以銷售商的觀點來看，價格對接受價值與消費意願上有負面效應。問題在於知道多大的降價將提高銷售量，而不對品質引起負面影響。

三、消費感知作用的韋伯定律

韋伯定律說明人類根據最小可覺察刺激變化的大小。這意味著，如果變化被消費者所覺察，一個非常強烈的刺激將要求一個更大的變化。例如，報紙3%的折扣是一種實質性的折扣，並且將引起廣告商的注意，而寶馬汽車的降價3%則肯定不會引起大衆的注意。

顯然地，在這種強度的水準上（幾百元的價格與上百萬元價格的比較），韋伯定律（Weber law）又稱「感覺閾限定律」（absolute threshold），用於差異閾限定義。也許不能很精確地解決這個問題，但在中等範圍內的價格，此定律顯示出很好的作用。此外，把價格從10美元降到9.99美元是很引人注意的，即使實際上的降低只是原先價格的0.1%。這裡的重要元素爲降低是引人注意的。

韋伯定律也應用在生產不同類產品上。此定律被用於決定相差多少錢，該產品才會引人注意？或相反地，決定該產品需要怎樣類似才可以與名牌產品無區別。應該注意到：感知和現實是不同的東西。有一個很流行的觀點，感知與現實有點兒不同。實際上，現實僅僅存在於個人的大腦之中。如果有一個客觀的現實，對於我們人類是不易接近的，我們有的僅僅是感覺告訴我們的東西，並且對於每個人來說，現實是不同的，因爲我們每個人都用不同的方法去選擇和綜合資訊。

某個人在一個擁擠的房間中，而他僅僅注意婦女。當然，他對她看起來像什麼的綜合也許不正確；其他人或許有不同的感知。我們常常說，某人是「用愛的眼光去看」，或「情人眼裡出西施」，這些話準確地總結

了感知是什麼東西。

從推銷的觀點看，感知是如此的模糊不清和個人化，此事實從長遠來看是有幫助的。人們對於產品和服務的觀點很大程度上依賴於所感知的屬性，其中的一些屬性沒有客觀現實性。對於銷售商來說，困難在於他們試圖把做生意的對象市場中，細分成員的普遍感知是什麼？在操作性條件反射作用方法與巴甫洛夫的方法之間的區別是：學習者本身在過程中作出了適當的選擇。

斯金納描述了一種更高層次學習類型，就是要求學習者思考去做某事，而不僅是成爲一個刺激的被動接受者——巴甫洛夫的鈴聲等於巴甫洛夫的狗有「飯來了」。

四、消費反射作用的操作性條件

操作性條件反射作用的基礎是一種加強的學習概念。如果一個消費者消費了一件產品，並對使用後產生的結果感到滿意與高興，這時他會喜歡再去買這種產品。這種概念意味著消費者所做的事情已產生了一個積極的加強作用，並且下一次的消費變成了「條件反射」去消費該類產品。假使積極的條件反射加強性越大，再次消費的可能性就越大。在這個前提下，如果獎勵（滿意與高興）有效的話，消費者將會盡力去想出一個使消費行爲變得更強烈的方法。

個案研究：忠誠卡

一個操作性條件反射作用的消費例子，也就是在國際連鎖店中「忠誠卡」（會員卡）的增長。例如，Tesco（特易購）俱樂部會員卡，保持對Tesco忠誠的消費者能得到額外的折扣和特別優待，讓他們的消費行為能被掌控，並透過電子銷售點系統，從而能夠策略性地優惠那些真正感興趣於Tesco的消費者。另外，國際航空公司的忠誠計畫成效也明顯地有了巨大的增長。這些計畫在於有針對性地加強頻繁搭機乘客的忠誠，他們的忠誠是令人滿意的，因為他們是最有利可圖的消費者。航空公司對他們的有規律搭乘飛機的消費者提供免費機票，並且對許多商業旅行者來說，這些免費飛行為每次選擇同樣的航空公司者，提供了一個吸引人的誘因。

但是過度使用的刺激，也可能導致消極的後果。一個有趣的例子是某比薩店的「折扣夥伴」策略——當一位消費者與另一位消費者同時用餐，一位將獲得相當的折扣優待。這種刺激消費策略的結果是，許多人將不在比薩店用餐，除非他們身邊有一個折扣夥伴。在這種方式下，積極的加強作用對此公司猶如災難，因為當沒有折扣夥伴時，消費者就產生了一個負面加強作用：等待折扣夥伴。

此外，一位酒癮者通常認為：喝一杯酒，讓我感覺愉快，喝一瓶酒，讓我快樂如神仙，那麼，酒癮者就在不自覺中過度沉溺於酒精中了。實際上，幾乎任何讓人感覺愉悅的活動，包括消費行為，都會產生所謂「條件性反應」。如果消費者的需求不能被所消費的產品滿足，滿足消費需求的欲望就會更強烈。這種典型的例子顯示：一位嗜酒者發現酒精能讓他感受愉快，但永遠無法滿足他成為神仙。

在上面的個案中，顯示有三種操作性條件反射作用：積極加強作用、消極刺激作用、需求滿足與學習過程相結合。

在第一個例子中，積極加強作用，個人接受了一個刺激並採取行動。這個行動發生了作用，消費者得到了好的結果。如果在以後的時間內，以前同樣的刺激發生的話，這將導致重複的行為。例如，當你開車在高速公路的收費站付現金通過收費站時，你也許注意到別的駕駛人使用預付卡更加地快速。因此，下次如果再上高速公路，你肯定會先消費預付卡上路。

第二個例子表明了一個消極刺激。操作性行為產生了問題，並且消費者面對困難（沒有折扣夥伴）時，消費者學會怎樣去避免（等待）付出比較高的價錢消費（不愉快結果）。這比薩餅店的「折扣夥伴」期待的積極加強作用，反而產生了意料之外的消極負面效果，值得注意。

第三個例子顯示出怎樣使滿足需求與學習過程相結合。如果操作性行為導致一個壞的結果。例如，某百貨公司的顧客服務台的服務讓你不滿意，你將不再到該服務台要求服務。一個動機（快速通過收費站），當你發現別的駕駛人使用預付卡通關比你付現款更快速時，你下次肯定會先購買預付卡然後上路。

總之，操作性條件反射作用不要求產品的必須購買行為：銷售商經常免費贈與樣品，希望增加使用此產品的積極的經歷，將鼓勵消費者在將來去消費。同樣地，汽車銷售商總是提供車輛試乘。有些銷售商更允許借給消費者一輛車二十四小時或更多的時間，以使消費者得到非常明顯的汽車品質的加強作用。操作性條件反射作用對於解釋人們如何變得條件化，或形成消費習慣是有幫助的。然而，這仍然無法解釋，當人們在尋找資訊中變得積極時，學習怎樣起作用，為了理解學習的這個方面，在下一節我們將討論認知學習過程。

第四節　消費心理的學習發展

消費者不僅僅在教室中學習，有更多數的行爲是外在活動經驗累積的結果。人們所知道的大多數知識，自己認爲是從學校裡學習到的。然而，其實人們的知識小部分是透過教學所獲得，大部分則是透過活動經歷，在無意識中所學習到的。

以消費行爲而言，美國人不是爲馬鈴薯片的喜好而出生，正如韓國人不是一出生就喜歡狗肉火鍋，或者法國人不是一出生就喜歡吃馬肉一樣。學習在消費活動中，與行銷有著高度的相關性。因爲消費者是被他們所學習的東西所影響的，並且許多消費者行爲，實際是建立在學習活動的過程。

說服消費者去記住他們在廣告中所見到的資訊，對於銷售者來說是一個主要的課題。例如，許多年前，有一系列名爲Cinzano酒的廣告，該系列廣告使倫納德．羅西特（Leonard Rossiter）和瓊．柯林斯（Joan Collins）成了大明星，然而他們在提高產品的銷售上並無多大作用。原因很清楚，市場研究發現，消費者實際上考慮的是Cinzano的競爭對手：馬丁尼（Martini）酒的廣告。

一、消費學習活動的基本理論

消費學習活動的基本理論或經典理論，是由俄國學者巴甫洛夫提出來的。巴甫洛夫用狗做的著名實驗證明，自主反應（反射）可以學習。巴甫洛夫所做的實驗是給狗呈現一個無條件刺激（在此情況下是肉），已知道這會導致一個無條件反射（分泌唾液）。同時，巴甫洛夫搖動鈴鐺（條件刺激），過一段時間，狗就會把鈴鐺聲和肉聯繫起來，並且只要聽到鈴聲，實際上肉並未出現，狗也會分泌唾液。像這種經典的條件反射也發生在人的身上，許多吸菸者都會把喝咖啡與吸菸聯繫在一起，並且發現，如不戒掉喝咖啡，就很難戒掉吸菸。

同樣在Levis'廣告中應用流行音樂也是經典條件反射的一個例子。在這個廣告之中重複播放音樂，使人們把音樂和產品聯繫在一起，這會產生下列兩個結果：

1.如果消費者喜歡這首音樂，就會延伸到喜歡這個產品。
2.消費者聽到音樂就會想起Levis'的產品。

假設所使用的歌曲眞正成爲了（或已經是）轟動一時的作品，只要歌曲在收音機等媒體上播放，Levis'的產品就可獲得免費宣傳。

同樣地，零售商在12月份播放聖誕音樂，爲的是使消費者進入節日的情緒狀態去購買禮物和季節性商品。從這點出發，爲了建立條件反射，必須重複刺激許多次。此過程需被重複的次數將根據刺激的強度和個人的接受能力（產生動機）。研究顯示，條件動作已經產生過，在條件動作最大化前還需要經過約三十次的條件動作。在條件動作之前，無條件刺激進入大腦引起無條件反射。在條件動作過程中，條件刺激（CS）和無條件刺激（US）是並存的，以至於條件動作後條件刺激單獨產生反射。

由經典條件動作所影響的行爲被認爲是無意識的。如果門聲響，大多數人會無意識地去看一看，不會有意識地考慮是否門外有人。大多數人熟悉於這種認知，有時在電視劇中有一個相似的鈴聲響起，也會出去看一下門外是否有人。經典的條件動作也是運行在這些情感上的：響起聖誕音樂將呈現童年時期聖誕節的回憶，還有喚起思鄉感覺的廣告中的配樂，一聽到音樂將對此產品產生溫暖的感覺。

在經典條件的力量中，另一種因素是命令。在此因素中，條件刺激與無條件刺激同時並存。在提前條件動作中，條件刺激產生於無條件刺激之前，這意味著產品將在音樂演奏之前展示出來。在滯後條件動作中，無條件刺激產生於條件刺激之前，這裡音樂將在產品被展示前演奏，同時條件動作要求兩者同時都被呈現。

如此看來，提前條件動作與同時條件動作在廣告中運用得最好，這意味著在演奏流行音樂前展示產品有更好的效果，或使兩者同時呈現。來自於這種方法的反射常常更牢固和持續時間更長。如果採用經典條件動作，顯然像電視和收音機這樣的廣播媒介將更適合，因爲很容易控制刺激呈現的順序。

使用印刷品媒介則非必須的。例如，並非每個人都是讀完整份報紙。許多人先讀體育版，接著再往前讀，或許讀完首頁的標題，接著再直接回來讀社會新聞。即使條件刺激和無條件刺激被放置在同一頁上的廣告內，讀者的眼睛仍有可能按錯誤的順序被吸引到每個刺激上，同樣地，人們不必從頭到尾讀完每一頁。當條件刺激不再激起條件反射時，廢除的效應於是就產生了。

巴甫洛夫發現，一個類似於他所使用的鈴的聲音也能刺激流口水，一個類似名牌的名字也常常能激起一個消費反應。銷售中一個非常普遍的策略是生產與競爭對手類似的包裝，目的是利用普遍化效應。其中的一個例子是，觀察一下在特易購Premium咖啡與雀巢Gold Blend的包裝的相似性。

透過辨別力我們學著去區分刺激，並且僅僅對某一個產生反應。消

費者非常快地學會區分商標，即使包裝的設計很相似。登廣告的人常常透過與他們自己的產品配一個被動的無條件刺激去增進辨別力，而不是競爭者的產品。例如，海尼根（Heineken）的廣告用語：「補充別的啤酒無法達到的成分」（Heineken refreshes the parts other beers cannot reach）。

當競爭者的產品被與一個負面無條件刺激配對時，甚至有更大的辨別力產生，就像大宇（Daewoo）銷售活動一樣，該公司把自己對代理商的培訓和售後服務方法與其他汽車廠商和代理商的低於理想的方法作了比較。這活動太有效，以至於該公司在一些汽車展示會被禁止。

經典條件動作對許多重複性廣告活動更有責任，還對許多現已廣泛使用的吸引人們的字句負有責任。許多廣告都採用，就像在「我打賭他喝Caning Black Label牌酒」活動中的一樣，這導致廣告用語進入語言之中。在一些個案中，這些刺激能延續很長時間：聖誕老人穿紅白相間衣服的圖畫來自於二十世紀初的一場可口可樂活動，聖誕老人以前穿綠色服裝。

經典條件動作假設個人在學習過程中不扮演積極的角色。巴甫洛夫的狗爲了被條件化不必做任何事，因爲此過程在它們無意識地流口水的放鬆中呈現出來。儘管經典條件動作對人也起作用，然而人們在此過程中並非經常是被動的：人（事實上，和大多數高等動物一樣）能參與此過程，並與此合作或迴避，這種扮演積極角色的過程被稱爲操作性條件反射作用。

二、消費反射作用的認知學習

並非所有的學習都僅僅是對一個刺激的自動反應。人們透過分析計算以前消費的經歷，接著作出評價判斷。學習是這當中的一部分，按照以前經歷的過程資訊，並且按照消費者更多地去學習關於此產品的種類或品牌的方法。當考慮消費者認知學習時，根據刺激反應理論：重點不在學到了什麼，而是在於它是怎樣被學到的。

經典學習和操作性條件反射作用理論假設，學習是自動的；認知學習理論假設是有意識的過程。在消費者行爲學的許多個案中，對大多數人來說，這是對的。經典學習和操作性理論假設，在消費者大腦內進行的是一個「黑匣子」，既然我們知道一個刺激將促進一個特定的反應，但爲了大多數實際的目的，我們無法確切知道在黑匣子中發生了什麼的眞正的方法。然而，在認知學習的例子中，我們所談及的是在黑匣子中發生了什麼事，並且透過分析來自個人的行爲和反應，我們盡量去推斷將繼續發生什麼反應。這黑匣子包含有認知過程：當呈現類似刺激時，根據個人的記憶，以及他希望產生的結果評估，還有對某一行動可能產生的結果的評估，去考慮將發生什麼事情，緊接著此過程，這個人將產生一個反應。於是，認知學習技巧就牽涉到五項操作項目：(1)認知的努力；(2)認知的結構；(3)資訊的分析；(4)詳盡的細節；(5)加強記憶。

下面我們提供簡單介紹：

1.認知的努力，是消費者準備投入考慮產品所提供服務的程度。包括產品的複雜性、消費者的參與性、學習動機的形成等方面。

2.認知的結構，則是關於消費者考慮的方法，使資訊與已存在的知識匹配的方法。

3.資訊的分析，包含兩個條件——選擇來自環境的相關的正確資訊，與爲了得到清楚的行動計畫而正確地解釋此資訊。

4.詳盡的細節，則是大腦中資訊的結構，還有爲了形成一個連貫的整體，從記憶中把它加入大腦。

5.加強記憶，是所學到的資訊透過它而儲存的機制。

事實上，沒有東西被眞正忘記：資訊透過有意識的思考（忘記）將最後變得無法恢復，但大腦仍保留這資訊，並且能透過催眠術或透過思考聯繫的刺激去喚醒它。

因此，認知學習過程對於銷售商是重要的，因爲這過程在預言消費者對廣告的反應上有幫助。斯蒂芬．霍克（Stephen J. Hoch）（2004）說過：「消費者把廣告視爲關於產品績效的不明確的假設，這種績效能透過

生產經驗被檢測出來。最初的關於產品的學習將影響將來的學習，這被稱爲首位定律。由於這個原因，第一印象被看作是最重要的。」

根據斯蒂芬·霍克和揚旺·哈所說，如果有一個實實在在的物體形象被掌握，廣告將傾向於被忽視。如果你爲你自己而檢測此產品，所談及的東西將不再影響你這麼多。如果形象是模糊的或無法得到第一手資料（這是經常的事），廣告也許會支配你，事實上廣告對消費者的感受呈現出戲劇化的影響。

例如，在電腦消費中，某人在購買前，很可能先檢測一下新的電腦。廣告只扮演了一個很小的角色，僅僅告知消費者，在目前技術下什麼是有用的。相反地，某人花費相同的錢於假期上，但在消費前沒機會去嘗試，因而更可能被廣告或其他的廣告媒介（小冊子、推銷員等）所支配。在這種處境下，消費者主要考慮的是公司的信譽，因爲畢竟消費者購買了一個承諾。第十一章對有關消費市場的主題有更多的闡述。

來自於經歷的學習是一個四層次過程，在大多數情況下，特別是爲了購買重要產品時，人們寧願透過經歷去學習知識。幾乎沒有人會不先進行試乘就購買一輛車，並且幾乎沒有人會透過郵購來購買車輛，除非他們對汽車有先前的確定經歷。由於這個原因，郵購公司有試用期內不滿意保證退款的做法；如果不這樣宣稱的話，幾乎沒人會郵購，而寧願去街上的商店，在那裡他們能看到和感觸到商品。

在認知學習過程中，同時也牽涉到下列三個因素：

1.領域的相似性。這是消費者事先存在對產品種類的知識的瞭解程度。例如，一個電腦迷與一個完全不懂的新手相比，會透過一個不同的、更短的學習途徑去購買新型電腦。
2.學習動機。若消費行爲是重要的，或犯錯誤的影響可能是嚴重的話，消費者很可能被高度鼓勵去盡可能得到更多的資訊。
3.資訊環境的模糊性。如果資訊很難得到、矛盾或無法理解，這將阻礙學習過程。如果這是事實的話，消費者有時會放棄此過程。

於是，我們可以用上列因素，對來自經驗的學習分類。認知理論意識到，消費者積極的行為會影響此結果，因此對一個外行人（即一個推銷員）的管理學習過程並不總是輕鬆的，這也許是新產品經常失敗的原因：學習新產品的微弱動機，導致推銷者在學習過程開始時的困難。

認知學習有五個元素，如下所述：

1.學習動力：學習動力是促成行為的刺激。它是強烈的、內部的和普遍的。學習的衝動可由一個犯重大錯誤代價的恐懼感所驅使，或被一個消費所得到的利益達到最大化的願望所驅使。

2.學習暗示：學習暗示是一個鼓動學習的外部的觸發器。它比動力弱，是外部的，並且是特定的。例如，職員在工作地點散發關於健康和安全方面的傳單，或是公司會使用廣告補救暗示去觸發反射。

3.學習反射：學習反射是消費者對動力和暗示間交互作用的反應。很幸運地，這來自於銷售，但人們學習並且把將來的消費行為建立在牢固的產品經歷上，而不是銷售商的暗示。

4.學習加強：學習加強則是對消費反應經驗的獎勵。加強的目的是使消費者與產品有確定的利益聯繫。例如大宇（Daewoo）汽車的服務策略，每輛車有三年的保固期。這意味著消費者知道汽車的任何問題能被立即解決，因而擁有Daewoo車的經歷是積極的。從Daewoo對於顧客的積極經歷，並因而重複銷售成功的可能性的觀點來看，提供服務的花費和麻煩是值得的，而並非允許顧客去選擇可能不可靠或不需要的服務項目。

5.學習保持力：學習保持力是所習得的知識長期保持的穩定性。換句話說，它能被好好地記住。廣告音樂有非常高的保持力。消費者常常能回憶起三十年前的廣告音樂。對於消費者在兒童時代流行的廣告來說這特別眞實。

我們所學到的反應從來沒有被眞正地忘掉。大腦記憶（儲存）每一件事，但並不像一台有一個硬碟的電腦，它也許並不能回憶（想起）每一

件事。而且，人們的記憶是巨大的，大英百科全書包含125億個字節，但大腦有超過1,250,000億的儲存能力，這足夠儲存一萬部大英百科全書，這使人腦輕鬆地成爲世界上最強有力的電腦。

三、消費學習活動的外在刺激

學習被定義爲與一種外在刺激條件相關的，隨著時間而發生的行爲變化。根據這個定義，消費行爲透過對所面臨的形勢的反應而產生變化。因此，如果最終某個人的消費行爲以特定方式改變的話，我們就說這個人已經學會了喜歡某商品。消費學習活動的外在刺激，通常來自這個定義的兩個重要條件：

1.必須有行爲變化或反應傾向。
2.必須產生於外在的刺激。

在下列三種情況下，消費活動的外在刺激並不屬於學習的範圍：

1.物種的反應傾向：這些是本能或反射。例如當一塊石頭砸向你時，你會急忙低頭，這反應並不依賴於你已學得石頭是硬的，會損傷身體。在這種情況下，並未發生學習。
2.成熟：青春期的變化常常是由於荷爾蒙的變化，但這也不是作爲學習結果而形成的行爲變化。
3.機體的暫時狀態：儘管行爲會而且常常受到疲倦、飢餓等影響，但這些因素並不構成一個更大的學習過程的一部分。儘管可能來自於這些狀態，酒鬼也可能在將來學會少喝一些酒。

於學習的心理研究，有兩種主要的思想學派：第一種是刺激—反應方法，它進一步分爲經典的和工具性的條件作用；第二種是認知理論，其中個人的、有意識的思想進入到意識之中。

個案研究：銷售服務三十條

日本電器行業的領導者松下電器公司，他們成功的經驗就是盡可能滿足消費者各種合理心理的需要。為用戶提供良好的服務，所以他們制訂了「銷售服務三十條」，以提高服務品質，促進商業經營。松下的「銷售服務三十條」既是他們銷售服務工作應該遵循的信條，也是一套比較完整的滿足消費者的心理需要的服務方法和服務藝術。

具體內容介紹如下：

1.銷售販賣是為社會人類服務，獲得利潤是當然之報酬。
2.對顧客不可怒目而視，亦不可有討厭的心情。
3.注意門面的大小，不如注意環境是否良好；注意環境是否良好，又不如注意商品是否良好。
4.貨架漂亮，生意不見得好；小店內部雖較亂，但使顧客方便，反而會有好生意。
5.對顧客均應視如親戚，對之有無感情，決定商店的興衰。
6.銷售前的奉承，不如銷售後的服務，只有如此，才能得到永久的顧客。
7.顧客的批評應視為神聖的語言，任何批評意見都應樂於接受。
8.資金缺少不足慮，信用不佳最堪憂。
9.進貨要簡單，能安心簡單的進貨，為繁榮昌盛之道。
10.應知一元的常客勝於百元稀客，一視同仁是商店繁榮的基本。
11.不可強行推銷，不可只賣顧客喜好之物，要賣對顧客有益之物。
12.資金周轉次數要增多，百元資本周轉十次，則成千元。
13.遇有調換商品或退貨時，要比賣出商品更加客氣。
14.在顧客面前責備小職員，並非取悅顧客的好手段。
15.銷售優良的產品自然好，將優良產品宣傳推廣而擴大銷售則更好。
16.應具有「如無自己推銷販賣，則社會經濟不能正常運轉」的自信。

17.對批發商（平時）要親切，如此則可將正當的要求無顧忌地向其提出。

18.雖然一張紙當作贈品亦可得到顧客的高興，假使沒有隨贈之物，笑顏也是很好的贈品。

19.為公司操勞的同時要為店員的福利操勞，可用待遇或其他方法表示之。

20.不斷利用變化的陳列（櫥窗），吸引顧客上門，也是一種方法。

21.雖然是一張紙，若隨意浪費，也會提高商品的價格。

22.缺貨是商店不留心，道歉之後，應詢問顧客的住址，並說：「馬上取來送到貴處」。

23.不二價。隨意減價反會落得商品不良的印象。

24.兒童是福祿財神。帶著兒童的顧客，是為了給孩子買東西，應特別注意。

25.時時應想到今天的盈虧，養成今天盈虧明天無法入睡的習慣。

26.要贏得「這是松下公司的產品呢！」的信譽與讚賞。

27.詢問顧客要買何物，應出示一、兩種商品，並為公司充當宣傳廣告。

28.店鋪應營造熱鬧氣氛，具有興致勃勃的工作、欣欣向榮的表情和態度的商店，自然會招來大批顧客。

29.每日報紙廣告要遍覽無遺，市面有了新貨而自己尚且不曉得，乃商人之恥。

30.對商人而言，沒有繁榮蕭條之別，無論如何必須要賺錢。

這三十條是松下公司累積六十年成功經驗的「生意經」。它更是松下公司行銷服務工作如何盡可能滿足消費者心理需要的「寶典」，值得大家學習與借鑑的成功訣竅。（資料來源：日本松下電器公司。）

商業加油站

企業合併的得失

到了冬天，豪豬為了過冬到處尋找合適的樹洞。最後牠找到一個小的但舒適的洞。豪豬冷得直發抖，就準備把這裡當作過冬的家。可是等牠進去了才發現，已經有一窩蛇睡在裡面了。豪豬就問：讓我們一家也占用一部分山洞來過冬，可以嗎？

蛇雖然不大願意，但最終心一軟，還是同意讓豪豬住進來。沒過多久，蛇就發現牠犯了一個大錯誤。每次牠想活動活動，就會被豪豬的刺扎疼。

忍受了一陣子以後，蛇最後忍不住開始抱怨：「這樣下去可不行，」蛇的家長對豪豬說，「你們的刺讓我們沒法睡覺。」

「那可太遺憾了，」豪豬父親說，「我們在這裡住得很舒服。如果你們覺得不開心，為什麼不換到其他地方住呢？」

說完，牠縮成一個球又繼續睡了。

在你殷勤招待客人之前，
最好先瞭解他們。
企業合併是一樁麻煩的事情，
最好先精打細算。

你可以想像，比如豪豬和蛇的合併，或者獅子和羊羔的合併，狐狸和小雞的合併，都注定不會成功，無論蜜月期是多麼歡樂。有多少合併都是源於良好的願望，最終卻不歡而散。這樣的例子太多了，海勒（Robert Heller）在他的《基本經理：管理團隊》（*Essential Managers: Managing Teams*, 1999）中說：「許多經理都抱著良好的願望；可是他們的指導原則並沒有遵循金融或者產業的邏輯，只是一廂情願地想要做大，儘管以不同形式表現出來。」

海勒為了證明出於「良好願望」的合併經常是無效的，列舉出一些理由。高級合夥人常常太和善，為一家公司支付太多的錢，從而抵消了金融上的收益。沒有一個人的工作是多餘的，每一樣產品或者服務都是必須的。合併以後沒有發生任何改變。結果可想而知，合併的結果也是一無所獲。在很多情況下，購買者對自己要收購的產業一無所知，如果這樣的話，高級管理階層又怎麼可能進行績效評估呢！

個案研究：無知的併購

最糟糕的併購往往出於無知。比如說標準石油俄亥俄公司（Standard Oil）和亞特蘭大理奇飛爾德公司（Atlantic Richfield）兩家大型石油企業合併了，但結果卻是各自的收益都下降了20%。埃克森石油（Exxon）嘗試過收購一家電器設備的企業，結果賠了1.24億美元。美孚石油則收購了沃德零售（Montgomery Ward），這舉措使得他們全年的收益損失了40%。時代華納（Time Warner）和AOL的合併被認為是世界歷史上最平靜的併購了。

在2000年，這看起來是個好主意。時代華納的CEO列溫（Jerry Levin）堅信，引入最新的網際網路以後，就能為公司注入很多新活力。而AOL的凱斯（Steve Case）也很看好這種合併，因為他們馬上就可以獲得時代華納大量的娛樂內容。可是當網路泡沫破滅之後，AOL被證明是一個極脆弱的合作夥伴。

在2000年1月，AOL Time Warner組合在資本市場上的價值大約是2,800億美元，可是到了2003年2月，它只剩下490億美元。AOL Time Warner僅在2002年這一年裡就損失了1,000億美元。到2003年9月17日，公司的名字重新改回時代華納。那麼如果兩家從事同一行業的企業合併起來會怎樣呢？很不幸地，還有一些例子可以證明，兩個類似的企業合併以後也可能觸礁。讓我們看看瑪麗公司的故事。

瑪麗是一位廣告明星。你還記得胃乳液（Alka-Seltzer）的「撲通撲通，跳啊！跳啊！」的廣告嗎？就是她。她還被布蘭尼夫（Braniff）航空公司用鮮艷的顏色噴繪在飛機上。她還拍了Midas Muffler的廣告、福特汽車「品質第一」的廣告，還有「我愛紐約」等。瑪麗從1966年開始經營她自己的廣告公司Wells Rich Greene。這家公司上市以後，她就成為了在紐約證券交易所上市公司的首位女性CEO。

1990年，一家名為BDDF的法國廣告公司找瑪麗商量合併的事宜。如果合併成功，那麼雙方就能在廣告領域實現全球化戰略。那個時候大家都贊同合併，大家都堅信合併以後一定可以在世界上發展分工協作的效率。在紐約召開的新聞發布會上，每個人都笑容滿面。但過沒多久，他們就遇到了麻煩。為了使合併變得有效，BDDP的管理人員必須在紐約花費大量時間，但他們並沒這麼做，主要因為核心管理階層的家屬都不願意搬去紐約住。

法國人往往對旅行缺乏興趣。瑪麗開玩笑說：「我發現法國人離開自己的國家以後，往往不得不服用抗抑鬱藥來緩解焦慮。」

在Wells Rich Greene一方，很快地認知BDDP只想做購買者，卻不想成為經營者。於是，合併的進程停滯了。而客戶們因質疑新公司的身分，開始大量地流失。

摩爾是Midas公司的主席，也是瑪麗的忠實客户之一，他對記者們說：「整個公司過去是以組織服務為主的，現在卻變成只關注商業財務了。」

於是公司的財富逐漸耗盡。從1995年開始，Wells BDDP公司在帳面上不斷地虧損，幾乎損失了5億美元。最終它不得不在1998年5月關門大吉。

雖然是善意的合併：從結局看來，未必都有利。

Chapter 5 消費行為與心理特徵

- 從消費行為看消費心理特徵
- 從消費個性看心理特徵
- 消費能力與消費性格
- 從消費行為看消費干擾
- 商業加油站：老辦法與新問題

消費行爲與心理特徵是指在消費活動中，任何消費者的消費行爲是必然存在著某些差異。可是，研究消費者的消費行爲，無法逐一分析，只能大致地進行歸類分析研究。構成消費者多樣化的消費行爲的主要心理基礎，就是消費者的個性心理特徵。所謂個性心理特徵，是指在一定的個體發生的心理活動所具有的特點。消費者在消費活動中產生的心理過程，展現了個人心理活動的一般規律。

個性心理特徵，既呈現心理活動的一般規律，又反映了心理活動的個別特點，形成了各具特色的消費者消費行爲。所謂個性是表現在人身上經常的、穩定的、本質的心理特徵。所謂經常的、穩定的心理特徵，是指那些以某種機能特點或結構形式在個體身上比較固定的特點。

偶然可能會出現的某些特徵是不能稱爲人的個性心理特徵。當然，由於環境和從實務上條件的變化，個性也會隨之改變。人的一些外表特徵，例如人的高矮、皮膚的黑白，雖然也經常穩定地表現出來，但不能說是本質的心理特徵。所謂本質的特徵，是指人的基本精神面貌。

研究指出，消費者的消費能力、消費氣質與消費性格是影響消費行爲的三個主要因素。下面我們將從這三方面來看消費能力與消費性格。一般而言，消費者的消費行爲實際上是反應不同個人、家庭、團體、族群，以及在不同時間、空間與狀況下的心理特徵。

爲了進一步分析這些因素，本章將探討下列四個主題：(1)從消費行爲看消費心理特徵；(2)從消費個性看心理特徵；(3)消費能力與消費性格；(4)從消費行爲看消費干擾。

在第一節「從消費行爲看消費心理特徵」裡，討論三個項目：消費目標區分類型、消費態度區分類型、消費情感反應類型。在第二節「從消費個性看心理特徵」裡，討論四個項目：消費者的基本特徵、消費者的個別特徵、消費者最終目標、消費者目標問題。在第三節「消費能力與消費性格」裡，討論三個項目：消費能力上的差別、消費氣質上的差別、消費性格上的差別。在第四節「從消費行爲看消費干擾」裡，討論三個項目：應用消費啓發、避免消費干擾的發生、平衡消費不協調的處境。

第一節　從消費行爲看消費心理特徵

在消費活動中，任何消費者的消費行爲是必然存在著某些差異。但研究消費者的消費行爲，無法逐一分析，而只能大致地進行歸類分析研究。從消費行爲歸類消費類型時，我們可以從下列三方面來著手：

一、消費目標區分類型

從消費者消費目標的選定程度，我們可以區分爲下列三種類型：消費確定型、消費半確定型、消費不確定型。

(一)消費確定型

消費確定型是指消費者在進入商店前，已有明確的消費目標，包括商品的名稱、商標、型號、規格、樣式、顏色，以至價格的範圍等都有明確的要求。所以，他們進入商店後，一般有標的物，並主動地提出要購買商品的各項要求，可以毫不遲疑地購買商品。消費確定型的消費者的消費目標在消費行動與語言表達等方面都能鮮明地反映出來，就像自己把商品賣給自己似的，易於爲商業工作者所掌握。

(二)消費半確定型

消費半確定型是指消費者進入商店前，已有大致的消費目標，但具體要求還不甚明確，經過選擇比較後，最後作出消費決定。例如，電視機是其計畫消費的目標，但選擇那種廠牌、型號、規格、式樣等均未決定。這類消費者進入商店後，一般不能向銷售員明確、清晰地提出對所需要商品的各項要求。

消費半確定型的消費者，在實現消費目的過程中需要經過較長的比較與思考，評定與選擇，以及決定消費。這一類型的消費者，雖然需要花費銷售員比較長的解說時間，還是能夠被掌握。

(三)消費不確定型

消費不確定型是指消費者在進商店前沒有明確的或堅定的消費目標，進入商店主要是參觀。一般而言，他們是漫無目的的觀看商品，或隨便瞭解一些商品銷售情況，碰到感興趣與合適的商品也會消費，或是不買商品就離去。面對消費不確定型類型的消費者，銷售員在接待態度與過程中，需要顯示出對自己的產品具有信心，對顧客的查詢具有耐心，不能表現出過於急躁，以免功虧一簣。

二、消費態度區分類型

以消費者的消費態度，可以將其區分為下列七種類型：習慣消費型、理智消費型、經濟消費型、衝動消費型、感情消費型、疑慮消費型、隨意消費型。

(一)習慣消費型

習慣消費型的消費者往往根據過去的消費經驗和使用習慣採取消費行為，因此會長期惠顧某商店，或長期使用某個廠牌、某個商標的商品，而很少接受時尚風氣的影響。消費者對某種商品的消費態度，常常取決於對商品的信念。認為某種商品值得信賴的信念，都能加深對某種商品的印象，形成一種習慣態度，使之在需要時不加思索地去購買，而形成了消費行為的習慣。

(二)理智消費型

理智消費型消費者選擇商品的能力不一定很強，但消費行為以理智為主，感情為輔，在採取消費行為之前，廣泛收集商品有關資訊，瞭解市場行情，經過周密的分析和思考，對商品的特性很瞭解。在消費過程中，理智消費型的消費者主觀性較強，不願別人介入，或接受廣告宣傳，以及售貨員的介紹的影響。他們往往經過對商品作細緻的檢查、比較、反覆地衡量各種利弊因素，才作購物決定。在作決定時，一般也不太動聲色。

(三)經濟消費型

經濟消費型消費者的消費特點，是選購商品能力比較強，而在購買商品時，往往多從經濟角度考慮。他們對商品的價格非常敏感，對高價與低價物品有不同的心理反應。經濟消費型的消費行爲，有的會從高單價來確認商品的優良品質，而選購高價商品；有的則會從低單價評定商品，而選購廉價品。當然，選購物品很大程度也與經濟條件和心理需求有關。

(四)衝動消費型

衝動消費型的消費者，一般以青少年爲主，他們在選擇商品的能力不很強，但個性心理反應卻必較敏捷。一般來說，客觀刺激很容易引發心理的誘導作用，而心理反應的速度也較快，例如廣告與宣傳。這種個性特徵反映到消費行爲上便是衝動型消費。消費者選購商品時，衝動消費型的消費者容易受商品外觀品質和廣告宣傳的影響。他們以直覺觀感爲主，時尙商品對其吸引力較大，一般對所接觸到的第一件合適的商品就想買下，而不願作反覆選擇比較，因而能快速地作出購物決定。

(五)感情消費型

感情消費型的消費者雖然在選擇商品上的能力不很強，但是在其個性心理特徵上，興奮的表現比較強，情感體驗比較深刻，想像力與聯想力也特別豐富，同時，審美的感覺也比較靈敏。由於感情消費型的消費者選擇商品能力不強，所以容易受感情的影響，也容易受銷售宣傳的誘導；對商品的各種象徵富於想像與聯想，往往以商品的品質是否符合其感情的需要來確定消費決策。

(六)疑慮消費型

疑慮消費型的消費者在挑選商品能力上，一般也不特別強，但是他們的個性心理特徵上具有內在傾向，善於觀察細小事物，行動謹愼、遲緩、體驗深而疑心大。因此，選購商品從不倉促地決定，聽取銷售員介紹

和檢查商品時，往往謹慎和疑慮重重，挑選商品動作緩慢，費時較多，還可能因猶豫不決而中斷。疑慮消費型消費者的消費特徵是，在進行消費過程中，嚴格執行「三思而後行」的策略，購買後還會疑心受騙上當。面對這類型的消費者，銷售員要注意細節，盡量避免引起他們懷疑的態度、言詞與動作。

(七)隨意消費型

隨意消費型的消費者多數屬於新消費者，缺乏消費經驗，消費心理不穩定，往往是隨意消費或被動消費。在選擇商品時大多沒有主見，表現出不知所措，盲目消費。隨意消費型消費者一般渴望能夠得到銷售員的幫助，樂於聽取銷售員的介紹，並很少親自去檢驗和查證商品的品質。接待這類消費者，銷售員應該妥善加以引導，對其問題提供圓滿的答覆。

三、消費情感反應類型

消費者在消費現場的情感反應，可以將其區分爲以下五種類型：感情沉靜型、感情謙順型、感情活潑型、感情反抗型、感情傲慢型。

(一)感情沉靜型

感情沉靜型的消費者，由於精神平靜而靈活性低，反應比較緩慢而沉著，環境變化刺激對其消費影響不大。同時，此類型的消費者由於具有跟興奮過程相均衡的抑制能力，不會因爲隨意的外在因素而消費。因此，感情沉靜型的人在消費活動中往往表現沉靜、沉默與寡言，情感不外露，舉動不明顯。這類消費者消費態度穩重，不大與人交際，不願與銷售員會談與商品無關的話題。

(二)感情謙順型

感情謙順型的消費者在生理上不能忍受任何的神經緊張，於是他們對外界的刺激很少在外表上表現出來，但內心體驗較持久。他們在選購商品時，往往會遵從銷售員的介紹和意見，作出消費決定比較快，並對銷售員的服務比較放心，很少親自重複檢查商品的品質。面對感情謙順型的消費者，銷售員應該記住：他們對消費商品的本身並不過於在意，而更注重商業工作者的服務態度與服務品質。

(三)感情活潑型

有些人反應靈敏而靈活性高，能很快地適應新的環境，但情感易變，興趣也廣泛。這種心理特徵表現在消費行爲上就是活潑型或健談型消費者。此類型的消費者通常在購買商品時能很快地與他人接近，願意與銷售員或其他顧客交換意見，並富有幽默感，喜愛開玩笑。他們有時甚至談得高興時，可能扯到其他一些不相干的瑣事上，而忘掉選購商品，值得注意。

(四)感情反抗型

感情反抗型的消費者，在消費個性心理特徵上具有高度的情緒易感性，對於外界環境的細小變化都能有所警覺，顯得性情怪癖，而且多愁善感。感情反抗型的消費者在消費過程中，往往不能忍受別人的意見和建議，他們對銷售員的介紹反應異常警覺，抱有不信任的態度，甚至露出譏諷性的笑容與神態。

(五)感情傲慢型

有的消費者由於具有強烈的興奮個性和比較弱的抑制能力，因而情緒易於激動、暴躁與衝動。他們會在言談舉止和表情神態上表現狂熱的態度。這種心理特徵表現在消費行爲上，就是激動型或傲慢型的消費者。此類型消費者，通常在選購商品時表現出有不易勸阻的衝勁。

他們在言語表情上顯得傲氣十足，甚至會用命令式口氣提出要求；對商品品質和銷售員的服務要求極高，稍不合意就與銷售員發生爭吵，爆發脾氣而不能自制。這類消費者雖然爲數不多，但銷售員要用更多的注意力和精力來接待好這類消費者。

上述消費者的五種消費行爲分類，只是一般粗略的概括，在現實中

消費者的消費行爲，並非可以如此簡單地描述清楚。特別要注意的是，即使在某類消費行爲裡，由於消費者的年齡、職業、經濟條件和心理狀態等方面的不同，都會出現消費行爲的差異現象，值得注意。

總之，當我們在討論如何從消費行爲看消費心理特徵時，不論是根據消費目標區分類型、消費態度區分類型或者是消費情感反應類型，在研究消費者的消費行爲類型時，必須整合商業活動的現實環境，整合消費者的言談行動特點，以及消費者對商品的心理反映等方面進行具體的分析。

第二節　從消費個性看心理特徵

構成消費者多樣化的消費行爲的主要心理基礎，就是消費者的個性心理特徵。所謂個性心理特徵，是指在個體發生的心理活動所具有個人的特點。消費者在消費活動中產生的心理過程，體現了個人的心理活動的一般規律。

個性心理特徵，既體現著心理活動的一般規律，又反映了心理活動的個別特點，形成了各具特色的消費行爲。所謂個性是表現在個人身上的經常的、穩定的、本質的心理特徵。所謂經常的、穩定的心理特徵，是指那些以某種機能特點或結構形式在個體身上比較固定的特點。偶爾出現的某些特徵是不能稱爲人的個性心理特徵。當然，由於環境和從實務上條件的變化，個性也會隨之改變。人的一些外表的特徵，如人的高矮、皮膚的黑白，雖然也經常穩定地表現出來，但不能說是本質的心理特徵。所謂本質的特徵，是指個人的基本精神面貌。

下面我們將從消費者的基本特徵與消費者的個別特徵來討論消費者個性心理特徵。

一、消費者的基本特徵

消費者的個性心理特徵，就是消費者在各自的從實務上活動中所經

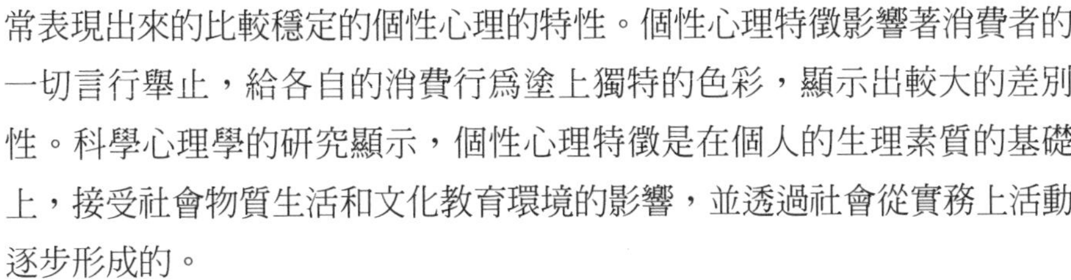

常表現出來的比較穩定的個性心理的特性。個性心理特徵影響著消費者的一切言行舉止，給各自的消費行為塗上獨特的色彩，顯示出較大的差別性。科學心理學的研究顯示，個性心理特徵是在個人的生理素質的基礎上，接受社會物質生活和文化教育環境的影響，並透過社會從實務上活動逐步形成的。

一般來說，消費者的個性心理特徵主要反應在心理滿足。心理滿足是相對於生理滿足而言的。消費者首先滿足的是個人日常的衣、食、住、行、用等需求中最基本最起碼的那一部分生理需要。在個性化消費時，消費者更注重心理需要，以心理感受作為衡量消費行為是否合理、商品是否具有吸引力的依據，在消費時，追求個性、情趣，以獲得心理的滿足。

二、消費者的個別特徵

影響個性心理特徵形成與發展的因素，既有先天因素，也有後天因素。先天因素是人的個性心理特徵的生理屬性，對個人的心理活動發生重大的影響。神經活動上的不同特點會對個人的反映和反作用於客觀現實的能力有較大的影響，而形成個人的心理活動及其行為方式的不同特色。後天因素是個人的個性心理特徵的社會屬性，對人的個性心理特徵的形成、發展和轉變具有決定性的作用。自然環境、社會環境、生活方式和家庭教育等方面對人的影響與要求不同，對興趣的激發、能力的發展和性格的磨練等方面都有著不同程度的影響，由此構成各自在反映與反作用於客觀現實的多樣化的個性特點。

先天因素對人的心理活動有影響作用，而後天因素對個性心理特徵的形成、發展與轉變具有決定性的作用。先天因素和後天因素在個性心理特徵的形成是相互作用，這兩種因素整合形成了每個人的個性心理特徵的穩定性和差別性。穩定性與差別性是個性心理特徵最突出的兩個方面。人們透過各種社會活動得到不同的體驗，逐步形成相對穩定的心理趨勢，也就是個體心理活動的各種特點帶有經常、穩定的性質，在其個性心理特徵

上始終保留著明顯的痕跡，這就是個性心理特徵的穩定性。

消費者個別特徵的趨勢，逐漸強調商品或勞務的內在質的要求。在傳統消費方式下，消費者關注的主要是「貨眞價實」，而對購買過程和消費過程很少關注；現代消費者則開始享受購物過程，注重商品購買過程以及使用後的服務與信譽，關注商品的時尚性、獨特性和安全性。

總之，由於每個人有著各不相同的生活條件和從實務上經驗的累積，形成和發展各自不同的能力品質、氣質特徵和性格特點等個性差異的特點。這些心理特點的獨特結合，就構成了個性心理特徵的差別性。由此可見，表現爲個性心理特徵的方面是多樣的，從而決定了消費者消費行爲的多樣性，主要表現在消費者能力、氣質和性格等方面的差別。

三、消費者最終目標

消費目標是消費動機所指向的外在的對象。目標和動機的不同在於目標是外在的，把人拉向特定的方向；而動機是內在的，推動著每一個人。消費目標通常會激勵你去採取消費行動，或者在別的情況下放棄行動。當一個人產生了需要滿足需求動機時，可能就會有滿足需求動機的一系列目標。例如，某人可能感到無聊需要娛樂，這是導致要找事情去做的動機，進而引起一個可能的目標選擇。而想要娛樂的基本目標可以透過許多方式得到滿足。

探討消費目標與消費行爲，下列有兩項議題思考：具體的最終目標、抽象的最終目標。消費者想要達到目標的最基本的結果、需求或價值稱爲「最終目標」。這些最終目標可能是具體的，也可能是抽象的。具體的最終目標直接來自於購買的產品，而抽象的最終目標則間接地來自於消費行爲。

(一)具體的最終目標

消費者的消費最終目標是消費需求的具體表現，例如，購買汽車是因爲找到了離家很遠的工作，其最終消費目標是具體的，就是爲了通勤需求。最終目的包括直接原因與直接目的兩種。例如，消費者去買一個燈泡，儘管買燈泡的目的是替換已壞的燈泡，但是買燈泡本身就是此過程的直接原因。買三明治，消費的目的是透過吃三明治來解決飢餓，此消費的目標直接來自於此目的。

(二)抽象的最終目標

除了具體的消費目標，消費者也可能出現抽象的最終目標。例如，購買一瓶酒，這樣你就可以把它當禮物去參加聚會。你的最終目標是聚會而不是喝酒，這也可能是為什麼聚會時總是有那麼多廉價酒的原因。然後，你為了面試而去買一套新衣服。找工作是最終目標，新衣服只是達到目的的一種手段。假使買一輛豪華汽車來吸引你鄰居的注意，最終目標是吸引鄰居們的注意力，而非汽車本身。在這兩種情況下，最終目標都可以透過其他方法達到。對於第一種情況，如果沒有燈泡，點蠟燭同樣可以提供照明。同樣地，薯條和比薩也一樣可以代替三明治，而購買火車月票也比購買汽車要便宜得多。

抽象的最終目標通常可以透過更大範圍的選擇來達到。你可以跟一個有酒的朋友一起去參加聚會，或者用食物來代替酒，你也可以不帶任何東西就進去，儘管這樣會使你不受歡迎。同樣地，你也可以借一套精美的衣服，或穿上你原有的衣服憑藉才華去獲得工作。如果你裝修游泳池，或者去參加豪華的旅行團，可能同樣會引起鄰居的注意。抽象目標通常是捉摸不定的，經常是和享樂或非理性的動機有關，但這並不總像為了工作而面試的情況那樣。

四、消費者目標問題

由於一些消費最終目標太籠統，以至於消費者不能據此作出任何正確的判斷。例如，一個人說：「我只是想高興一下」，可能並不含有如何達到目的的意思。

(一)目標評價問題

從更具體的角度來說：「我想買一台像樣的電腦」，這對試圖滿足消費者需求的銷售人員沒有多大幫助。在這種情況下，很明顯地對有關技術問題所知甚少，不能單獨作出合理決定。「我想受到尊重」也同樣是一個難以制定策略的目標。實際上銷售人員對消費者的主要目標並沒有多大影響，因爲這些目標常常來自於最基本的評價（價值）。銷售人員可以試著去影響不太抽象的最終目標，諸如期望透過提升策略來達到功能的或心理社會的結果。

個案研究：印象作用

儘管很難說服客戶為了給別人好印象而穿好的衣服，但我們能說服那些已經想要給別人好印象的人去買我們的衣服。這樣的例子很多，例如：

1.如果你想獲得成功，買一頂帽子吧！這是一個五○年代的口號，那時戴帽子正在退流行。實際上這個口號並不怎麼成功，帽子還是過時了。直到八○年代和九○年代才回到流行的舞台。
2.注意C&A消費的人。對一系列七○年代廣告有印象的人們可以從德國C&A服裝公司以合理的價格買到漂亮的休閒服。當人們在消費休閒服時，其主要目標已經實現。
3.任何Levi's廣告。Levi's牛仔服的廣告目標是要年輕人尋找時髦的休閒服裝，並不特意鼓勵他們穿牛仔服。而是要鼓勵那些要買新牛仔褲的人們去買Levi's。

上面的例子中沒有試圖說服人們買衣服，它們都是為了說服人們去買特定的衣服。換句話說，基本目標沒被觸及，而最終目標則是按照預期的方式呈現出來。一個人直接走向最終目標並不總是可行的。實際上，對消費者來說，建立一系列子目標，最終導致最後目標的實現最為常見。

(二)目標結構問題

目標等級是在大目標之下的一系列子目標，爲決策提供了優先程序的目標結構，爲人們要確定一些最重要事情的決策提供參考。如果消費者過去擁有相關經驗的話，將會對選擇的決策有幫助，然而沒有經驗的消費者在建立目標等級時，就會遇到困難。例如，假使你以前從未買過汽車，你就不會確切知道要注意什麼，你將不會預先考慮自己的需求，以便規劃一個採購目標的等級或優先程序。

個案研究：購買二手車

下面是一個買二手車過程的個案。通常購買二手車的人都會經歷一定的過程，其中，必須要面對消費目標結構問題。

首先，是凝聚目標概念：

1.找出哪種車最適合你的需求。
2.找出購車貸款的最廉價的方式。
3.尋找誰擁有最適合你的那種車。
4.做決定買到車子。

然後，把這些轉變為行動計畫，個人必須制定一系列活動來滿足每一個子目標。下面再舉一例子來說明二手車的消費過程：

1.買二手車手冊（指南）（什麼車）之類的書。
2.確定哪一輛看起來最適合你需要的設計和年代。
3.決定你能付得起的價格範圍。
4.打電話給許多貸款公司以獲得最好的貸款金額。
5.注意網路或報紙上的二手車銷售訊息。
6.打電話給擁有這種車的銷售者，並要求看車，完成交易。

有經驗的消費者，例如經常買二手車的人，已經知道如何進行這個

過程，並能很快地制定目標等級和行動計畫。沒有經驗的消費者必須草擬一個目標等級，並制定計畫，通常是透過嘗試錯誤方式，來達到各個子目標。行銷人員，尤其是銷售人員可以針對消費者的需求進行幫助。問題的解決過程，在很大程度上取決於消費者過去經歷中所得到的對於產品的瞭解程度，以及對產品或者選擇過程的參與程度。也就是說，如果某個人對產品類型具有大量的知識，或對產品類型有著強烈興趣的話，那麼，尋找一個合適產品的過程將會朝不同的方向進行。

(三)目標諮商問題

沒有相關參考經驗的汽車消費者，通常需要尋求外在的諮商，以便提供參考資料。他們可能遵循下面的諮詢參考計畫。

1.決定買一輛車。
2.詢問家庭成員和朋友以找出哪種車可能合適他的需求。這包括透過討論來決定其需求是什麼；有經驗的車主有可能提出想要買車的人沒有注意到的額外的需求。在這時候也許會討論買車的支付問題。
3.去舊車展示中心查看不同的製造商和展示車。
4.找一個看起來誠實可靠的、有幫助的銷售人員。
5.告訴銷售人員自己的需求是什麼。
6.聽取銷售人員關於在庫房中特定樣品的建議。金錢的支付問題也許會在這個時候再一次被討論。
7.根據銷售人員對汽車的描述和已經確定的需求之間的彌合程度來作出決定。
8.購買汽車。

例如，比較一個照相機愛好者與一個快照拍攝者的消費行爲。照相機愛好者將瞭解哪一種品牌的鏡頭最好，哪一種照相機的機體是最爲可靠耐用的，還有哪些附件（例如閃光燈等）能取得最好的效果。照相機愛好者將會爲了取得不同的效果而使用不同的濾光鏡等。這種類型的消費者也許會到專業照相機店採購，並且將會與銷售人員用相同的專業術語去討論。另一方面，快照的使用者可能只需要一個簡單的傻瓜照相機，並且能取得可靠的而非令人振奮的效果。這種人將可能在普通商店消費，並且對快門速度、光圈大小等技術資訊不太感興趣。

總之，在從消費個性看心理特徵的討論主題上，消費者的基本特徵、消費者的個別特徵、消費者最終目標以及消費者目標所牽涉到的問題都必要加以研究。特別是在消費目標所牽涉到的問題上，包括消費目標評價問題、消費目標結構問題以及消費目標諮商問題等，值得加強研究。

 第三節　消費能力與消費性格

研究指出，消費者的消費能力、消費氣質與消費性格是影響消費行爲的三個主要因素。下面我們將從消費能力上的差別、消費氣質上的差別，以及消費性格上的差別等三方面來看消費能力與消費性格。

一、消費能力上的差別

能力，是個人能夠順利地完成某種活動，並直接影響活動效率的個性心理特徵。人們要順利地完成某種活動，常常需要有各種能力的整合。能力有一般能力和特殊能力。消費一般能力，是指多種消費活動所必需的共同能力，如觀察能力、記憶能力、想像能力、思維能力和注意能力等。消費特殊能力，則是指在特定的活動領域內才有意義的。如視聽能力、運算能力、鑑別能力、組織能力等。

兩種能力彼此聯繫互相促進，共同發揮作用。當然，各種活動所需要的能力並不相同，它們各自都具有自身所持有的能力結構。例如，消費者在消費活動中，一般只要求具有注意能力、記憶能力、思維能力、比較能力、決策能力就可以了。但消費特殊商品，還需要鑑別能力、檢驗能力等。

由於個人天賦能力發展形成了個人的基本素質，加上社會從實務上、文化教育上及個人的主觀努力等不盡相同，因而不僅存在著一般能力與特殊能力在數量上和品質上的差異，還存在發展水準上的差異，這些差別構成了人的能力的個別差異。在消費活動中，消費者消費行為多樣化，也一定程度地反映出消費者能力的個別差異。例如，有的消費者對商品的識別能力、評價能力、決策能力和語言表達能力較好，就能獨立自主地、迅速地作出消費決定；反之，選購商品就往往拿不定主意，猶豫不決，不知所措，比較難作出消費決定。

二、消費氣質上的差別

氣質是指人心理活動的動力方面的特點總和。它是個人典型的、穩定的心理特點個體間的氣質差異，使每個人在各種活動中的心理活動表現出不同的動力型，形成各自獨特的行為色彩。氣質主要是由神經運作的生理特點所決定的，因而，它雖然會在人的生活進程中發生某些變化，但變化卻是極其緩慢的，具有較明顯的穩定性和持久性，從而使某種氣質類型的人儘管進行動機不同、 內容不同的活動，都往往在其行為方式上表現出相同的心理動力特點。所以，氣質在人的個性心理特徵中，占據著較重要的位置。

(一)氣質的分類

關於氣質的分類，是西元前五世紀希臘著名醫生希波克拉底（Hippocrates）首先提出的。他認為人體內有血液、黏液、黃膽汁和黑膽汁等四種液體。按照每種液體在人體內所占的比例不同，形成多血氣質、膽汁氣質、憂鬱氣質和黏液氣質四種類型，分述如下：

◆多血氣質

多血氣質類型的人其特點是具有很高的靈活性，容易適應變化的環境。這類人活潑、敏捷，注意力易轉移，情感豐富但不強烈，且易於變化。多血氣質的人，他們通常會在從事多變和多樣化的工作時成績卓著，因此，要求反應敏捷的工作對他們比較合適。然而這一類型的消費者，一般也具有活潑、敏捷，注意力易轉移，情感豐富但不強烈等消費特徵。

◆膽汁氣質

具有膽汁氣質的消費者，一般特點是有很高的興奮性，因而在行為上表現出不均衡性。他們脾氣暴躁、好挑釁、態度直率、活動精力旺盛、動作敏捷、情緒易衝動，一般表現在言語、臉部表情和姿態上，常常性急。這類人的消費特點是帶有週期性和波動性的消費行為，他們能以極大的熱情尋找需要的商品，他們準備並以行動去克服困難，然而，當精力消耗殆盡而目的沒有達到時，他們便失去信心、情緒沮喪。

◆憂鬱氣質

憂鬱氣質類型的消費者一般特點是情緒易感性、性情孤僻、優柔寡斷、行動遲緩、情感體驗深刻而持久，往往為微不足道的理由而動感情。但他們的情感有內隱性，並善於察覺別人不易察覺的細小事情，處事精細，對委託的事情有責任感和堅定性，能克服困難。在一個友愛的集體裡或在習慣性消費的環境下，這一類的消費者可能是一個容易相處的人，甚至容易被銷售人員消費誘導所說服。

◆黏液氣質

黏液氣質類型的消費者一般特點是穩重性、沉靜、穩定、遲緩、少言寡談、能忍耐、情感不易外露、注意力穩定，但難於轉移，對自己的力量做好估計後，就把事情貫徹到底，處事持重，交際適度，從容不迫。黏液氣質的人在消費性格上有一貫性和確定性的特點，善於在採購上採取有條理的、要求細緻和持久性的行動。

依據氣質的傳統分類法，一直沿用至今，但由於當時條件所限，希波克拉底對氣質類型的解釋缺乏科學根據。然後，巴甫洛夫關於高級神經活動的學說，為氣質提供了自然科學的基礎。他發現人的高級神經活動的興奮過程和抑制過程，在強度、平衡性和靈活性等方面都具有不同的特點。它們的不同組合就形成了高級神經活動的類型，表現在人的行動方式上就是氣質。

(二)高級神經活動類型

巴甫洛夫認爲人的高級神經活動類型主要有下列四種：興奮型、安靜型、活潑型、抑制型。

◆興奮型

興奮型的人其神經素質反應較強，但不平衡，容易興奮而難於抑制。一般表現爲情緒容易激動，並反應快而強烈，抑制能力較差，對外界事物的反應速度快，但不夠靈活，脾氣倔強而且暴躁，精力旺盛，不易消沉，耐受性和外傾性都較爲明顯。

◆安靜型

安靜型的人其神經素質反應較弱，但較爲平衡，興奮速度較慢。一般表現爲主觀體驗深刻，情感不外露，對外界事物的反應速度慢而不靈活；遇事敏感多心，言行謹愼，穩定持重，感受性和內傾性都較爲明顯。

◆活潑型

活潑型的人其神經素質反應較強，而且平衡，靈活性也較強。一般表現爲情緒興奮性高，活潑好動，富於表現力和感染力；對外界事物較爲敏感，情感、興趣容易隨著環境的變化而轉變，聯繫面廣，興趣廣泛，善於交際，見異思遷，反應性和內傾性都較爲明顯。

◆抑制型

抑制型的人其神經素質反應遲鈍，但較平衡，靈活性較低，抑制過程強於興奮過程。一般表現爲情緒比較穩定，沉著冷靜，善於忍耐；對外界事物反應緩慢，行動遲緩，心理狀態極少透過外部表現出來，耐受性和內傾性都較爲明顯。

上述四種高級神經活動類型剛好是希波克拉底所提出的四種氣質類型的生理基礎。巴甫洛夫關於高級神經活動的學說，爲研究氣質的生理基礎提供了科學的途徑。在現代化的心理學研究中，關於氣質與生理機制的相互關係問題，還在不斷地發展和完善中。由於神經活動過程的特徵還可能以其他方式整合，以及每個人受所處生活環境與從事社會活動等外在因素影響的不同，個人的氣質的類型並非僅是以上述四種爲限，這四種氣質類型只是最一般的劃分。

事實上，在商業活動中，儘管也偶爾碰到四種氣質類型的典型代表，但純屬某種氣質類型的人則不多，更多數是以某種氣質爲主，兼有其他氣質的混合氣質類型。因此，人們在判斷某個人的氣質時，並非一定要把他劃分爲某種類型，而是從人的活動的積極性、行爲的均衡性和適應環境的靈活性等方面去發現人的基本氣質。每個人神經活動的特性是先天生成的，但它們又不是固定不變的。由於外界事物作用於主體意識的結果，個體經驗結構發生變化，主體氣質也會隨之發生某些特徵的變型，或出現氣質傾向的轉變。不過，氣質變型必須具備一定的條件，改變並非容易。

氣質這種典型而穩定的個性心理特徵，對消費者的消費行爲影響比較深刻。在消費活動中，消費者帶特性的言談舉止，帶特性的反應速度，帶特性的精神狀態等一系列的表現，都會不同程度地將其氣質反映出來。

1.在消費過程中，消費行爲表現出情緒激烈、脾氣暴躁、表情豐富、行動迅速等特徵的消費者，一般屬於膽汁質（興奮型）的氣質類型。
2.消費行爲中表現出情感變化緩慢、體驗深刻、反應遲鈍、多疑怯懦、言行謹愼等特徵的消費者，一般屬於憂鬱質（安靜型）的氣質類型。
3.消費行爲中表現出情感易於交換、反應靈敏、活潑好動、熱情奔放、言行快速等特徵的消費者，一般屬於多血質（活潑型）的氣質類型。

4.消費行爲中表現出情感穩定不外露，反應極遲鈍、沉默寡言、動作不多、冷漠拘謹、穩重固執、自制力很強、耐性較明顯等特徵的消費者，一般屬黏液質（抑制型）的氣質類型。

氣質類型本身雖然沒有什麼好壞之分，但它對人的心理過程的進行和個性品質的形成，卻有它積極的或消極的作用。所以，瞭解人的氣質類型，有助於根據消費者的各種消費行爲，發現和識別其氣質方面的特點，注意利用消費者氣質特徵的積極方面，控制其消極方面，提高商業經營藝術。

三、消費性格上的差別

性格，是人對客觀現實的態度和行爲方式中經常表現出來的穩定傾向。它是人的個性中最重要、最顯著的心理特徵。性格與氣質有著互相滲透、互相作用的關係。氣質由於與神經系統較爲密切，因而對性格的情緒性和表現的速度，以及對性格形成和發展的速度、動態都有一定的影響。反之，由於性格更多地受社會生活條件的制約，所以它對氣質的變型又有顯著的影響。

但是，性格比之氣質，更能突出反映個體的心理面貌，是一個人本質屬性的獨特的、穩固的整合，是一個人區別於其他人的集中表現。每個人對現實的態度的穩定性及其行爲方式，鮮明地反映每個人獨特的性格特徵。關於消費性格上的差別，列舉出以下三個相關項目：

(一)生活經驗

一個人對某些事物的態度和反應，假使在其生活經驗中固定表現出來，就會成爲他在各場合中習慣的行爲方式，也就構成了他的性格特徵。對現實的態度是由多方面整合而成的，例如對待社會、集體的態度，對待工作和工作產品的態度，對待學習的態度和對待自己及人際關係的態度等。人們在這些方面上可以表現出截然不同的性格特徵。

個案研究：不同的性格

有的人關心社會，熱愛集體，富有同情心，誠懇正直，勤勞刻苦，生活儉樸，謙虛謹慎；有的則不問國事，為人虛偽，冷酷無情，消極怠惰，揮霍浪費，驕傲自大。這些特點都是人們在處理各種社會關係方面所表現出來的性格特點，這些是構成人們不同性格的一個重要因素。

人的各自不同的習慣的行為方式，還取決於各自認識、情緒和意志這些心理過程的不同特點。在認識方面的個體差異，有的主動觀察認識事物，有的被動接受外界刺激，有的具體地分析事物，有的抽象地研究事物，有的注重現實，有的富於幻想。在情緒方面的個體差異，有的穩定持久，有的起伏短暫；有的興奮性高，有的抑制力強。在意志方面的個體差異，有的行為目標明確，有的行為目標模糊；有的自我約束力較強，有的自我約束力較差。

這些不同心理過程對行為方式的影響，構成了性格的理智特點、情緒特點和意志特點，它們對人的行為活動的自我調節都有一定的作用，是構成人們不同性格的又一個重要因素。

(二)獨特消費行爲

在商業活動中，消費者個體性格是形成各種獨特的消費行爲、具核心作用的個性心理特徵。消費者多樣化的性格特點，也往往表現在他們對商品消費活動中各種事物的態度和習慣化的消費行爲方式上。因此，有的人在消費活動中熱情活潑，喜愛與售貨員交換意見，消費心理易受外界左右，言語、表情和動作反應傾向外露的消費者，其性格一般都屬於外傾型；反之，有的在消費活動中，沉默寡言、動作反應緩慢、不明顯，臉部表情變化不大，集中於內心活動而不露聲色的消費者，其性格一般屬於內傾型。

另外，在消費活動中，喜歡透過周密思考，用理智的態度，詳細地

權衡商品各種因素後才作出消費決定的消費者，其性格大多屬於理智型；情感反應比較強烈，容易受各種誘因的影響，消費行動帶有較濃厚的情緒色彩的消費者，其性格大多屬於情緒型；消費目標明確，消費行爲積極主動，採取消費決策緊湊果斷的消費者，其性格大多屬於意志型。當然，這樣按消費行爲來劃分消費者的性格類型，只是爲了便於我們對消費者的性格特徵瞭解而已，因爲在現實的消費活動中，由於周圍環境的影響，消費者的性格是很少能按原來的面貌完全表露出來。

所以，在觀察與判斷消費者的性格特徵時，必須充分考慮性格的穩定性與常住性，不能僅以消費者一時性的消費態度和偶然性的消費行爲來斷定其性格類型，否則，會帶來極大的片面性，不可能準確地反映消費者個體性格的本質特徵。

(三)環境影響

消費者的個體性格對其消費態度、消費情緒、消費決策和消費方式的環境影響是客觀存在，其性格及其特點畢竟是要在這些方面表現出來，所以我們就有可能透過觀察、交談或調查分析等手段，來認識消費者的個體性格，掌握消費者的性格類型。由此可見，消費者的能力、氣質和性格等個體心理特徵，給予消費者的消費行爲的影響是非常大，是構成不同消費行爲的重要心理基礎。商業心理學研究人的個性心理特徵，實務上有重要的意義。

總之，在行銷業務上，透過消費者心理特徵的分析，做到從實際出發，供需有條理，保障供給；在服務工作上，由於對消費者的個性心理特徵有所感受，就能較好地掌握消費者各種消費心理和消費行爲產生、發展和變化的一般規律。根據消費者心理活動的不同特點，我們可運用多種服務方式與心理方法，提高服務品質。在商業管理上，由於對員工心理特點的認識，就能分析這些特點形成的因素，提出改變和發展這些特點的教育措施，從而激發員工心理特點的積極因素，提高企業現代化管理水準。

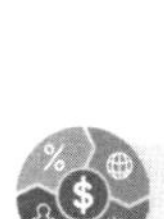

第四節 從消費行爲看消費干擾

從概念上講，無經驗的消費者對他們準備買的產品類型知識較少。大多數消費者將試圖減少這種情況下的風險，確實這也是建構目標等級的部分原因。這個任務因此分爲可管理的多個部分，其中每一部分都承擔一份風險。

消費者所經歷的可感知到的風險的數量依賴於兩個因素：

1.不利方面的嚴重程度，即消費的可能負面結果是否會有嚴重的後果。

2.消極結果發生的可能性。這就是說，某人考慮買一條新的登山繩，乃意識到繩子可能斷開的結果將是死亡或嚴重受傷。

有經驗的登山人員知道買哪一種型號的繩子來減少其斷開的風險。相反地，如果消費者正在考慮吃一種新牌子的餅乾，可能的不利因素只是金錢方面，很可能非常便宜，即使餅乾味道很差，但風險很小，因此嘗試性的消費更可能發生。消費者減少消費風險的主要方法，是增加對產品種類的知識，如果感到風險很高，消費者自然會不消費。因此，零售商會尋求提供無條件退貨來減少消費者已覺察到的風險。例如Tesco的新退貨政策，甚至其中部分用過或者易腐爛的產品，也可以要求退款或者更換新的產品，並且不附帶任何條件與可能造成的爭議。

消費者經常花費大量時間和精力到處逛商店買東西，獲取減少風險所必要的知識。零售商品的消費行爲大多數仍然是在大街的商店裡進行，而不是透過訂單或郵購。但近年來，由於網路與手機的普及，網路購物與宅配的便利，零售的趨勢正在大幅改變中。

一、應用消費啓發

爲降低風險，簡化做決定的過程，消費者通常有一套啓發式的方法。這些方法在搜尋程序開始前，就能建立一系列簡單的「如果……那麼」做決定規則。啓發式的方法也依據新的知識而有所變動，如此，新的決策可能在搜尋程序持續的過程中得以建立。啓發式的方法可分爲下類三種類型：

1.搜尋啓發式：這是關於發現資訊來啓發相關知識，以此影響消費決策的規則。
2.評價啓發式：這是關於判定產品好壞，並影響消費決策的規則。
3.選擇啓發式：這是對不同產品的評價比較過程，然後決定消費決策的規則。

根據上述原則，消費者容易利用啓發式來簡化做決定的過程。決策類型可能儲存在消費者的記憶中，或者建構在已收到的資訊的基礎上。但不論哪一種方式，都使消費者不超越自己的認知能力和腦力而很快地做出決策。當啓發式的決策應用到極限時，將導致消費習慣化行爲的產生。例如，一些人將會每週五晚上去同一俱樂部，點同樣的飲料，坐固定的座位。對該消費者而言，像這樣的習慣化的選擇行爲是舒適而又輕鬆，因爲不需要任何眞正的決策過程。然而在大多數情況下，啓發式是簡單的決策規則，例如，觀光客人在國外選擇餐廳時，通常會嘗試當地的名產料理，這是啓發式消費決策的另一種慣性行爲。

二、避免消費干擾的發生

消費者的消費決策過程，並非無往不利的，而是可能遭遇到干擾。這種干擾將使消費者不再遵循原有目標與方式進行消費活動。以下根據干擾程度，可以分爲困惑性干擾與衝突性干擾兩種類型：

(一)困惑性干擾

困惑性的消費決策干擾雖然在干擾程度上比較輕，但影響層面則比較廣。例舉下列三種常見的困惑性消費干擾：

1.偶然資訊與已建立的觀念不一致造成困惑性干擾。例如，如果一個消費者要去的商店換了老闆或關閉了，消費者不得不重新評估並安排新目標，建立尋找包括一個新供應商的過程。
2.重要的環境刺激造成困惑性干擾。例如，一個商店內陳列顯示一個大打折扣的新品牌，這可能使消費者偏離他正常的品牌選擇，或者至少引起消費者考慮改變消費行爲的可能性。
3.情感狀態造成困惑性干擾。消費者在消費過程中的飢餓、疲勞或愉快，可以導致消費目標的變化。這可能導致不再繼續尋找既定消費目標，而是轉向尋找咖啡廳輕鬆一下。

(二)衝突性干擾

衝突性干擾造成的結果比困惑性干擾爲嚴重。例舉下列三種衝突性干擾類型：

1.當兩個不同產品提供相同或相似的好處時，會產生消費決策上的衝突。例如，到希臘和西班牙度假可能看起來同樣吸引人，因此消費者對二者具有同樣的吸引力造成選擇上的衝突。
2.兩種迴避消費觀念造成消費決策衝突。消費者可能不想因穿一雙舊鞋子而感到尷尬，也可能同樣不想在消費一雙新鞋子上花錢。
3.肯定與否定消費決策的衝突。在這種情況下，存在有利於消費的因素，也有相反的不利因素。例如，一套立體音響系統可能降價出售，但消費者不知其品質優良與否。

因此消費者就在想以便宜的價格消費和害怕買一種不能達到理想效果的產品的功能性風險之間受到折磨。干擾的後果取決於消費者怎樣解釋干擾事件。一方面，干擾可以激發新的最終目標，例如，一個長時間的購物過程中止了，變成去喝一杯咖啡；另一方面，選擇啓發式可以被刺激新的採購動機，例如，朋友推薦的新品牌產品。

此外，有時問題解決模式可能被永遠阻斷或擱置，例如，失業或嚴重的生病。干擾的強度很重要，飢餓是否足夠強烈，以至於阻止你消費今晚所需的物品？你可能因爲遇上老朋友而忽略午飯嗎？在大多數情況下，消費者傾向於重新進行一個被阻礙問題的解決。這就是說，行銷員可以使消費者把注意力從原來的目標上分散出來而去買一杯咖啡，然後消費者將會回到原來要做的採購事情上。換句話說，很難勸阻消費者不去遵循他們的原定消費目標。

三、平衡消費不協調的處境

消費後的不協調，通常發生在消費的結果並不像所預期的那樣時。這可能是由於誤解、錯誤或欺騙所造成，有時是由於陳舊的認知或有新的資訊。消費後不協調的產生機制很簡單，當按目標優先程序行事時，消費者將會對擁有此產品後會是什麼樣子形成一種新的看法，並將產生一幅關於擁有這種產品後生活的想像畫面。理查．奧利夫（Richard L. Oliver）（2010）的期望未實現模型認爲，滿意和不滿意是對消費期望與消費後結果進行比較的結果。

消費前的期望，以產品合理的性能爲例，這是消費者根據花費和獲得這種產品所做的努力而合理期望的性能判斷。如果之後的經歷顯示這個產品具有的性能與期望不一樣，所期望的利益不能實現，消費者會感覺到不協調，因爲期望和現實之間存在差距。不協調的程度取決於下列四個因素：

1.期望的結果和實際結果之間的偏離程度。

2.這種差別對個人的重要性程度。

3.兩者差別能夠修正的程度。

4.以消費時間和金錢來衡量。

例如，一位消費者購買一套立體聲音響系統，如果它的外觀有一道刮痕，這可能只是一個小小的失誤，很容易得到修補，因此這種不協調將不會很嚴重。有些情況下，消費者甚至接受這個刮痕而不去向供應商索取賠償。如果刮痕很小，可能不値得去投訴。有研究顯示，只有三分之一的消費者會抱怨或者要求賠償。其他人可能將來不會再消費這個品牌或商店產品，或只是簡單地對別人抱怨一下。對於很小的差別，或者投訴的費用比較高，例如，不會把有小問題的產品退還給遠在國外觀光時消費的商家，這樣做是完全可以理解的。

相反的，如果立體聲音響聲音的品質很差，這就是期望的結果（好音質與實際的結果）與爛音質兩者存在著差別。要求商店更換新商品又不可能，因爲它沒有眞正的功能失常，只是性能比期待較差。這樣不協調的結果就會很嚴重。從銷售人員的角度來看，降低銷售後的不協調是很重要的事。提供證據是消費者要自己努力去做，通常要去投訴這種產品。如果他們不能從供應商那裡得到任何賠償，就會向他們的朋友、家庭成員來抱怨這種產品。

一般而言，消費者通常會採用下列四種方式來降低不協調感受：

1.忽略產品不協調的資訊，尋找積極的資訊，例如，汽車可能比你期望的速度要慢，但卻像坦克一樣堅固。
2.歪曲不協調的資訊，例如，汽車速度是比較慢，但要看與誰相比，若是比其他同級汽車速度快多了。
3.降低此問題的重要性，例如，它雖然是速度慢，可是我還是可以準時上下班。
4.改變自己的行爲，例如，把它折價換取別的商品，例如去另買一種車。

銷售人員最好能夠利用上述這些方法。一些汽車製造商知道他們的汽車可靠但不會讓人心動，就會在廣告中利用這一點。例如，Volkswagen就用這個口號來刺激消費：「要是生活中的每一件事都像Volkswagen那樣可靠，該有多好！」一般說來，最好透過確保消費者對產品及其性能瞭解準確的資訊來避免消費後不協調的發生。換句話說，要確保消費者對產品的感知期待與後來使用產品的經歷一致。如果確實發生了消費後的不協調，消費者可能要採取行動來促使生產商賠償。因此，一旦貨物賣出後，就認爲銷售工作已完成了的想法是太粗心了。消費者的行爲傾向有下列三個類型：

1.口頭反應：消費者回到銷售商去抱怨或者要求賠償。
2.私下反應：消費者用消極的語言向家庭成員和朋友對產品抱怨。
3.向第三團體反應：消費者採取合法行動或抱怨，向消費者權利組織投訴。

面對口頭反應，管理者和消費者可能在抱怨的合法性上意見不一致。管理者有時會感到消費者是太挑剔了，或者甚至感到在抱怨中暗含消費者個人的故意。消費者則感到管理者應該對他們的抱怨重視。另外，處理抱怨的方法肯定會影響滿意度或不滿意度。有一個研究顯示，隨著消費者抱怨的上升，管理者去傾聽的願望就會下降。因爲無論什麼事將要變糟時，管理者都不太可能糾正，這自然會導致抱怨的上升，於是一個惡性循環就產生了。

向第三團體反應的範圍，從向消費者保護單位官員抱怨到訴諸於法律行動。在幾乎所有的這類事件中，消費者以進行口頭反應開始。如果沒有結果的話，消費者保護單位官員或律師會鼓勵消費者在採取進一步的行動之前去這樣做。很明顯地，如果供應商沒有把事情處理好，那麼這法律案子將不可能勝訴。在投訴事件中，投訴進行由律師或第三團體結束時，通常最好是與第三團體合作而不是進行干擾。例如，對於一個消費者事件使用像「無可奉告」這種言語時，可能在實際上看起來更像是在承認錯誤。是否投訴取決於下面這些因素的影響：

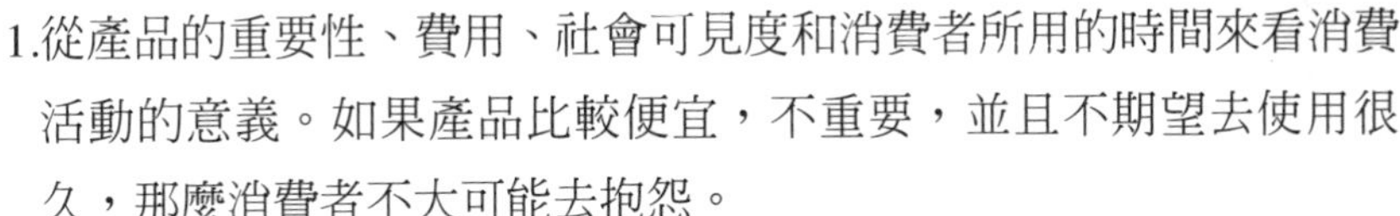

1.從產品的重要性、費用、社會可見度和消費者所用的時間來看消費活動的意義。如果產品比較便宜，不重要，並且不期望去使用很久，那麼消費者不大可能去抱怨。

2.消費者的知識和經驗。消費者以前消費的次數，對產品的瞭解程度，以及先前投訴的經驗。過去頻繁投訴的消費者更可能在將來這樣去做。如果產品出了問題，對產品類型擁有大量知識的消費者更可能去投訴。

3.從時間、花費和瑣碎方面考慮要求賠償的困難。如果產品是在很遠的地方購買，或抱怨將需要大量的時間且很麻煩的話，消費者可能不抱怨。

4.預測抱怨將導致一個正面結果的可能性。如果消費者有把握，或者感到是與一個能處理此問題的名譽好的公司打交道，那麼，消費者更喜歡去投訴。同樣地，如果消費者看出問題無法解決或得不到賠償的話，那麼他可能不去投訴。

由於有大量的證據顯示，正確處理一個投訴確實會增加消費者對廠商的忠誠度，並且在將來仍然會消費此產品，所以看起來應鼓勵消費者去口頭表達抱怨，而不是使用私人反應或者向第三團體反應。

商業加油站

老辦法與新問題

一位商人想把一袋鹽運到市場上賣。於是他把裝鹽的袋子放在驢子的背上，向著市場出發了。他們很快走到一處濕滑的淺灘，涉過小溪的時候，驢子腳下一滑，摔倒在水裡，立刻溶化了好多鹽，一下子減輕了牠背上的負擔。悶悶不樂的商人只好回家，重新裝了貨，再次和驢子上路。

「我討厭馱東西，特別是載鹽。」驢子心裡暗暗盤算，如果我跌進水裡，那麼就可以擺脫這討厭的負擔了。第二次驢子又走到了小溪。牠故意腳下打滑，順勢摔倒在水裡。但是，商人早已識破驢子的用意。這次他讓驢子馱的其實是海綿。當驢子摔倒在水裡，牠發現幾乎都要站不起來了，背上的負擔比原來的兩倍還要重。

不要用老辦法來對付新問題。

驢子沒有意識到牠工作的必要性。

其實食鹽在古時候有著重大的宗教意義。希伯來人把食鹽抹在新生嬰兒身上，來保證他們的身體健康。有一段時間，食鹽變得非常缺乏，甚至被當作貨幣來使用。古代羅馬共和國統帥凱撒（Gaius Julius Caesar）的士兵們為例，他們工資的一部分就是以食鹽來支付。商人本該賦予這項工作更多的意義，這樣就能防止驢子古怪的偷懶行為。如果他告訴驢子食鹽的意義，驢子也許會驕傲地載著食鹽走路。因為牠知道這些鹽是用以保護新生嬰兒，或者是支付士兵們的工資，進而保衛國家和平。

你為了什麼而工作？

你只是把你的工作看作是一項工作嗎？

每項任務是否都給你一些具體意義？

或者你只是為了賺錢而打發這段時光，一旦有更好的機會就會毅然轉向新的工作？

個案研究：小楊的堅持

有一個人「小楊」很幸運地意識到了這一點。大學畢業以後，1986年小楊找到一份水資源工程師的工作，為了保護環境而工作。他堅持認為：這不僅僅是一份工作，也是一種使命的召喚——保護台灣這塊美麗可愛的大地。他的同事中還有很多其他背景的畢業生加入這個團隊，他認為我們並不只是為了拿一份薪水而到這裡來一週工作超過四十個小時。我們的目的是為了使環境更安全更健康，我們是自然環境的保護者。三十年過去了，「小楊」已經是「老楊」了，他依然堅持說：「我們都還是這樣想，都還在致力於改善我們的環境。我們永遠有著更高的工作目標。」

美國前勞動部長里奇（Robert B. Reich）（2012）曾說過：「工作並不總是經濟交易。只有勞動，我們才可能成為人；只有工作，我們的有用性才能體現。我們的工作……給予了我們生活的意義和個人的尊嚴。工作尊嚴並不僅僅是指工作的層次或者工作的權力。我個人認為，尊嚴很多程度取決於一個人是否覺得他的工作有價值。這種認同工作價值的感覺，一般源自於非常成功地完成工作，並且受到別人的賞識，無論這份工作是否高級。從這個角度來看，工作不僅是一種經濟行為，也是一種道德行為。」

個案研究：雪莉的故事

每一個工人都有更高的追求，無論他處於公司中哪一個層級。不妨考慮雪莉（Shirley）的情況，她是一個擁有二百五十個床位的社區醫院的領班，但她也只是美國最大的服務管理組織ServiceMaster的二十萬名雇員之一。這個組織在三十一個國家擁有超過六百萬的顧客，旗下的企業還包括農藝公司（TruGreen）、家美草坪養護公司（ChemLawn）、最大的除蟲公司Terminix以及全美最大的家居清潔公司Merry Maids等。波拉德（William C. Pollard）是ServiceMaster的前CEO和現任主席，他在《企業的靈魂》

（*The Soul of the Firm*, 2010）一書中提到，一開始雪莉只是想找一份工作。但她被僱用以後，工作態度就發生了變化。她的領班工作就變成了目的。「如果我們不能提供一個整潔的環境，」雪莉解釋說，「醫生和護士就沒法好好做，這樣病人也就不來找我們了。所以如果沒有一個好的領班，這家醫院將會倒閉。」

雪莉認為自己的工作十分偉大和崇高，她是幫助病人恢復健康的團隊的一分子。所以波拉德堅信如果員工們有著崇高目標的激勵，管理將會有更好的結果，「人們希望為了目標而工作，而不只是為了生活而工作。」

幫助員工們樹立更高的目標，
這樣能有效地激勵他們。

消費行為實務運作

- 消費群體與決策
- 消費決策的機制
- 消費決策的過程
- 商業加油站：欺騙終被揭穿

商業活動的最終目的，不論是消費者或提供消費的商店，都是為了達成「預期消費行為」的實現。因此，探討消費者如何完成消費行為，則是一個關鍵性的議題。本章根據「消費行為實務運作」主題，討論三個重要議題：(1)消費群體與決策；(2)消費決策的機制；(3)消費決策的過程。

在第一節「消費群體與決策」裡，討論四個項目：群體組成的基礎、家庭群體的組合、消費決策的信號、決策規則的分類。在第二節「消費決策的機制」裡，討論三個項目：孩子的影響力、性別的消費角色、個人的影響機制。在第三節「消費決策的過程」裡，討論三個項目：決策的五階段、消費的前置活動、影響決策的因素。

第一節　消費群體與決策

消費「群體」通常是指兩個或更多人分享一系列常規的消費者，他們的關係使他們的行為相互依賴，這是群體消費的主要特色。換言之，所涉及的群體是對個體行為施加明顯影響的某個人（領袖或家長）或一群人（成員），同時所涉及的群體給成員（消費者）提供了判斷態度和行為的標準。在許多的消費群體中，以家庭為單位的群體最具有影響力。

群體形成的目的，起初是為了在生存活動中的合作。因為人類只有在捕獵、收集食物和防衛掠奪者的活動中合作，才能夠增加群體的生存機會，有趣的是，這個道理對現代人類仍然是成立的。社會研究者曾經報導，社會性被隔離的人，其死亡率比完全融入群體的人們高30～50%。

除了英雄人物以外，大多數人願意去適應或順從他們所歸屬的群體，差別只是在於程度上的多少而已，這點可以透過個人願意表現社交禮貌和不願被排斥於共同事物之外來獲得證明。特別是和朋友們在一起時，大多數的個人會採納大眾的觀點，同時在考慮行為和態度方面，也傾向於採納群體的常規，而不敢逆向而行。

個案研究：心理學家的試驗

早期心理學家艾許（Solomon E. Asch）在1951年曾應用圖形的方式做實驗，其結果可以證明此觀點。在實驗中，要求被試者判斷圖形中不同線段的長度。線段在大型看板的背景上呈現，每一個人坐在一群陌生人中，並認為陌生人也是要對線段的長度進行判斷的。事實上，這些陌生人是艾許的助手，他們要求對每一線段的長度做出錯誤的共同判斷。被試者也同意此錯誤判斷，即使這些錯誤有時是非常明顯的，也不會主動的指出錯誤。

然而，當沒有陌生人在場之時，被試者則能夠輕易指出錯誤的地方。這個試驗的結果顯示：試驗雖然是短暫的時間，被試者與這些陌生人還是擁有某種的群體關係，同時也接受群體的影響。我們先討論兩個重要的項目：群體組成的基礎與家庭群體的組合。

一、群體組成的基礎

群體的組成，通常可以分成許多不同的類別，包括以家人、親友，以及親密同事或同學與鄰居爲主軸的群體，這一類的群體由於成員之間的特殊關係，而被稱爲「主要群體」。其中，以家庭成員爲核心所組成的基本群體，是影響消費行爲中最深入的群體。

根據上述背景，主要群體是由我們最常見的人們組成。這個群體可以小到經常可以面對面接觸，而且具有一種特殊的內聚力。因爲他們傾向於選擇共同的生活與思考方式，且擁有共同的興趣與嗜好，因此，這個基本群體總是在消費態度與行爲上非常有凝聚力並能夠持久，其中最強有力的主要群體是家庭。然後，主要群體還可能擴大到包括親人以外的親密朋友、同事，或有共同愛好的鄰居等人。

除了上面所指的主要群體之外，還有所謂的「次級群體」，這是我們所常見由於擁有某些共同興趣的人們組成。例如，商業協會、球隊或運動俱樂部，都可以組成次級群體。這些群體在已形成的態度和控制行爲上與主要群體比較，其影響力顯然不足，但是，在共同興趣的目標上，則能表現出一定的影響力。

個案研究：共同興趣

假使你是一個自行車俱樂部的成員，你可能被説服來參加一項自行車賽，或者主張要支持修建更多的自行車專用車道。在次級群體中，有時也會形成一個類似主要的群體。這是由那些比其他次級群體成員分享更多共同興趣的特殊朋友們組成。

例如，當社區推動某項運動時，運動的參與者就形成了具有主要群體的功能。又如，一個自行車愛好者會說：「這是我最好的夥伴，小王。上個月的週末，我們和俱樂部的一群夥伴去阿里山。我和小王是在自行車俱樂部裡認識的。」在這一例子中，朋友是在次級群體——自行車俱樂部裡認識的，並由於分享特殊的興趣——去阿里山旅遊，因而形成了主要群體的凝聚力。

「目標群體」是由於許多個人的共同希望而組成的群體。這個目標群體一旦組成時，就可以非常有力地影響成員的行為，因為個體都希望被該群體所接受，所以總是會優先考慮適應目標群體的行為要求。目標群體有的很富裕，有的很有權勢，因此，渴望加入這類群體的人們，通常被認為是具有雄心的。例如，一個職位較低的辦公室工作人員，夢想有一天有機會與經理平起平坐。商業廣告通常也會採用目標群體的形象，象徵著使用某一特定產品者，會更接近成為一名特定目標群體的成員。

此外，還有所謂的「不相關群體」，這是個人通常不想與之發生聯繫的群體。就像一個旅行團的脫隊團員，不想被看作是一個其他團隊的成員或流浪的旅遊者，或者一個律師不想被當成是某商業團體的一分子的道理一樣。當個人盡量避免成為不相關群體的一員時，這會對消費行為產生消極的負面影響，值得注意。

個案研究：標籤化

某種商品被同性戀團體採用為該團體的標誌，或者某種商品特別為同性戀團體愛用時，一般民眾會忌諱使用該產品，而避免被當成是該不相關群體（同性戀）中的一員。同理，假使某個商業場所由於經常被某個特殊群體使用，一般大眾則會迴避出入該場所，以免被誤認為是該不相關群體的成員。這是社會心理學的所謂「標籤化」作用。

在主要群體和次要群體中，還有「正式群體」與「非正式群體」之分。前者是我們熟識的一系列群體中，人們會經常參與的群體。正式群體可能是一個有組織的商業協會、同業公會，或有組織的俱樂部。通常，正式群體擁有正式制度和結構，並以書面形式寫下來的，以作為成員之間的規範準則。因此，只要是該群體的一部分，成員的行為必須受到組織的制約。包括申請入會、繳交會費、參與活動，以及完成所交付責任等。這些限制通常也只適用於成員行為的某些方面。

個案研究：分享特殊權利

行銷公司通常會明文規定「行銷人員職業交易的實行準則」，但是，該機構並不關心成員作為公民的所做所為，例如，是否有如期繳納稅款、是否婚姻生活美滿等。這些公司（群體）的成員，除了遵從「行銷人員職業交易的實行準則」要求之外，同時也可以享有公司裡所提供的特殊權利，包括分享獎金與紅利，或使用公司俱樂部設備等。

「非正式群體」屬於比較少結構化的群體，甚至沒有組織的全體，而通常以友誼為基礎。例如，個人的朋友或同事群，成員之間只是存在於相互的交誼、道義上的彼此支持、參與一些共同的活動。因此，這個非正式群體也可能進一步在某一個共同議題上，例如，社區安全，為要取得一致共識的壓力下團結起來。通常非正式群體期望在一個更大的範圍活動中，比正式群體更充滿活力。例如，在朋友圈內更容易發展一種共識與習慣，而且有時也比文字化的規則更具有約束力。

在非正式群體中，另有一種所謂「習慣性群體」，有時這也稱為「類型群體」。這個群體是透過年齡、性別、文化或教育來區分的群體。從表面上看，這些群體對成員的行為不會表現出太多的影響力，因為這些群體並不是由成員們自願加入而形成的群體。雖然如此，在這個習慣性群體中，成員們也必須接受該群體的共同壓力，而有所遵從。

個案研究：角色認同

老年人在消費衣服時，通常不願意買那些看上去是年輕人穿的衣服。相同的理由，年輕人在選擇衣服時，也不會購買一些看起來是中年人穿的衣服；男孩子通常也不會喜歡穿女孩子的服裝。還有，一般婦女也不會穿戴特殊族群的婦女服裝，例如特定宗教婦女的服裝。這個由年齡、性別與文化所形成的習慣性群體，對其成員也具有相當的影響力，這是社會心理學上的角色認同。

上述群體的分類並不是絕對的，因為，在許多群體中也會產生一些跨越群體或超越群體的現象。例如，一個喜歡喝酒的人並不一定喜歡與一群醉鬼們稱兄道弟，只是在喝酒共度好時光的酒伴而已。同樣的，高爾夫俱樂部也可以是一個人和一些志趣相投的人們一起安靜談天的場所，同時也是一個玩高爾夫球的地方。以上各種群體都具有不同程度或不同方式消費影響力，在這些影響中，群體規範是最強而有力的影響。

從消費行為的觀點看，群體規範的根源在於操作性條件的反射，個人發現唯有在遵從所屬群體行為時，才能夠獲得群體的認同，而不遵從的行為則會導致群體的不認同。因此，個人逐漸將「順從」的行為變成了習慣性行為，而且很難想像以其他任何方式來表現。社會上所謂良好的道德行為準則，其實不是絕對的「原因」，而是某一所涉及的群體規範依從的「結果」。

因此，只有對那些有強烈希望被接受動機的人，遵從的壓力才會起作用，這是很明顯的事實。另一方面，如果壓力來自於不相關的群體，情況則相反，個體不會感到任何需要遵從的壓力。例如，大多數守法公民會遵從警察的指令，並且常常會幫助警察。相反地，罪犯即使是在不調查他們自己罪行的情況下，也盡可能避免與警察打交道。

個案研究：群體規範

產品或服務的明顯性，對於群體規範或群體意識的依從操作相當重要。例如，你所有的親人與朋友都支持某一政黨，你可能會屈從於壓力也這樣做，但是，既然投票是保密的，沒有人會知道你是否投票支持該黨，所以在投票時就不會有規範依從的壓力。同樣地，如果你所有的朋友都買紅葡萄酒，你可能會感受到購買紅葡萄酒的壓力，但是當你單獨買酒類時，就不會有採購選擇上的顧慮了。

廣告商總是呼籲消費者順從他們所屬目標群體的要求。例如，一群年輕人炫耀他們富有冒險的體育運動廣告，就是一個很好的例子。這個廣告是為了吸引那些把這個群體看作是令年輕人激動，並且願意加入的人們。因此，明星球員所穿戴的服裝、所使用的工具，以及所喝的飲料品牌，在廣告商的眼中，就自然會期待造成觀眾的模仿效應。

由於社會規範正朝著「內在指導」轉變，對群體規範的依從在西方國家逐漸減少。同時，也隨著個人化的手機電話、電腦網路、電子郵件等個別交流方式的增加，導致面對面交互作用的減少，讓個人更加脫離了群體的規範。這是否是群體規範變弱的原因，或是規範轉變的後果，在目前還難以確定。

事實顯示，群體並不會對每一個成員的每一次消費決策都施加影響，即使在群體影響確實起作用的情況下，消費者也會受到其他變量的影響，這一點值得注意。這些變量因素，例如，產品的特性、消費判斷的標準、商品的廣告，以及來自於其他群體相互矛盾的影響力。

在許多變量的影響中，以廣告有效性最具有效力，而有效力的程度，則取決於消費者心目中角色偶像的個人特徵。因此，富於吸引力的消費偶像比缺乏吸引力的消費偶像被更多地模仿，具有成功者形象的偶像肯定比不成功者形象的偶像更令人信服。然後，消費者更喜歡竭力仿效那些與自己擁有更多「相似性」的消費偶像，這一點也值得注意。

一些研究證據顯示，消費者在完成有難度的任務時，例如學會偶像所唱的主題歌，他們更容易去認同該角色偶像。在許多的電影與電視節目的典型例子中，警察總是在最後抓住壞人，但也經常在過程中遇到了許多的難題。當然，這種機械性的故事結構引發了許多爭論：電視上的犯罪節目是否是鼓勵人們去模仿的行為偶像？另外，如果觀眾覺得有能力去和故事裡的角色偶像取得認同，偶像行為就會廣為被觀眾模仿。因此，可以認定一個關於年輕人販毒謀生的節目，有可能鼓勵其他的年輕人去模仿。為了避免各種模仿的可能性，故事裡的正面角色偶像——英雄者的結局，通常是成功的；負面角色——罪犯者，則一般被描繪成最終的失敗人物。

二、家庭群體的組合

在所有涉及消費行爲的群體中，家庭肯定對成員的消費決策有最大的影響力。因此，家庭在消費市場中，愈來愈被重視。下列有兩個重要的理由來說明這一點：

1.對孩子來說，父母的影響是最早的，接下來是孩子們學會自己感知每一件事情。事實上，個人內在的「超我」被認爲是內心裡的另一種形式父母。
2.對父母來說，當他們爲家庭購物時，爲孩子買最好產品的願望影響了他們的購物決定。明顯的例子是，當一家之主在購買營養餐點和高品質尿布時，接觸到的廣告總是以嬰兒的舒適爲吸引的焦點。

在美國，家庭的概念是狹義的——父母和他們的子女。然而，在我們大多數的家庭裡，也會有來自叔叔、嬸嬸、舅舅、阿姨、祖父母、表兄妹的影響。儘管在台灣家庭裡，這種影響力正在逐漸減少，但仍然或多或少地存在。目前發生了一種重大的變化，就是單親家庭數目的增加，而特別是離婚率的增長也導致了單親家庭的增多。這種家庭結構性的變化，值得注意。

從市場行銷的觀點看，許多產品的需求水準是由家庭的數目決定，而不是由成員的數目決定的。因此，家庭與行銷的關係更多的是與消費家庭的「行爲」互相聯繫，而與消費家庭成員「需求」相互聯繫較少。關於這點，我們可以從觀察每一個家庭的消費習慣與消費決策的模式，來獲得證明。

針對消費群體的功能而言，家庭是由以下特徵加以區別：

(一)面對面的接觸

家庭成員差不多每天都見面，而且可以建議、提供資訊，有時更是與決策者面對面的進行接觸。例如，在餐桌前，家庭成員爲添購新的音響組合提出討論。在看電視節目時，家庭成員也可能爲購買聖誕節禮物來交換意見。此外，每一位家庭成員舉行生日派對的消費規模與消費方式，一般也是在成員的面對面溝通達成的。

(二)分享消費品

家庭成員除了爲採購消費品交換意見之外，更經常會彼此分享家庭及個人擁有的消費品。這種家庭分享的事實，更奠定了整個家庭消費行爲的共同基礎。例如，冰箱、電視、沙發和其他家具等消費品是可以共用的，食物也是可以聯合購買和烹飪的。

雖然現在家庭成員不在一起進餐的趨勢，但是，這種共享式或分享式的影響力依然存在。通常一起購買這些物品，孩童甚至也會參與購買汽車、房屋等主要產品的決策。其他所涉及的群體也可以分享一些消費品，家庭消費者還是以分享家庭用品爲主。

(三)個人的次級需求

由於家庭中的消費品是共享的，一些家庭成員會發現，消費方案的選擇是以家庭的共同需求爲主，並不能滿足所有成員的個別需求。因此，在生產家庭用品的商家必須在提供適當的家庭用品的同時，更能夠考慮家庭成員的個別需要。

個案研究：創意汽車

在某個創意汽車個案顯示，汽車製造商如何成功的將一部汽車變成家庭用的組合汽車。這型的「創意汽車」（BMW）同時兼具手排檔與自動排檔的多功能：在滿足母親駕車習慣（自動排檔）送孩子上學與上超市方便的同時，也滿足了父親駕駛跑車的習慣需求（手排檔）。這個創意汽車個案的促銷成功，儘管也在其他群體中發生作用，但以家庭群體的效應特別顯著。

(四)消費代理者

因爲在家庭中大家共享消費品，大多數會讓某一個成員擔任大部分的購物任務，在傳統家庭中，這是由母親擔任，現在則愈來愈多的消費代理人由家裡年長的孩子擔任，甚至有時十幾歲的少年也承擔這一角色。原因是由於母親的工作分量日益增加，只有較少的時間可以購物，而孩子下課後就承擔了消費代理者的角色。

這種現象對銷售人員而言，意味深長，因爲十幾歲的年輕人比成年人觀看更多的電視節目，更容易與市場行銷方式進行溝通與交流。其他所涉及的群體也可能有消費代理人，這可能只是爲了某些特殊的產品，而不是所有群體都感興趣的產品。而且，在大多數非正式群體裡，只是爲了偶爾爲之的目的，才指明消費代理人的，例如，預訂聚會時的便當與禮品。

現在家庭決策的制定，並不像以前那樣單純。有一種假設認爲，消費代理人，例如母親，也同時是制定決策的人，過去通常是這樣。但是，現在的消費代理人則不同，例如孩子，可能僅是一位決策後的執行者。因此，探索消費決策的形成，必須考慮到這個因素。

在談論家庭消費代理者時，不能忽略消費決策的形成機制。在消費決策形成的過程中，所謂「角色特殊化」對家庭消費決策扮演非常重要的角色。由於每年每一家庭都要消費一定數量的各種產品以維持家庭的供應不缺，而採購者在家庭中都具有特殊的角色。

個案研究：四類角色特殊化

家庭中負責做飯的成員，對採購食物承擔主要責任；開車最頻繁的家庭成員，則對消費汽車及零配件、汽油的選擇做主要決策；美化家庭的成員，要負責採買花木等。於是，在消費家庭的概念裡，所謂「四類角色特殊化」的類型就被確定了。這四類的角色如下：

第一類，妻子主導型。

第二類，丈夫主導型。

第三類，混合型或民主型：是由家庭成員共同做決定。

第四類，自主型：其決定完全由成員們個別獨立做出。

家庭中角色特殊化的消費機制，具有相對的彈性，例如，妻子可能在消費新窗簾的決策有主導權，而丈夫在選擇家庭用車中占主導地位，他們可以共同決定家庭其他用品的消費，而丈夫可以單獨選擇購買家庭所需的肥料。銷售人員需要確定的是，哪一種角色特殊化類型在目標市場中有主要作用，以便於確定促銷活動的目標。

家庭會根據決策的不同階段擔任不同的角色。例如，在問題出現階段，孩子需要買新鞋，孩子自己是問題的主要提出者，母親會決定應該買哪種鞋子，而父親可能會帶著孩子去買鞋。較爲合理的假設是：產品的主要使用者在起始階段是重要的，而在決定最後消費上，則可能是共同決策。最後，在決定下次是否消費同樣的產品時，則會根據使用者在使用後的評論。

再者，還有其他的消費決定性因素，包括父母是否雙方都在工作賺錢。如果是，決策更多的是聯合制定，因爲每一個人都涉及家庭財政支出的利害關係。一些研究顯示，當父親是家裡唯一賺錢的人時，家庭決策更多由父親做出，而夫妻雙方都有收入，則共同做出決策。男性也更傾向於支配高技術耐用產品的消費權，例如家用汽車與房屋整修等。

性別角色傾向對於決策也是很重要的。對性別角色而言，持傳統觀念的丈夫和妻子傾向於認爲，絕大多數有關開銷的決策應由丈夫做出。然而，即使在這種決策系統類型中，丈夫也會經常考慮妻子的態度和需要，甚至也會考慮到孩子們的需要，來調整自己的觀點。

此外，家庭共同決策是一個重要的消費機制概念。在產品策略影響角色特殊化的消費制定決策過程中，當考慮開銷鉅額金錢時決策的特殊性。因爲大量消費家庭用品或採購特殊用品的鉅額開銷，大多數家庭成員都會以某種方式加入決策。在其他購物中，每天購物諸如日用食品罐頭，則幾乎不用集體決定。但是，當消費牽涉到大家分享與使用時，例如家庭度假的地點與方式時，集體決策的組成部分是必然的。

對當代家庭而言，文化背景對於家庭決策的風格也有顯著的影響，這也包括宗教信仰與生活習俗。例如，東方文化傾向於男性主導家庭消費決策；在島嶼型的原住民母系社會裡，傾向於女性主導決策；而在歐洲和北美文化背景的家庭決策上，則表現出更多的平等。

對行銷人員來說，還有下列兩個問題值得注意：

1.目前在e世代的所謂「多元化社會」，對行銷策略組合的影響是什麼？

2.在愈來愈國際化消費的影響下，對於家庭消費會產生什麼影響？

三、消費決策的信號

無論是透過詳細的搜索或是透過回憶所有必要的事實，完成了蒐集資訊的程序，消費者應該在蒐集資訊的基礎上做出決策。第一道程序是建立考慮消費資訊的整合，這是爲最後的消費選擇提供重要的參考。

消費者從資訊搜尋中得到的知識來組成考慮產品的資訊整合。消費者總會注意關切點，或對可接受價值的最小值、最大值做出限定。典型的例子是，消費者對他們願意支付的產品的價格範圍有一個明確的概念，有時這個價格範圍也會有最大值、最小值。例如，一些經理級的人不願被人看到在開一輛便宜的車。行銷人員需要知道消費者的關切點是什麼，也可從透過市場調研來決定。

判斷產品的品質時，消費信號對消費者是很重要的。消費信號可以是品牌名稱、保證，甚至是價格標籤。消費者把品質等同於高價格是非常普遍的，所以低價位的製造商們的一個有效策略，是盡可能地削弱消費者的這種感知。當許多其他消費信號呈現時，使用價格來作爲品質的信號，則會在某些程度上減少。

例如，如果消費者可以很容易地透過檢查產品的品質、產量與保證書來判斷價格的話，就不會考慮其他因素了。最後，消費者會選擇一個決策規則或啓發式的消費策略。消費者透過一段時期發展了這些規則。例如，到商譽最佳的商店購買貴重物品，雖然沒有討價的機會，還是值得的。一些消費者對特定品牌、信任的商店或好朋友的推薦，總是累積了一些規律性的原則。

個案研究：決策規則

以一個度假開銷的決策制定過程為例，消費者剛開始有五個不同假期的選擇，這形成了考慮方案的模式。每一個有關假期的資訊都被包括，現在則需要應用決策規則。

首先，消費者認為，對孩子們而言，長時間的飛行會很困難，所以會定下一個三小時的旅途極限，這就排除了歐洲和美國。其次，接下來在費用上也有一個關切點：超過八萬元新台幣，因為剩下的幾種度假的費用都超過八萬元，這個關切點就不起作用，但是消費者仍然會將價格視為判斷品質的信號，而捨棄去澎湖度假，因為旅費太便宜了。然後，剩下的決策規則是要求必須有孩子們可以玩的地方。所以，只剩下到菲律賓度假能成為最後的選擇。

有時候，消費者會發現，使用全部決策規則會排除所有的可選擇項目，因此，規則需要修改。這會導致根據他們關係的重要性來建立決策規則的層次。

四、決策規則的分類

非報酬性的決策規則是絕對的。如果一個產品在某一屬性上不符合一個決策規則，那麼該產品在其他方面的優勢也無法彌補它的缺陷。在上面的度假例子中，雖然日本有迪士尼樂園，而且由於兒童非常嚮往，是一個非常有競爭力的候選地方，但由於它的花費不符合決策規則而淘汰。用詞典學的方法，消費者建立了一個屬性的層次，最先比較產品最重要的屬性，再比較次重要的屬性，以此往下推論。

在度假的例子中，消費者也許認爲孩子的娛樂是最重要的屬性，日本是最富吸引力。決策可由消極的方面來決定，產品憑藉屬性與其他的品牌區別，但是每一項屬性都透過關切點來檢驗。在上例中，這導致了日本由於費用而被否定。聯合規則是非報酬性規則中的最後一條，每一個品牌都依次輪流與所有的關切點比較，只有在這一篩選過程中被留下的品牌，才會彼此之間進行比較。

補償性決策允許權衡因素的存在，因此某一方面的缺陷可由其他方面來彌補。簡單附加原則涉及到產品積極方面的直接計分，以及該得分與其他產品得分的比較。候選的將是有最肯定屬性的產品。它的變化是加權附加的方法，對某些屬性給予多於其他屬性的加權計算。儘管在每一種情況下，產品不必一定要有普遍的共同屬性，實際上，或者只是它們中的一部分。

階段性決策策略有可能涉及到依次使用的消費決策規則。例如，消費者可能使用非報酬性的關切點來排除考慮範圍內的產品，然後在剩下的產品中，使用加權附加原則來制定消費決策。例如，雖然菲律賓比不上日本有迪士尼樂園，可是在價格便宜、飛行時短以及風景秀麗上可以彌補沒有迪士尼樂園的缺點。

還有兩個特殊的決策類別。首先，消費者需要建立一個建設性的決策規則。這意味著在一個新情境下，從頭建立一個消費決策規則。如果這個規則運作得有效，消費者會儲存對它的記憶，直到下一次遇到相同的情境，並「循環」地使用這個規則。

其次，影響分派是消費者從記憶中提取「標準」態度的過程。例如，消費者不喜歡日本車，這種態度會阻礙其在考慮範圍內包括任何類型的日本車。對市場銷售人員來說，瞭解消費者如何制訂決策，顯而易見是很有用的。例如，對使用加權附加規則的消費者來說，瞭解具有最大權重的屬性是哪一個，是非常有用的，產品可以設計在關切點內。再如，許多老年消費者偏好棉質的內衣褲，可以連想到老年人也會喜歡其他棉製品的衣物，甚至棉被和被單等產品。市場銷售人員至少必須確保產品是在大多數消費者的考慮範圍之內，並且是關切點和決策過程中，考慮的第一道關口。

第二節　消費決策的機制

相對於個體消費行為，家庭消費決策的機制就愈來愈顯示其重要性了。原因很明顯，因為更多的家庭成員牽涉到家庭消費中，特別是每一個家庭成員都有自己的需求和內在反抗的要求需要解決。因此，瞭解家庭消費決策機制的建立，是商業工作者非常重要的課題。家庭消費決策機制的

建立牽涉到三個思考議題：(1)孩子的影響力；(2)性別的消費角色；(3)個人的影響機制。

一、孩子的影響力

家庭消費決策機制的建立，以孩子的影響力為最重要。針對家庭中孩子的影響力而言，長子或長女都比其他孩子在經濟上有更強的影響力。他們拍最多的照片，都穿新衣服，而不是傳下來的舊衣服，並且受到更多的關注。因此，在整個家庭的消費機制上，長子女的消費角色不容忽視。

從傳統經驗來看，第一胎子女比他的兄弟姐妹有更高的成就，而且隨著生育率的下降，這類孩子占有更高的比例。愈來愈多的夫妻選擇生一個孩子，有兩個以上孩子的家庭變少了。甚至，不要孩子的夫婦，也比三十年前更普遍了。孩子在某些特殊消費決策上，也會對父母施加壓力。孩子們的力量可以是巨大的，父母經常會屈服於孩子的需要壓力。雖然孩子們的數量正在穩定的減少，但他們作為消費者的重要性並沒有下降。除了孩子們需要直接消費東西之外，他們在很大程度上也影響家庭的其他消費決策。

在孩子們成為獨立的消費者之前，他們通常會經歷下列五個階段：(1)觀察階段；(2)產生需求階段；(3)選擇建議階段；(4)輔助性消費階段；(5)獨立性消費階段。

近來的消費研究顯示，十幾歲的少年和年輕人對家庭消費比他們的父母時代有更大的影響力，其原因如下：

1.因為父母都工作，而孩子們有逛商店的時間，因此總是孩子們在買東西。
2.他們看更多的電視節目，更受廣告的影響，也更能夠瞭解產品。
3.他們更容易與其他消費群的觀點互相協調，他們有時間到處逛商店，以買到更便宜的東西。

值得注意的是，家庭是一個靈活的概念，家庭通常也經歷其階段性生命週期，包括新婚蜜月期、婚姻適應期、孩子出生期、孩子成長期、家庭空窗期等。家庭生命週期對消費市場而言，是一個有實用價值的經驗累積，但是考慮到高離婚率和生育率下降的現實性，許多現代家庭不會像傳統家庭表現的那樣完整，並經歷所有的生命週期階段。因此，孩子在家庭消費機制中的實際效應，也在逐漸變化中。

二、性別的消費角色

從聯合國的人口研究報告顯示，全球的女性人口比男性多，大部分是由於兩個因素：男嬰的死亡率高於女嬰，女性有更長的壽命。因此，當我們討論消費機制時，不能忽視這個性別因素所造成的結果。

在過去三十年中，女性角色很大地改變了她們在傳統家庭中消費決策的重要性。這個改變主要來自三方面：(1)她們所賺的錢占家庭總收入的比率逐漸增加；(2)擁有更多機會參與家庭消費決策；(3)對孩子的消費決策具有更大的影響力。母親在制定有關家庭與孩子的消費決策上，更具關鍵性地位。

目前有一個趨勢值得注意，也就是主要的消費決策傾向由父母雙方共同承擔，而且男人也愈來愈多地參與到有關的家庭消費決策上面。最近，美國的一項調查發現，35%的夫妻說他們對食品消費負同樣的責任；8%的夫妻說只由男人負責，其餘57%的夫妻說是女人決定購買食品。與三十年前的情況比較，美國男人是很少購買家用食品，除非是單身漢，這已經是一個很大的改變了。在家庭消費決策上，性別角色導致了重要的改變，有以下四種原因值得思考：

1. 自動化的結果：這意味著大多數的工作不需要靠體力，所以婦女能夠從事的行業，也愈來愈多。
2. 發明許多避孕方法：這使婦女們從自然懷孕中解放出來，而擁有更多的生育決策權。

3.更安全的社會體系：這導致人身的安全性普遍增加，減少婦女依賴男性承擔防禦的角色。

4.更加普及的教育：這使婦女們不再滿足於待在家裡做家務，促成更多的職業婦女。

性別角色改變的同時，也促成了性別期望的轉變，而這種轉變更影響消費市場的生態。因此，商品的生產與銷售也要考慮這種轉變，以迎合新的情況。

個案研究：暗示與投射作用

某汽車公司曾經在美國做了一系列的廣告，其中之一是：一位妻子因為丈夫未經她的同意使用她的車而懲罰他，標題是：「請求之後，再借車」，暗示著女權至上的形象。又如，頗受群眾歡迎的明星羅比先生（Robbie）扮演使用某牌子洗衣劑來洗衣服的「洗衣服男人」。還有，巴克利先生（Barclay）則在MasterCard信用卡的廣告中扮演一個真正的男人，他正在超市為家庭的晚宴購買食品。

「MD咖啡」頗具性別角色的創意廣告策略。該則廣告描繪一個女子熟練地處理全世界男人的性別歧視評論會。即使在三十年前，這些廣告只是為了達到喜劇的效果，而現在男人總是被描繪為對婦女存有偏見與不能適當做好家務。例如，MasterCard信用卡廣告的妙語是：「女人出去買比薩」，來投射男人總是買不好食物的諷刺。社會大眾也許希望性別角色不再是廣告裡的重要話題，而邁入更成熟的兩性平等社會。但是，既然這個話題經常在廣告中出現，至少是反映現實的社會現象，這種情況可能依然會持續下去。

三、個人的影響機制

群體和個人，特別是家庭群體與家庭個人，顯然對人們的消費態度和行爲有強烈的影響。換言之，從表面上看，似乎是家庭的消費機制在影響家庭成員的消費態度與消費行爲，其實家庭的消費機制是由具有影響力的家庭成員所主導成立。有三個有關個人影響消費機制的理論，理論的歷史背景並不是結構性問題所造成，而是隨著社會改變逐漸演變而來。

(一)滴入理論

所謂「滴入理論」的個人影響消費機制，是指較低階層的消費者總是模仿高階層的消費者。消費影響力總是由富裕階層向貧窮階層傳遞（滴入），因爲社會中較貧窮的群體總是期望與尋求變得更好。

實際上，滴入理論的實踐需要很長的時間，因此很少應用在工業化與富裕的國家，例如在歐、美、日等國家。因爲網路時代的新理念，通常是透過大衆媒介在很短時間內廣泛傳播，更在幾天內由連鎖店複製應用。

個案研究：滴入效應

從流行服裝方面來說，早期的牛仔褲流行是滴入理論的一個例子。牛仔褲以工作服的角色在勞工階層中被普遍使用，隨後開始在白領階層以休閒服裝的姿態出現，最後逐漸地擴大流行。

由於滴入理論是以開發中的社會為流行對象，很快地就被同類型影響力所替代。這同類型影響力，是人們的消費態度與消費行為總是被指擁有相近年齡、教育、社會階層等人士所影響。換言之，人們的消費習慣通常會在較多共同點的群體之間相互影響，並在交互影響中轉移。

(二)兩步流通理論

「兩步流通理論」強調，消費概念的流行是透過兩個階段來完成。新的消費理念開始從媒體流向有影響力的群體，然後他們再把資訊傳遞給社會的其他大衆。這個理論在五〇年代初開始被應用，由於這個理論的應用效果良好，一直被持續使用，而且現在的消費市場仍有效用，特別是革新性高技術產品的傳播，更是這個理論強有力的證據。

然而，在當今大眾媒體操作的優勢中，這個理論就居於弱勢。在五○年代，大多數家庭沒有電視，也沒有收音機可以收聽產品的新聞消息。可以獲得產品新聞者，只限於富裕的家庭。因此，兩步流通理論獲得良好的支持，他們假設聽眾是被動地等待資訊，而消息總是先由富裕階層傳出，然後在社會中廣為流傳。隨後電視機與電話的普及，人們可以主動地尋找新事物的資訊，以及透過電話向朋友親戚打聽，並互通消費資訊。

(三)複合階段互動模型理論

「複合階段互動模型理論」認為，有些人是比其他人更有影響力，其中更認為大眾媒體對有影響力的人和追隨者產生交互影響作用。這個理論認為，有影響力的群體並不像兩步流通理論顯示那樣的流動傳遞資訊，而是對資訊流動產生強調和加強的交互作用。

新消費觀點在採納或拒絕階段影響之前，銷售者、追隨者和有影響力的人之間有持續的互相交流。於是銷售人員的重點是在於確定誰是最有影響力的人？這些有影響力的人具有什麼主要特徵？根據研究結果顯示，有影響力的人，特別是在家庭中的父親，他們通常喜歡傳遞消費知識給其他成員，這樣做有如下五個理由：

1.領先的主要動力：有影響力的人確實對主題領域感興趣，並且希望與其他成員分享。例如一個在週末買了DVD放影機的人會喜歡在星期一的一大早告訴朋友和同事，向別人分享自己擁有新產品的快樂感受。

2.炫耀自己的知識：人們通常喜歡表現與炫耀自己的超前知識，諸如說：「我發現一處從未被汙染的好地方可以去度假。」這種自我表現，就像炫耀自己是一個行家一樣。因此，不論是美酒、藝術品或古董等收集品，這都是具有影響力者所炫耀的目標。

3.發揮對他人的影響力：關心別人總是能夠發揮對他人的影響力。於是，喜歡幫助朋友做出消費決定的人，在發揮影響力之後，他們的

朋友會說：「好，我會跟你去看看。」當人們之間的關係非同尋常，當施加影響力的人對有關產品或服務都非常滿意時，這種因素最能夠起作用。

4.資訊的評論因素：有關廣告資訊的評論因素，通常會產生相當的影響作用。如果一個廣告特別吸引人和具有幽默感，人們會喜歡談論它，並能夠透過資訊的重複而提高資訊流通量。

5.減少對商品的疑惑：這是關於完成一次主要消費任務後的減少疑惑作用。由於口頭傳播的影響，通常包括正面是好的，也可以是負面壞的。因此，有時候影響者會爲了產品的優點，不厭其煩地告訴每一個人。然而也有時候，失望的顧客會當面抱怨，講述個人的受騙經驗。這是顧客將自己的錯誤消費責任推卸給商店的一種方法，以此否認自己做出一個錯誤的決定或選擇，值得注意。

個案研究：聯想作用

以早期美國一系列的哈姆雷特（Hamlet）雪茄廣告為例，由於菸草廣告當時在歐洲被禁止，只能在美國播出。男主角伴著賈克．路西耶（Jacques Loussier）的鋼琴曲，同時吸一支雪茄來撫慰糟糕的生活所帶來的失望感受，廣告效果良好。這些廣告在美國被廣泛地使用，以致於現在鋼琴家在露天酒吧彈奏洛瑟的曲子時，也會讓雪茄嗜好者產生對吸食哈姆雷特雪茄的聯想。

總之，從口頭傳播的影響比廣告或其他行銷溝通要強得多。對行銷人員來說，問題在於知道如何最有利地使用這種效應，同時也能夠避免負面效應的出現。

人們並不總是完全依賴「口頭傳播」，但是，銷售人員應該將其作爲促銷工作，採取步驟來刺激它。如果你能夠辨認出有影響力的人，提供給他們產品，如果價格不貴，甚至借給他們也是值得的，因爲他們可以受到激勵而告訴他們的許多朋友。

廣告應該是有趣和吸引人的，甚至是有爭議的。這就像班尼頓（Benetton）試圖做的嘗試，這樣可使爭論繼續，發生廣告的持續作用。雖然任何口頭傳播對公司總是有好處的說法不完全正確，但可以肯定的是，即使在不提高品牌形象的情況下，爭論也可以增加品牌的知名度。

個案研究：可口可樂調查報告

為了防止「口頭傳播」的消極影響，可口可樂在1981年進行了一次顧客溝通的調查。調查是針對公司抱怨的顧客來進行。下面是五項主要的調查發現：

1.超過12%的人向二十個人或更多的人轉述公司對他們抱怨的反應。
2.對公司的回饋完全滿意的人們向四至五名其他人轉述他們的經歷。
3.約10%對回饋完全滿意的消費者，會增加消費該公司的產品。
4.那些認為他們的抱怨沒有完全解決好的人，向九至十名其他的人轉述他們的消費抱怨經歷。
5.在那些覺得抱怨沒有完全解決好的人中，只有三分之一的人完全抵制公司產品，其他的人會減少或拒絕消費該公司的產品。

從這些數字中看出，銷售者確實應該鼓勵人們去抱怨，而且應該盡量去完成滿足抱怨者的職責，因為這確實會增加抱怨者對產品的忠誠度。

第三節　消費決策的過程

在消費決策的過程中，做出消費決定的模式總是複雜的，並包括很多階段的過程。「消費決策過程」這個議題，通常牽涉到「決策的五階段」與「消費的前置活動」等兩個範疇。

一、決策的五階段

在二十世紀早期，著名的教育家約翰·杜威（John Dewey）所提出的決策模型，可以作爲消費決策的參考。這些決策包括五個階段：

1.感受到的困難或需求的確認。
2.困難被確定並被定義。
3.提供可能的解決方案。
4.考慮選擇的次序。
5.被接受的解決方案。

上述五個階段可以根據商業心理學加以重新陳述：

1.需求的識別。
2.消費前的活動或尋找。
3.評價和消費的決策。
4.消費和消費行爲。
5.消費後的評價。

正如前面所說，當所想的消費和實際消費狀態之間存在分歧時，解決的需求就出現了。從這裡產生的動機取決於實際狀態和期望狀態之間的差異程度。

個案研究：實際與期望差距

一個約會要遲到的駕駛者可能會口渴，但不會渴到把車停在公路服務區旁邊去喝水。同樣的，家裡的人也許吃完了一兩樣東西，但家裡仍然有足夠的其他食物。隨著一天天過去，更多的東西用完了，最終，他們有必要去一趟超市。當實際和期望狀態之間的差距在增大時，家裡的人變得有較強的動機，採取到超市購買的行動。

有兩個可能的原因引起期望和實際狀態之間產生差異。第一個是實際狀況改變了，第二個則是期望狀況的改變。實際上，實際狀態和期望狀態之間很少是相同的，因為這意味著消費者會非常高興，並擁有他可能希望的每一件東西。而實際上，在一個不完美的世界上，這幾乎是不可能實現的。

期望狀態轉變的原因總是與行銷活動有關。這是因為新的資訊會改變個人的期望。如果一個人看到一輛更好的汽車，聽到更好的音響組合，或者只是知道有比現在使用的更好的解決問題的方法，很可能產生期望狀態的改變。從行銷的觀點看，當消費者對目前的產品不滿意時，這種促銷方法最為有效。

改變期望總是由實際狀況的改變而產生，例如，得到新的工作，意味著要搬家。有時報酬的增加，是一種實際狀況的改變，而會提高個人的期望，他會考慮以前沒有達到過並從未期望過的消費。例如，一個中了彩券的人，會立即預定度一個豪華的長假。

複雜化的心理認為，人們故意透過嘗試新產品而使生活變得複雜，即使他們對舊的東西相當滿意，也是如此。複雜化心理的反面是簡單化心理，認為人們試圖透過重複消費相同品牌的產品，以達到簡化生活的目的。也許這兩種機制在不同時期，對消費者同時起了作用。

引起實際和期望狀態改變的條件，是相互依賴的。這就是說，實際狀態的轉變會引起期望狀態的改變。例如，勞動力的突然過剩，使個人會很高興擁有一份工作，而不是尋求提升職位。同樣地，期望狀態的提升，會引起消費者為旅行而存錢的實際狀態有所改變。例如，一個原來計畫在國內度假者，看到一個具有吸引力的國外度假廣告，可能會修改原來的計畫——儲存更多的錢。

二、消費的前置活動

消費者有了需求，就會採取一系列的消費前活動。資訊搜尋來自於兩方面：(1)內部搜尋：從記憶中尋找資訊；(2)外部搜尋：從外面尋找資訊。大多數資訊都是從以提供消費爲基礎的商店資源中獲得，這也是可以用較低代價並很快得到的資訊。如果要去做出更廣闊的選擇，就要用上外部搜尋了。

有時候，一個人建立這樣的信念，就是他擁有足夠的內部資訊來決定消費什麼，但是在實際消費時，又會接受到新的資訊。例如，一個人三年前就擁有了一支手機，現在還想買和它類似的產品。進入商店，這個人也許會看到一系列新手機，這些手機的功能是三年前產品所沒有的，甚至其功能超乎原來的想像。

在這種情況下，消費者感到有必要向售貨員問一些問題，以得到更多的資訊來做出一個正式的決定。然後，擁有有限資訊的消費者通常會簡單地以「價格因素」爲基礎，來做決策，因爲他們在做出決定時，缺少對「產品功能」的認識。

在大多數情況下，搜索資訊所做出的努力並不是很普遍，即使像諸如房子之類的重大消費行爲，因爲搜尋需要大量的時間和精力。一般說來，消費者會繼續搜索，直至他們找到足以滿足他們需要的產品，然後就不再繼續尋找資訊。在美國的一項調查發現，幾乎四分之三買保險的人，是向他們所看到的第一個公司購買。

對消費品牌的適應，是指進入市場補充或交換消費者所擁有產品的活動。品牌適應可以是程序化或習慣性的活動，也可以是非程序化或新的消費活動。非程序化的品牌調整以衝動消費爲主。衝動消費者通常不是以計畫爲基礎的消費，而是在與新刺激事物的突然接觸之下，所產生的結果。這種消費形態總是消費不熟悉的產品，有時消費者會因突發奇想而購買了很多東西，有時會因一時衝動而購買一件有特殊吸引力的夾克，或買一件稀奇古怪的電子小裝置。衝動消費還可以進一步分爲四類：

1.以產品的奇特性爲基礎的純粹衝動消費。
2.回憶起來的衝動消費，是與忘記寫在購物清單上的產品相聯繫的消費。

3.暗示衝動消費，是消費之前沒有感覺到需要用的產品。

4.計畫衝動消費，通常發生在消費者購買某一特別類型的產品，而這種產品以前是由於某些特殊要求而猶豫不決的。

例如，一個消費者出去購買一星期份量的雜物，計畫買一些午飯吃的東西。四處逛逛，他看到了一瓶內含杏仁的飲料，決定買一些嚐嚐——這是純粹的衝動消費。接下來，他看到了義大利通心麵條，使他想起已經用完的麵條——這是回憶起來的衝動消費。與此同時，他也注意到鄰近的貨架上有在煮麵時撈麵用的器具——這是暗示衝動消費。最後，他留意到烤雞特價出售，決定買一份烤雞便當來吃——這是計畫衝動消費。

上述的消費過程，是一個典型的衝動消費個案。這個情景類型與大多數超市購物的人們所經歷的消費過程相似，而且超市確實非常重視這一點，因此，貨架上總是排得滿滿的，期待引起消費者的一連串衝動消費行動。

另外還有兩種非程序的消費決策類型，它們是有限消費決策和廣泛消費決策。在這兩種決策中，有限決策可能是最普遍的。當消費者已經到瞭解產品的層次，或只是想更新他的消費資訊，或填補一下內部資訊搜索的空白時，會採用有限決策。這種行爲的典型例子，是一個人在更換汽車。因爲更換汽車是不頻繁的消費活動，消費者認爲必要詳細考察新車的使用性能，和更換設備所需的價格水準，即使該消費者擁有大量關於汽車的知識，還是會在特定的項目中進行搜尋。此外，當消費者不完全滿意現有的商品，並尋找更好的替代品時，會產生有限決策。因此消費者只是尋找能克服現有產品缺點的新產品。

廣泛的消費決策，則是在消費者不熟悉產品級別、形式和品牌下而採取的。例如，對於大多數人來說，幾年前手機完全是一個新產品，因此他們會在購買電話之前，先上網進行廣泛的資訊研究。對不熟悉產品會引起消費的廣泛決策，包括產品功能與價錢。對品牌不清楚的消費者，更會多逛幾家店來進行選購活動。

三、影響決策的因素

外部搜索資訊的程度和特性，通常取決於與消費者情況相聯繫的因素。這些影響消費決策的因素，包括資訊的價值和得到的可能性，考慮消費決策的性質，以及消費者個人的特點。消費品牌的調整，可以採取多種形式，例如品牌的補充，取代磨損或消費的產品，或品牌擴展，追加所擁有產品的範圍。品牌補充通常只需要較少的資訊和冒險，因爲產品都是已知的，品牌調整更有可能是導致廣泛問題解決的一種模式。

採納什麼決策模式解決問題，取決於消費者的消費任務。一個程序化的消費決策模式，通常會導致立即的消費。這是常規的消費，因爲總是消費同一品牌類型的決策。非程序消費決策則不同，有可能會在衝動下導致立即消費，但非程序的消費決策模式，更多的是透過有限的或廣泛的資訊搜索模式來進行消費活動。

對廣泛資訊搜索而言，資訊的可感知價值是重要的關鍵。換句話說，外部搜索的程度取決於資訊的價值。如果在消費者的頭腦裡有大量的「內部資料」資訊，外部資訊搜索的程度就會相對降低。而高度瞭解產品的消費者，則比中等程度瞭解的消費者較不需要搜尋資訊。資訊的相關性也是一個重要因素。如果與上一次消費相隔很長一段時間，儲存過的資訊就不再相關了，於是新的替代資訊出現了。

如果消費者對上一次產品滿意，內部資訊就被認爲是相關的，而更進一步搜索的必要性就相對的降低了。消費者的任何消費行爲會產生不可預料的後果，有一些可能是令人不愉快，這些後果形成了處理的預知危險性。既然消費者可能在消費中失去大量金錢，財政危險就出現了。於是在購買房子、汽車和其他重大產品時，過去一些消費的不愉快經驗，肯定會增加新消費決策的危險性與困難度。

由於隨著知識的增加，這種危險性與困難度會減少，而取代的是導致更多資訊搜索的努力，而且這種搜索的益處會相對的增加。如果消費者已經對決策很肯定，那麼資訊搜索的益處會相對的減少。社會性冒險的主要組成部分，是害怕在朋友和同事面前丟臉。部分程度是由產品的可視度決定，例如，購買某種較沒有名聲汽車的消費者，可能會招來朋友和同事們的嘲笑，可能因此會進行更廣泛的相關資訊調查，以保證這輛車不會招來嘲笑。

可感知的代價是消費者進行調查所運用資源的程度。由於搜索花費大量的時間、金錢或精力，消費者通常會減少搜索的時間。這是因爲做出錯誤消費決策造成的潛在損失，看上去比做一個全面調查的花費要少得多。

時間是與搜索有關資訊的成本是相對的。由於時間是用機會成本來測量，或用人們在調查中所花費的時間能做出多少事情來測量。例如，高薪的人們會很珍惜他們的時間，因爲他們在辦公桌上賺的錢要比到處逛商店而節省下來的錢多得多，所以他們準備花錢以節約時間。而較貧窮的消費者，則準備把時間用在四處逛街購物上，以達到省錢的目的。金錢成本是搜尋的花費之一，很明顯地，一位想買橄欖油的紐約顧客也許會在Tesco比較不同的品牌，但不太可能開車去紐澤西的商店比較產品價格，也肯定不會過海到史坦頓島去比價格，即使那裡的橄欖油肯定會更便宜。

資訊搜索的心理成本包括挫折、驅動力，奔走了不同的商店，與售貨員交談，以及花費更多思考時間來搜索。消費者總是被可得到的大量消費資訊困惑，因爲資訊太多而難以做出適當的消費決策。有時情況相反，消費者確實把購物的經歷當成一次娛樂來享受。持續搜索不同於外部搜索，消費者尋找產品的資訊只是用來對比儲存的產品知識，或僅是爲了好玩而已。換句話說，一些人去商店只是爲了好玩，而且把這看成是比買東西的眞正需要更重要的動機。

情境因素也會影響產品的資訊搜索。這種搜索是有限的，例如，當想要購買商品時，如果車壞了，司機不太可能到處打電話去找一個最便宜的地方修車。其他的消費搜尋終止，可能還包括購買到缺乏保證的產品，以及價格偏高的產品。至於產品分類，到處購物是每次都要考慮新的解決

方法。非到處購物是那些已經有了全面知識的消費者所採取的方式，而且消費者總是買同一個品牌。例如，DVD放影機通常是非到處購物產品，而番茄醬則是到處購物產品。

消費者特性是影響資訊搜尋的消費者的特徵。人口統計學影響搜尋，外出購物者，那些遠離居住地點購物的人有高收入，並且容易到處流動。這個因素也許影響產品的特殊性，因爲外出遠地購物總是在郊區購物中心購買大量貨物與耐用品。而在鄰近的超市購物時，則以小量與零星的物品爲主。

商業加油站

欺騙終被揭穿

從前，海員們出海時總喜歡帶一些動物，好作為大家在海上的娛樂。有一次，一位海員就帶了隻猴子作伴。當船快要航行到雅典阿提卡的蘇尼翁海峽時，一場風暴突然來襲。巨浪最終把船撕成碎片，所有的人都落到水裡，當然也包括那隻猴子。有隻海豚看見了牠，以為牠也是人，就鑽到底下把牠托起來，平穩地送往岸邊。

海豚在混濁的水裡輕鬆地游著，很快就接近了珀賴歐斯的陸地，這是雅典城的一個大港。

海豚問背上的猴子說：「你是雅典人嗎？」

猴子撒謊說道：「是呀，我是的。我是全雅典最尊貴的家族中的一員。」

海豚很高興地說：「那你一定熟悉珀賴歐斯了。」海豚望著前面即將到達的港口，心想背上的人一定住在這個美麗的港口附近。

可是猴子不知道珀賴歐斯是個地名，還以為是個著名的人，就回答說，「我很熟悉呀！他可是我最要好的朋友。」

海豚聽出了猴子的謊話非常生氣。於是潛入水中，讓猴子淹死了。

那些試圖欺騙的人，
最終將被揭穿。

你認為一個領導者需要具備哪些素質？
個人魅力是必不可少的嗎？
聰明？
敏銳的商業感覺？
團結不同層級的人？

一個好的領導者必須是一個好的溝通對象或者一個有煽動力的演說家嗎？所有這些素質都是好的，不同的領導者都有他們自己的特點。如果你和絕大多數人一樣，那麼你一定會認為某種素質一定比其他的都重要。經過無數次的調查研究，員工們逐漸認同，正直是所有偉大領導者共同的特點。

員工們首先想知道的是，領導者是否值得他們信任。這種信任關係在混亂危急的時刻是最為關鍵。當人們知道他們的領導者對他們坦誠相待，當面臨危險，盡最大的努力來控制不利局面時，他們可以承受壞消息的壓力。

 個案研究：公司的凝聚力

有一家美國公司就在八〇年代經歷了一場危機。

當時諮詢行業的環境是疲軟無力。公司大量地合併，競爭空前激烈，而邊際收益則不斷地下降。公司打算把經營範圍擴展到房地產領域，因為建築產業的邊際收益要高很多。他們的計畫就是在東部的新英格蘭地區收購舊的礦業建築，利用他們的室內裝潢技術把它們修繕一新，然後出售獲

取豐厚利潤。這個計畫構思得很好，可是時機卻不對。

他們剛剛買入一批打算未來出售的房產，整個東北地區的房產市場就崩潰了，這對公司是一個致命的打擊。連續幾年都不可能再發獎金了，新的商業交易也中止了，公司不得不削減成本，這是顯而易見的。但值得讚揚的是，公司的CEO把公司面臨的困境和將要採取的舉措全都告知全體員工。他一直向大家通報公司的進展，提出一份徹底解決公司財務問題的時間表。他向所有員工保證，公司最終一定能夠挺過這次財務危機。

公司確實做到了。而且CEO在員工最需要他的時候，老老實實地回答員工關心的問題，這大大增強了公司的凝聚力。但如果一個領導者不回答這些問題會怎麼樣呢？如果這種情況不在領導者控制之下會怎麼樣？一個領導者是否有可能把恐懼與平靜綜合起來呢？

紐約市前市長朱利安尼（Rudolph Giuliani）發現，911恐怖攻擊以後，他深深陷入一種對安全恐慌的環境中。人們緊張而焦慮。他們要求一個準確的回答，關於生活什麼時候才可以恢復正常。但是一切都是那麼難以預料地悲慘，包括朱利安尼在內，沒有人能對這個問題做出一個準確的回答。朱利安尼在他《領導》（*Leadership*, 2007）一書中描述了當時的情景和他處理這些事情的方法。

他說，人們最喜歡問的問題是，他們什麼時候可以重新起飛。起初，美國聯邦航空管理局（FAA）表示，按照正常的交通時間，第二天中午能恢復正常。事實上，直到星期五，也只有很少的航班按時起飛。「通常情況下，一些人只有在底線的壓力下才會盡力工作。」朱利安尼解釋說：「我盡我最大的努力來預測這些問題。但當你確實不知道答案時，你最好如實地回答。他承認，在恐怖攻擊以後，運輸線路已經變得一團糟了。」

荷蘭隧道（Holland Tunnel）被關閉了，為了緩解交通堵塞，政府只允許載著兩人以上的汽車開過橋。即便這樣，交通也比平時糟糕很多。特別是得知一車又一車碎片將要從曼哈頓運出時，交通就變得更加困難了。

朱利安尼回憶說：「當然，為了讓每個人都安心，我完全可以說一切正常，荷蘭隧道也正常。但是當人們一碰到交通堵塞，就會明白剛才聽到

的都是謊言。」所以他相信，關於城市交通何時恢復正常這個問題，他最好如實回答，否則人們甚至會對他的領導能力產生懷疑。換言之，誠實與坦白正是領導者成功溝通的關鍵。

> 好經理總是直截了當地回答問題，
> 包括「我不知道」。

Chapter 7

商業環境心理作用

- 商業環境與招牌情境心理
- 商店櫥窗與內部設計的心理
- 商品陳列設計的心理
- 商業加油站：不合作的損失

在現代商業經營活動中，商業環境扮演著越來越重要的角色。商業環境通常包括商店的門面與招牌、內部的裝潢、店內的環境、鋪面的風格、通道的設計、櫥窗的陳列、色彩與照明、營業的設備、商品的擺設等，這些都是給消費者帶來第一印象的客觀事物。

上列事物將對消費者產生不同的印象，會引起他們對經營者的不同觀感與情緒感受，並由此激起消費心理的變化，最後將影響消費決策的確定與執行。因此，如何根據消費者的潛在心理要求，布置一個環境優美、氣氛良好的購物場所，使之引人注目，誘發積極的消費情緒，擴大銷售達到經營效果，這是我們每個商店服務經營者應十分注意的問題。

本章根據「商業環境心理作用」的主題，討論三個重要議題：(1)商業環境與招牌情境心理；(2)商店櫥窗與內部設計心理；(3)商品陳列設計的心理。

在第一節「商業環境與招牌情境心理」裡，討論四個項目：消費環境的情境維度、消費環境的情境影響、招牌命名的心理作用、招牌命名的心理方法。在第二節「商店櫥窗與內部設計心理」裡，討論五個項目：櫥窗設計的心理作用、櫥窗設計的心理方法、以照明誘導消費、以色調激發消費、以美化環境提高聲譽。在第三節「商品陳列設計的心理」裡，討論四個項目：擺設角度易於觀望、擺設適應消費習慣、擺設突出商品特色、擺設靈活便於採購。

第一節　商業環境與招牌情境心理

消費行爲總是發生在一定情境下或背景中，商業情境的影響來自於獨立於消費者或消費對象——產品的因素。商業情境的影響包括人和物，並且是情境本身內在的影響。本節討論的主要內容包括四個項目：(1)消費環境的情境維度；(2)消費環境的情境影響；(3)招牌命名的心理作用；(4)招牌命名的心理方法。

一、消費環境的情境維度

情境性的心理影響可以用四個維度來說明：物理性的環境、社會性的環境、時間性的環境以及任務性的環境。

(一)物理性的環境

物理性的商業環境包含地理位置、布置、聲音、味道、光線、天氣和圍繞產品周圍的產品陳列。物理環境影響個人的情緒，因此會影響個人對產品的態度。

個案研究：印象作用

一些超市應用帶有新烤麵包香味的空氣噴霧器，來營造一種溫暖安全的印象，從而促進商店中麵包的銷售。零售批發商店的裝飾通常設計具有輕鬆的特色，這樣顧客逗留的時間會長一些，並且會多買些東西。因此，一些商店會使用一些讓消費者心情平靜與安詳氣氛的音樂，儘管在美國的超市中，近年來這種現象在逐漸減少中，原因是一些顧客發現這些音樂令人過於通俗，淡而無味。

(二)社會性的環境

社會性的消費環境與在商場活動人物的存在著密切的關係。以宏觀的社會性環境而言，大團體之間人們的互動，發揮了彼此影響作用。一般而言，這種環境互動影響了三個社會性層次：(1)文化；(2)次文化；(3)社會階層。

微觀的社會性環境，是指與更親密的朋友、家庭成員或參照團體之間，面對面的相互作用有關。在宏觀的社會性層次上，推銷者可能關心大範圍的廣告和大規模的運動，而在微觀層次上，行銷將關心個人的銷售或切身的行銷體系。

(三)時間性的環境

時間性的消費環境與消費行爲發生的時間有關。這可能與一天中的時間，一週中的一天，一季節或相對於上次或下次消費的時間有關。大多數的個人消費活動集中於一天的時間。

個案研究：習慣差異

大多數人對合適早餐的組成食物都有一個明確的概念，並且通常每天早餐吃同樣的食品。但是，這種判斷也由於需求不同而改變，例如，傳統的中國油炸早餐可能非常不適合一個習慣於咖啡的法國人，泰國的薄脆米麵煎餅和咖哩醬也可能不適合美國人。同樣的，一年中的季節也規範著消費者的消費行為：夏天人們享受野外燒烤時，醬油、漢堡包和生排骨的銷量會上升。一週中的日子會影響髮飾、服裝和外賣食品的消費，人們通常會在週五、週六增加消費。上次消費後的時間長短也會影響汽車銷售、食品採購，甚至電視的收視率。

(四)任務性的環境

任務性的消費環境，牽涉到包括消費者當時所特定的消費目標。例如，爲家裡消費聖誕禮物，完全不同於爲個人使用而消費物品的方式。購買家庭休閒用的汽車，絕對有別於購買個人上下班使用爲交通工具的汽車。因此，任務性的消費環境有別於物理性、社會性與時間性的消費環境。

上述消費環境的四種特點，會依據消費者所面臨的環境而以不同的方式起作用。在資訊獲取或交流的環境中，消費者有時擁有夠多的消費資訊，並發現很難作取捨的決策。

二、消費環境的情境影響

無可否認地，消費環境的情境是對消費者造成了一定程度的影響，包括正面與負面兩種。例如，具有代表性的是電視廣告會在三分鐘的休息中加入進來，通常包括五到八個廣告資訊。由於資訊通常是密集的，而資訊的爆炸式刺激使看電視的人發現，如果不關上電視或離開房間就很難忽視它們的存在。但同時，所有包含的資訊又不能一次吸收完畢。

然後，雜誌廣告同樣的資訊密集，讀者不可能閱讀所有的廣告，經常會略過許多廣告，這被稱爲「廣告排擠作用」。這種情況對推銷者來說，是個不斷擴大的問題，因爲它導致消費者對廣告與日俱增的排斥心理。典型的是人們利用廣告的空隙泡茶、去洗手間、打電話或乾脆迴避這些資訊。甚至人們會用電視遙控器關閉聲音，以避免被廣告干擾。

(一)消費環境交流

由於消費環境的情境影響，交流消費環境的情境，於是成爲一個重要的概念，因爲不當的廣告設計通常會使消費者陷入兩難的處境。因爲，他們對消費資訊渴望的同時，也有可能被資訊「欺騙」的恐懼所節制。換句話說，儘管廣告可能很有趣，或者售貨員也值得一談，但消費者可能寧願迴避這種消費廣告環境，也不願意冒著資訊接收超載的風險，被涉入某件消費事物。

消費環境是指推銷商品的環境，這涵蓋了消費者從居住地點步行、搭車或開車到市區或郊區的購物中心的全部過程。每一階段都可能接觸到與消費相關的氣氛和特點，並且每一種都可能導致特定的消費者行爲。

個案研究：購物停車場

郊外購物中心停車場主要吸引汽車駕駛員，因為搭公共交通工具者通常是有限的。這意味著這樣的購物中心停車場主要用於大量的購物行為，

或去消費耐用商品，或進行每週的定期消費。購物行為在郊區大型購物中心與在市區小型超市是不同的，因此，在各種消費環境情況下，消費者對價格、質量和服務的期望都不同。

(二)感受消費情境

消費情境特別是指商店內被消費者感受到消費環境，消費情境中的因素包含從社會性的——售貨員的態度，到物理性的——商店的裝飾和陳列。商店氣氛在這方面尤其重要，因爲大多數消費的情境因素都不是絕對受銷售者的控制，商店氣氛受到更多注意，這可由銷售者控制。每一個商店的氣氛通常會影響消費者對商店的感知。

個案研究：消費環境

美國的折扣商店，例如美國Target和Kmart公司都刻意使用廉價的裝飾品，其基本的陳列和商店環境都表現了這種印象——即這裡的商品肯定比在豪華商店裡會更便宜。在另一極端，應時的時裝屋為顧客提供酒和咖啡，同時衣服在豪華的背景下用模特兒為他們展出。設計商店內部空間時，經理們都會考慮到購物者的消費環境。

例如，一個在紐約郊區的Tesco超市將會比一個Tesco地鐵商店具有更寬的付款通道，有更多的手推車和較少的籃子，以及更大範圍的大件商品。這是因為郊區的超市主要為那些每週主要購一次物的人們服務，而且顧客大多是那些駕車來商店並很容易帶大件商品的人，而地鐵商店則是針對那些利用午餐時間、下班後的購物者和附近的購物者而設計的，他們可能步行或乘公共汽車來買東西，因此所買的數量就會相應地比在郊外超市消費少。

購物中心環境的另一些因素是音樂、陳列和色彩。在美國商店裡，由於人們的負面反應，音樂的播放已大多廢棄不用了，除非是聖誕節、復活節與新年等特殊節日。

個案研究：商品陳列

商品如何陳列，通常對銷售成敗扮演重要的角色。例如，糖和鹽都是屬於低利潤的商品，通常被放在商店的最遠端，這樣可使顧客在尋找它時最大化地接觸其他商品。巧克力、口香糖等具有衝動型的消費商品，會放在交款處附近，而新產品，則通常會放置在顧客經常通過的區域。總之，消費者的交通流向，總是被設計成確保購物者被引導著通過一些敏感的消費區域。

色彩以微妙的方式影響消費者的消費感知和行為。像黃色和紅色這樣具有溫暖色彩更吸引人，而藍色和綠色具有冷色調者更為輕鬆，但不那麼引人注目。研究表明，暖色調更適合於商店的外觀，這樣顧客可能被吸引進來，而冷色調比較適合於商店的內部，這樣能鼓勵顧客停留在商店，因而增加與產品接觸的機會。此外，消費環境還包括最後交易的付款過程。這些領域是銷售者要控制的至關重要的地方。購物中心將盡力保證顧客能支取足夠的錢來進行消費。

為此，大多數商店會接受信用卡。這種政策對購物中心的好處是商店一天工作後沒有太多的現金，避免被搶劫，因此保險費用也更低。大型的城外商區附有大型停車場與銀行的提款機，目的是保證顧客不缺少用以支付商品的錢。消費環境主要圍繞著產品的實際使用或消費。

在大多數情況下，銷售人員對消費環境沒有直接的控制，只能透過廣告提出一些建議。對一些產品，消費行為可能進行很長時間的消費環境教育，例如，微波爐的大量使用，經過三到五年或更長時間的推銷。另一方面，具有高服務容量的產品，則能夠使銷售人員更好地控制消費環境。例如，酒吧、咖啡廳與餐館能夠以相當精確的程度來控制消費環境。對於純粹服務方面的產品，如美容護膚與健康服務，則完全受控制於消費環境。

(三)消費轉讓情境

一個新的消費概念「消費轉讓情境」，值得討論。這是指消費者轉讓用過的或不再需要的產品的環境，包括空飲料罐、緊急使用單次的商品，以及被新產品淘汰的舊商品，這個項目對銷售商家越來越有意義。在一些情況下，這些產品只是被簡單地扔掉，但在另一種情況下，消費者可以把產品送給慈善商店，或換成新的款式。在這種情況下，商家能夠提供相關的服務環境，消費者都會感到興趣。

對於被拋棄的產品，現在許多銷售者，感到有責任來保證產品不會汙染環境，以象徵著對健康的維護。例如，速食業者正處於相當大的消費環境壓力下，要保證未吃的食品和油漬的包裝不會隨便地被丟棄在周圍環境中。在這種情況下，導致了麥當勞在美國各店都成立了清潔小組，以巡視餐廳周圍的區域，撿拾垃圾。研究顯示，一種高度汙染環境的傳統商品或舊式產品，逐漸被低度汙染或零汙染的新產品所替代。

目前已為人們所廣泛接受的一種反應就是「打折扣」的消費概念，其首先是由通用汽車公司的經理們在二十世紀三〇年代所發展出來，已成為汽車貿易中一個固定的特點，更推廣到各行各業的消費環境中。折扣的存在確保了新車有一個穩定的市場，同時也方便對付二手車的市場競爭，因此他們以訂價為基礎確定了與二手車或其他廠牌汽車的比價——折扣價。

類似折扣價的打折促銷活動，一次又一次地被應用到其他耐用品的市場中，由於在台灣大多數耐用品的二手市場，除了汽車之外，還不怎麼健全，這樣的打折主要被認為是促銷手段，而不會在新產品銷售中起主要的作用。例外的個案是，新型耐用品的上市，例如，汽車、電視、電腦、冰箱與冷氣機等，則會以折扣策略清除舊型商品，或者用以突顯新產品的特殊性。

消費環境是可以改變的，同時也可以改變消費者的消費意圖。例如，一個飯店的裝飾變化可能促使一個老顧客到別的地方用餐，或者一個

回收利用項目的服務關閉，可能引起消費者消費不同包裝的產品。這些環境的變化可能失去舊顧客，同時也可能得到新顧客，因此，大多數銷售商，希望在消費環境的改變後爭取到更多的顧客，至少在得與失之間獲得平衡。

三、招牌命名的心理作用

商店的招牌應用，是商業環境中一個象徵性質超過實質意義的項目。雖然如此，不論東西方企業，依然非常重視它的存在以及它所代表的象徵。探討商店招牌命名的心理，內容包括招牌命名的心理作用與招牌命名的心理方法兩個部分。招牌是用以識別商店，招來生意的商店牌號。它由來已久，是經貿服務業傳統的經營特點。

在繁華的商業區裡，人們往往首先瀏覽的是大大小小、各式各樣的商店招牌，尋找實現自己消費目標或值得逛遊的商業服務場所。因此，具有高度概括力與強烈吸引力的商店招牌，對消費者的視覺刺激的心理影響是很重要的。出色的商店招牌，對消費者的消費活動，可以產生以下四種心理功能：

(一)顯示引導與方便

一些附有行業屬性，標示主要服務項目或供應範圍的商店招牌，能把店鋪的經營範圍或服務項目簡單地反映出來，能使消費者一目了然，易於找到需要到達的消費商場，有引導與方便消費者消費活動的作用。

個案研究：招牌作用

「流行服飾店」、「愛美化妝品專賣店」、「梨山水果行」、「光明眼鏡公司」之類的招牌，消費者看到或聽到就可以大體知道店鋪的營業項目或服務範圍，而無須進入營業場所觀看。顯然地，這種商品招牌，客觀上充當了消費者消費活動的嚮導，有助於消費者迅速地實現消費目的。

(二)誘發注意與興趣

形式新穎、標示獨特、富有藝術形象性，或字號別開生面，獨具一格，具有文化素養的招牌，能迅速地抓住消費者的視覺，集中注意，給人以美的享受，誘發濃厚的興趣與豐富的想像。時下採用燈箱、霓虹燈、電腦圖像等立體化形式的招牌，採用塑料、鋁片、有機玻璃、電子畫面等材料製成的造型美觀、鮮艷醒目的大型招牌。這些招牌採用語義雙關、寓意良善、引人聯想的詞語命名的招牌，都會引起消費者極大的注意和興趣，從而促使其走進店鋪瀏覽並積極消費，達到促銷的目的。

(三)反映經營特色與傳統

採用典雅、傳統字號的商店招牌，配上名家題寫的黑底金字匾額，顯得歷史悠久，樸實莊嚴，這不但以其濃厚的本土風格引起消費者的欣賞，而且還能引起消費者對商店經營歷史、特色和服務傳統的聯想，使之產生敬慕、信任。台灣各地不少老字號的傳統商店都保留著這種的經營裝點和方式，力求發揮它對消費者的影響力和說服力。

個案研究：信譽象徵

「寶島眼鏡」、「萬華園商場」、「老振興布行」、「潮州臘味店」等，這些商店的招牌，就具有上述特色。當然，要使招牌成為商店信譽的代表象徵，主要還在於在實際經營中以良好的服務給消費者留下深刻美好的印象。

(四)強化記憶與傳播

設計獨特，易讀易記，又與經營特色和服務質量相一致的商店招牌，往往留給消費者深刻的記憶，並廣爲傳揚，起著商店廣告的傳播作用。在現實生活中，某些被消費者稱爲「金字招牌」的商店，主要就是因其提供的消費品的服務高，並有特色，爲消費者增添了實惠。加上招牌本身的設計得法，爲消費者增添了樂趣，從而贏得了廣大消費者的喜愛，使之逐漸傳播開來的。

爲了適應市場競爭的需要，也有不少商店招牌，以突出廠牌、商標，展示營業商品形象，宣傳經商格言等方法，來增強廠牌、商標的作用，擴大社會影響，樹立商店的經營信譽，起傳播商店名聲的廣告作用。

四、招牌命名的心理方法

從適應消費者心理的角度來說，招牌命名的方法主要有以下四種：

(一)經營特色與屬性聯繫

商店招牌命名方法，通常能反映經營者的經營特色，或反映營業商品的優越品質，使消費者易於識別店鋪經營範圍，並產生躍躍欲試的消費心理活動，達到招攬生意的目的。

個案研究：特色指標

例如，「百日香料店」的命名，反映了經營者的香料特色；「菜根香素菜館」，菜根香這一命名，反映了經營者善長烹調素菜；「舒步皮鞋店」，舒步這一命名，反映了營業商品的鞋子，具有穿著舒適，便於行走的優良品質。

(二)服務精神與格言聯繫

這種命名方法，通常能反映經商者經商特色，服務周到，保證質量，講求信譽，全心全意爲消費者服務的商業道德和服務態度，使消費者產生信任的心理感覺。

個案研究：聯想作用

例如，「鹿港平價商店」，平價這一命名，寓意經營者實行薄利經營的宗旨，鹿港則指商店所在地點或經營者來自鹿港。「新營24H商店」，反映白天與晚上全天為顧客周到服務的風貌。

(三)歷史與民間傳說聯繫

商店招牌命名方法，通常能反映經營者的經營歷史，服務經驗和豐富學識，使消費者產生濃厚的興趣和敬重的心理。

個案研究：懷古作用

例如，美國華人區的「陸羽茶葉店」，以撰寫中國第一部茶葉專著《茶經》的唐代學者陸羽命名，反映了經營者熟知茶經，具有一定的茶葉經營經驗。「鹿鳴春飯店」，鹿鳴春這一命名，取自古代政治家曹操〈短歌行〉中的：「呦呦鹿鳴，食野之苹，我有嘉賓，鼓瑟吹笙」的著名詩句，因鹿覓得美味總要鳴群邀眾，故用「鹿鳴」來表達經營者的熱情好客。其他「太白酒樓」、「華陀中藥店」等，也採用歷史名人命名法。

(四)享受與願望聯繫

商店招牌命名方法，通常能反映經營者樂意爲消費者的生活增添樂趣與實惠，同時包含對消費者的良好祝福，引起消費者有益的聯想，對經營者產生親切的心理感覺。

個案研究：反映享受

例如，「陶陶居茶品店」，陶陶這一命名，寓意消費者來這裡品茶，定能沉醉於樂陶陶的舒適環境之中，獲得如意的休閒。「樓外樓」的命

名，則反映消費者享受超級的美好意境。隨著商業的繁榮和科學技術的進步，商店招牌設計日益為經營者重視，藝術化、立體化和廣告化的商店招牌不斷湧現。招牌設計主要包括命名、書寫、色彩以及選材製作。現在，一些以標語口號、隸屬關係和數目字組合而成的店名也不乏見，甚至一些新設計新更換的商店招牌，也未能注意招牌命名心理方法。

總之，商店的招牌命名，除了注意上列必要因素之外，也同時要避免難以識別和記憶的，與行業屬性和經營商店不和諧的，違背消費者心理的，與經營規模或經營特色名實不符等因素。例如，名爲「百貨公司」但只賣服裝，或名爲「生鮮超市」但不賣果菜，則會令消費者反感。

因此，商店招牌設計，除了注意在形式、用料、構圖、造型、色彩等方面給消費者以良好的心理感受外，還應在命名方面多下功夫，力求言簡意深、清新不俗、易讀易記、賦予美感，使之具有較強的吸引力，促進消費者的思維活動，達到理想的心理要求。可見，商店招牌有它潛在的心理功能，在這上面花點心思，給商店精心設計一個能適合消費者心理的，具有一定意義的招牌，不但可以招徠生意，使遠客慕名而至，還可以把消費市場點綴得更加多姿多采。

第二節　商店櫥窗與內部設計的心理

商店的櫥窗是該商店的縮影，具有該商店的代表性意義，同時也具有廣告與招徠消費顧客的功能。因此，在設計上通常會做慎重的考量。探討商店櫥窗設計的心理，內容包括櫥窗設計的心理作用、櫥窗設計的心理方法等兩個部分。

此外，在商業經營活動中，理想的商店設計，對促進消費行爲和提高經營效率的心理功效是顯而易見的。一方面，它對消費者的感覺器官有著較強的刺激力，使他們在觀賞和選購商品的過程中，感到優雅、舒適、和諧，始終保持興致勃勃的情緒，從而促成消費行動。另一方面，它也能

使營業人員的精神飽滿，情緒高漲，服務熱情，從而提高工作效率和服務質量。商場內部設計，包括貨架、牆壁、地板、天花板的設計以及貨場照明、聲響、氣味、溫溼度的調節與控制等內容。店內設計一般可以採取三種心理方法：(1)以照明誘導消費；(2)以色調激發消費；(3)以美化環境提高聲響。

一、櫥窗設計的心理作用

商店櫥窗，是以經營商品爲主體，透過布景道具和裝飾畫面的背景襯托，採用藝術形象手法並配合燈光、色彩和文字說明，進行商品介紹和宣傳的綜合性藝術形式。在現代商店活動中，它既是一種重要的廣告形式，也是裝飾商店店面的重要手段。一個構思新穎、主題鮮明、風格獨特、手法脫俗、裝飾美觀、色調和諧的商店櫥窗，不但與整個商店建築結構和內外環境構成美的立體畫面，起到美化商店和環境的作用。

然後，它還能夠生動概括地向消費者推薦介紹商品的品質、性能、特色、使用、維修方法，報導商品生產情況，展示物質生活與文化生活的最新面貌，起著介紹商品、指導消費、促進銷售的宣傳教育的作用。從商業心理學的角度來說，商店櫥窗把經營的重要商品，巧妙地排列成富有裝飾性與整體性的樣品，對消費者消費過程的心理活動往往可以產生以下三種影響：

(一)激發消費者興趣

首先，商店櫥窗能夠激發消費者的消費興趣。對消費者而言，櫥窗精選經營的重要商品進行陳列，並根據消費者的時興和節氣變化，把熱門貨或新推廣的商品擺在顯眼的位置上，不但能給消費者一個經營項目的整體豐滿形象，未入店鋪已知其經營主要項目，還帶給消費者以親切感，引起對商店的注意和需求的興趣。

(二)提高消費者欲望

其次，商店櫥窗把經營的重要商品，巧妙地排列成富有裝飾性與整體性的樣品，提高消費者的消費欲望。裝飾具有藝術性、本土風格和時代氣息，既使消費者對商品有一個良好的直觀印象，又會引起他們對事物的美好聯想，獲得精神上的滿足，從而促進消費心理需求。

(三)增強消費者信心

最後，櫥窗具有增強消費者消費信心的功能。櫥窗用實在的商品組成貨樣群，實地介紹商品的效能、用途、使用和保管方法，直接或間接地反映商品的質量可靠性、價格合理性等，不但可以縮短消費者認知商品距離，提高其選購商品的積極性。此外，櫥窗樣品的陳列還可以給消費者帶來貨眞價實、買賣公道的感覺，以增強對消費商品的信心。

二、櫥窗設計的心理方法

隨著商品生產和科學技術的發展，商店櫥窗的反映內容、表現形式、藝術手法、色彩燈光、裝飾美化、製作材料、製作工藝等方面都有了很大的發展，尤其在表現形式和藝術手法上不斷推陳出新，使櫥窗設計呈現出千姿百態、百花爭艷的局面。櫥窗的設計方法，可以說是不可勝數的。但是，不管採用什麼樣的設計方法，都必須注意適應消費者的心理，滿足消費者的各種心理要求，以贏得消費者的喜愛，激發消費欲望，促進消費信心爲設計的最大目標。

因此，要做好商店櫥窗設計，必須在深入研究商品特徵、市場動態、消費習慣和審美趨勢的基礎上，認眞探索消費者的心理需求，積極運用心理學原理，進行櫥窗各方面的設計構思和布置，使櫥窗整體中每一部分的實際效果，都能給消費者有益的心理感受。

就目前來看，發揮商店櫥窗對消費者的心理影響功能，可採用下列三種方法：

(一)突出展品

商店櫥窗需要經常變換陳列，突出所展示的商品。消費者觀看櫥窗的目的，往往就是為了觀賞、瞭解和評價櫥窗的陳列商品，為選購商品收集有關資料，以便易於作出消費決定。因此，商店櫥窗設計最重要的心理方法，就是要充分顯示和突出商品，把商品的主要優良品質或個性特徵，清晰地顯示給消費者，給予選購的方便感。

首先，商店櫥窗要充分顯示、突出商品，適應消費者的選購心理，必須選擇理想的陳列商品。陳列商品的選擇，應從吸引注意、方便選購和引導消費等方面去考慮。一般可以選擇這些商品：流行性的商品、新上市的商品、反映經營特色的商品、適時應節的商品、新穎美觀的商品、構造獨特的商品、連鎖性的商品和試銷商品。陳列商品必須美觀大方，質量優良。

其次，陳列商品的正確選擇和組合，能引起消費者的注意和興趣，便利消費者的選購，給消費者面貌一新的感覺。所以，要經常變換陳列商品的內容，其目的既是提供最新商品資訊，又要啓發消費者追求流行的款式，指導與引導消費。同時還應充分考慮光線、照明、色澤對陳列商品的影響。櫥窗的燈光照射，既要有足夠的亮度，又不能刺目，應當把燈光照射在櫥窗的主要部分或重點商品上，造成一種特別的氣氛，還要注意燈光與商品顏色、櫥窗背景色調的和諧，避免消費者對商品色澤的錯視。

個案研究：消費習慣

根據季節或節日的消費需要、消費習慣，選擇適應季節或節日使用的商品，以新穎獨特的形式展示出來，就往往使消費者對商品產生一種新鮮的感覺，同時意識到新季節或節日的來臨，並提醒消費者及早選購那些適時應節的商品，起到刺激消費、指導消費和方便選購的作用。然後，必須根據陳列商品的性質、用途和特點，考慮商品的展示形式和擺設位置。因此，在櫥窗設計中，要充分顯示商品，滿足選購的需要，很主要的手段，就是巧妙地對商品進行組織加工，使之構成各種形狀的表現面或使用狀態。

個案研究：實際效應

紡織品和服裝這類商品，運用不同姿態的人體模型進行展示，就可以把商品的全貌，包括質地、式樣、花樣和色彩，以及穿戴或使用舒適美觀的實際效果，透過不同的角度與側面展示出來。同時，還應注意把商品擺設在適合消費者視線的部位上。

一般置於消費者的視平線最好，不宜放在離視平線較上或較下的部位，否則，過度的仰視或俯視，都會造成消費者觀察商品的不清楚，特別是一些小巧的商品，如化妝品、糖果罐頭之類的商品，更要多加注意。櫥窗能以最佳的形式與角度展示商品，並透過對商品主要用途和使用效果的間接描繪，以及生動具體的圖文說明，就能使消費者自如地觀察商品的外觀，瞭解商品的性能、用途、使用方法或保管方法，評價商品的主要品質和使用效果，從而獲得較長時間選擇商品的機會，滿足消費者普遍存在著的選購心理。

(二)塑造優美整體形象

櫥窗能夠塑造優美的整體形象，以滿足消費者的藝術享受。在櫥窗陳列中，商品是第一位的，但僅是孤立的商品及隨意的堆砌羅列，既難以吸引一般消費者對商品的興趣，也不能滿足高水準消費者的審美要求。因此，櫥窗設計必須認眞研究審美趨勢，從適應消費者的求美心理出發，去進行櫥窗各方面的構思。然後，在設計上要善用多種藝術處理手段，生動巧妙，鮮明和諧地把種類繁多、形式不一的各項展品組合起來，以一定的藝術形式確切地表達商品的優良品質，襯托和提高商品的外觀形象。由此塑造具有強烈藝術感染力的櫥窗的整體形象，使消費者從櫥窗裡得到美的享受，更加地滿足審美需要。

櫥窗的藝術形象，主要是透過藝術構圖和色彩運用等構成的。構圖與色彩和構思緊密關聯，它們是爲了幫助表現陳列內容、突出主題而採取的重要的藝術手段。同時，櫥窗的構圖，要均衡和諧，層次鮮明，排列新鮮，疏密有致。一般運用對稱均衡、不對稱均衡、重複均衡，以及主次對比、大小對比、虛實對出、遠近對比等藝術手法，使構圖能把各種物象有機地相互聯繫起來，顯得穩定而不呆板，和諧而不單調，變化而不紊亂，給消費者以鮮明的、和諧的視覺印象，以及新奇的、輕鬆的心理感覺。

在櫥窗的平面布局上，處理好商品的穿插組合、前後關係，在櫥窗的立面布局上，處理好商品的遠近排列、空間均衡。在櫥窗的整體布局上，力求層次清楚，重點突出，在變化與統一的協調中保持櫥窗構圖的整體性，從而使構圖疏密對比，虛實相生，取得較好的透視效果，給消費者以深遠舒展、輕鬆活潑的感覺。

櫥窗的色彩，要清晰明朗，豐富柔和，富有吸引力與感染力，能增強商品的美感。在色彩調配上，一般根據商品本身的色彩和季節的變化，以及題材的要求，合理靈活地運用單一色、鄰近色和對比色等配色規律，處理好色彩上的對比關係、調和關係與冷暖色調的變化，從而給消費者以集中、深刻的印象，以及新美、舒服的心理感受。

從感覺的觀點看，顏色主要有冷色與暖色兩大類，紅、黃、橙等爲暖色；藍、綠、灰爲冷色。紅色給人喜慶、吉祥、熱烈之感；橙色給人顯貴、豪華、富麗之感；綠色給人聯想到青春、豐富生命力；藍色給人空曠、疏遠、安寧之感覺等。

個案研究：自然舒適

陳列夏令商品的櫥窗，採用偏冷感受的色彩，使色彩單純而鮮明，給人以清新明快的感覺。陳列婦女化妝品的櫥窗，採用偏冷調子的單一色相，使大面積的偏冷色塊與商品的偏暖色彩形成對比，並透過色塊把瑣碎

小巧的化妝品連成鮮明的陳列整體，給人艷麗多彩、和諧統一的感覺。同時，櫥窗的色彩調配為上淡下深，與大自然的景色相協調，使消費者感到自然和舒適。

構圖與色彩的設計運用，是櫥窗設計中舉足輕重的環節。我們在櫥窗的藝術構思中，必須努力組織一個單純凝聚、新穎獨特的構圖，設計一種清新悅目、統一和諧的色彩，才能較好地表現主題，裝飾商品，有效地增強櫥窗的藝術能力引起消費者極大的興趣，並使他們在觀賞時獲得一定的藝術享受。

(三)利用景物布置

櫥窗設計要利用景物布置，滿足消費者的消費感情需要。在設計上強烈地吸引消費者，幫助消費者對櫥窗主體的感受，留下較深的印象，還必須用以景抒情的藝術手法去展現主題，對陳列內容進行間接的描繪和渲染，使櫥窗陳列具有耐人尋味的形象象徵，使觀賞者從寓意含蓄的藝術構思中，聯想到美好愉快的意境，滿足感情上的需要，激發消費欲望，促進消費者下定決心消費。利用景物間接反應在櫥窗的手法很多，主要包括以下兩系列：

第一，從商品的名稱、性能、產地、原料、用途、使用對象和使用季節等有關方面，挖掘其內在的聯繫，抓住最能描繪、渲染商品的某個方面進行豐富的想像，創造出誘人的意境，從而突出一個富有時代氣息、生活氣息和社會意義的，爲消費者所關心和喜愛的題材。

個案研究：聯想作用

床上用品櫥窗，可以利用景物布置一個優雅、舒適的臥室，使觀賞者猶如置身於美滿的生活環境之中，聯想到物質生活的蒸蒸日上。文化用品櫥窗，可以利用景物布置一個學習文化、發揚科學研究的活動場面，使人把文化與學習、科研聯繫起來，意識到開創科學的新天地必須勤奮學習，刻苦鑽研。新春佳節櫥窗，可以利用景物布置一個春意盎然、百花爭艷的花園，使人感受到濃厚的喜慶氣氛，聯想到台灣人民如花似錦的美好生活前景。

其次，在櫥窗設計中，還可利用景物布置，富有說服力地反映工商業生產的新成就、新面貌。同時也顯示企業的經營實力、傳統特色和努力方向，把經營成就和信用可靠的印象帶給消費者，誘發他們對生產企業、商店的商品的各種有益的聯想。

個案研究：消費欲望

陳列聲寶牌電視機的櫥窗，在米黃色暗紋地毯上，左邊排列著電視機，中間電動轉桌上放上一台電視機，右邊兩個狀似情人的男女模特兒，一個坐在沙發上，一個倚在沙發旁邊，全神貫注地欣賞著電視節目；櫥窗上部醒目地寫著：「聲寶的目標是世界先進水準」，中部上方陳列著電視機的主要生產環節的圖片和產品獲獎證書；櫥窗中間在大型的變幻燈光中鮮明地把「聲寶」的商標顯示出來。如此，櫥窗的整體效果有著強烈的時代和生活氣息，使人聯想到企業的成就和商品的質量，以及由此帶來的觀賞電視的樂趣，達到增強信任感引發消費欲望的促銷廣告目的。

總之，櫥窗陳列要吸引、感染、刺激消費者，發揮激發消費欲望，促進消費行動的心理功能，就必須從商品本身以及與之相聯繫的各個方面出發，尋找適應消費者心理的手法，把藝術性和思想性以及商品陳列和環境裝飾有機地整合起來，使櫥窗陳列帶給消費者選購的方便感、商品的新鮮感、強烈的藝術感、消費的信任感和鮮明的時代感等有益的心理感覺。

三、以照明誘導消費

商店內部採用自然光源外，更採用人工照明，其中人工照明可分爲基本照明、特別照明、裝飾照明三類。商店營業廳明亮、柔和的照明，不但可以保護商業工作者和顧客的視力，縮短顧客的選購時間，加快商業工作者的售貨速度，還有著顯著的吸引消費者注意力的心理效應。科學地配置、調節商店照明度，是一種較爲經濟的促銷手段。布置的方法如下：

(一)在天花板上配置螢光燈

基本照明光度的強弱，一般要以商店的經營和主要銷售對象而定。例如，經營兒童用品、呢絨服裝、婦女用品、結婚用品之類的商品等，由於消費者選購這類商品往往一絲不苟，細緻挑選，光度就要大些。兒童用品一般由父母消費，也要考慮此一特色。經營日用品、廚房用品、清洗化學用品之類的商店，由於消費者挑選商品一般不會太細，光度可以小些。

例如，主要銷售對象是老年顧客的，光度要強些；主要銷售對象是青年顧客，則光度可以弱些。同時，基本照明度也應按商店內部的不同位置，巧妙地配置之。一般而言，最裡面配置最大光度，前廳和側面亮度次之，中廳光度可稍小些。基本照明度這種比例配置，不僅可以增加商店空間的有效利用，使商店富有朝氣，還可以使消費者視線本能地轉向明亮的裡面，吸引他們從外到內把整間商店走遍，始終保持較大的選購興趣。

(二)以聚光燈定向照射

特別照明的配置，一般要視營業商品的特徵而定。例如、珠寶玉器、金銀首飾、美術工藝品、精工手錶等貴重與精密的商品，往往用定向的光束直照商品。不僅有助於消費者觀看欣賞，選擇比較，還可以顯示出裝飾品的珠光寶氣，給消費者以高貴稀有的心理感覺。

(三)應用壁燈、吊燈、落地燈

裝飾性的照明雖與商店的總照明關係不大，但對商店的美化、商品的宣傳、消費氣氛的感染等方面起到一定的心理效應。有選擇地在櫃檯上方設置的霓虹燈廣告牌，就能以其鮮明的色彩、強烈的光亮，把商店營業氣氛渲染得活潑興旺、華麗有趣，使人情緒高漲，印象深刻。營業廳配置的各種彩燈、壁燈、吊燈、閃爍燈、落地燈和柔和美麗的光線，往往也會

給消費者以舒適、寧靜和愉快的心理感覺。

從以上說明可見，設計適當的照明，對商店來說，是展示店容、宣傳商品、招徠顧客、誘導消費、便利選購的不可缺少的心理方法。當然，照明的裝置必須與商店的建築結構相協調，強弱對比不宜過大，彩色燈具、閃爍燈具不宜濫用，光線變化不宜劇烈，避免多用會刺激消費者和商業工作者的眼睛，以及會引起商品變色的光線、亮度和燈光，以免產生緊張、厭惡、顧慮等不利於銷售的心理感覺。

四、以色調激發消費

色彩的選擇通常是與人們自身的性格、生活經驗、嗜好情趣相聯繫的。不同的色彩能引起人們不同的聯想，產生不同的心理感受，誘發不同的消費動機。傳統生活習慣上來說，以下六種常用色彩及其象徵意義：

1.黑色是嚴肅、悲哀的象徵，也能給人以文雅、莊重的感覺。
2.白色是純眞、潔淨的象徵，也能給人以神聖並帶有恐怖的感覺。
3.綠色是青春、生命的象徵，能給人以恬靜、新鮮的感覺。
4.紫色是高貴、威嚴的象徵，也能給人以神秘、輕佻的感覺。
5.紅色是熱情、喜慶的象徵，也能給人以焦躁、危險的感覺。
6.藍色則是智慧、安靜的象徵，也能給人以寒冷、冷淡的感覺等。

色彩光波的長短，對人的視神經的刺激程度不同，直接影響著消費者的心理活動，並由此引起情緒的變化。較明顯的是，深紅色刺激較強，會促使人的心理活動趨向活躍，激發情緒高漲，或使人興奮、喜慶，或使人焦躁不安；淺藍色刺激較弱，會促使人的心理活動趨向平靜，控制情緒發展，使人安寧。色彩過分艷麗，會使人產生不安全的感覺，情緒煩躁。然而色彩過分素淡，又使人產生疲倦的感覺，導致情緒低落。另外，各種顏色的不同混合或在不同光源照射下產生的色彩形象，也就給人以不同的心理感覺。

個案研究：色彩作用

玫瑰色給人以華貴、幽婉、高雅的感覺；嫩綠色給人以恬靜、柔和、明快的感覺；橘黃色給人以興奮、莊嚴的感覺。同時，人們對所看到的色彩，也往往會聯想到自然界中某些具有特定色彩的事物，產生不同的心理感覺。如看到綠色，會聯想到樹木，感到清新。因此，商店內部裝飾的色彩，包括牆壁、頂棚、地面、貨架、陳列品、燈光等方面的色彩，是否調配得當，醒目宜人，對消費者和商業工作者在消費活動與銷售工作中的情緒調節是有很大意義的。商店內部裝飾的顏色宜人，給人以舒適的心理感覺，能引發消費者消費，反之，會影響消費心理。

從適應消費者消費心理的角度說，一般應根據下列三種情況確定商店營業場所裝飾究竟調配什麼顏色。

(一)利用「錯覺」擴大空間

不同的色彩效果會給人以不同的空間大小感覺。一般來說，淺淡色、灰暗色、顯得較遠，給人以空間面積擴展變大的錯覺；鮮艷色、光亮色、顯得較近，給人以空間面積縮短變小的感覺。因此，我們可以根據營業場所的不同空間狀況，利用色彩的遠近感，調配不同的色調「修飾」空間狀況，擴展營業場所的空間感，改變消費者的視覺印象，給以舒展開闊的良好感覺。同時，利用鏡子的反射，也可以擴大營業場所的空間，特別是商店門面較小的空間，效應更好。

(二)隨商品色彩不同改變裝飾

商店營業商品的色彩不同，營業場所各方面的裝飾色彩也應變更。例如，經營呢絨、布匹，一般多用淡黃、淺藍、淺綠等色彩裝飾，便於消費者挑選，顯得布匹更鮮艷；經營蔬菜、水果，一般多用米黃色、玫瑰色等色彩裝飾，可以突出商品的鮮美。根據經營商品的色彩，考慮營業場所

色彩的搭配，既突出商品形象，又顯得商品格外優美，可以加強色彩的吸引力，刺激消費慾。

(三)隨季節變化改變裝飾

商店裝飾的色彩要根據不同的季節與地區氣候變化來調配。一般來說，春季可調配嫩綠色等冷色屬性，給人以春意盎然的感覺；夏季可調配淡藍色等冷色屬性給人以清爽陰涼的感覺；秋季可調配橙黃色等暖色屬性的色彩效果，給人以秋高氣爽的感覺；冬季可調配淺桔紅等暖色屬性的色彩效果，給人以溫暖如春的感覺。此外，處於寒冷氣候地區，可以把商店內部色彩調深一些；處於炎熱氣候地區，可以把商店內部色彩調淺一些。

商店內部裝飾色彩與氣候變化配襯調和，不但使消費者有親切、舒展、振奮的感覺，還使消費者產生積極的情緒與美好的聯想，促進消費行為。還有，商店外部環境的色彩，商店內部燈光、門面等設施的色調，都是商店營業場所裝飾色彩調配要考慮的因素。它們都要與商店內部設計裝飾協調。

五、以美化環境提高聲譽

商店優美舒適的環境布景，良好先進的營業設施，既是消費者和商業工作者生理上的需要，也是心理上的需要，它對提高營業效果的作用是不可低估的。因此，美化環境一方面要以優美舒適的環境，使消費者感到優雅、舒適、愉快，積極地接受商品的刺激，始終保持興致勃勃的心理狀態，促進消費行為。

另一方面，良好先進的環境也能使商業人員心情舒暢、精神飽滿、情緒高漲，從而提高工作效率。反過來，這樣又能影響著消費者激發內心的好感，促成消費行為的發生。在商店的環境設施方面，要達到較好的效果，一般應當注意調節或控制好商店的氣味、空氣和聲響等方面，使之適合人的生理需要和心理需要。這些項目包括如下：

(一)氣味作用

商店中充滿芳香氣味，對消費者的吸引力頗大。根據商店的環境和營業商品的特性，或放置散發各種香氣的花草盆景，或人工製造特別的香味，如點燃香料、噴香水，這無疑是對消費者的嗅覺的良好刺激，使他們在消費活動過程中精神爽快、舒暢，增加消費慾或食慾。

當然，要發揮氣味的心理效果，必須以商店優良的環境衛生作爲前提。假使商店內外堆放垃圾、油汙、異味等，人工製作的香味，不但不能奏效，還會使消費者產生對比性的噁心反胃，抑制選購興致。

(二)空氣作用

商店環境的空氣清新宜人，是極爲重要的促銷手段。因爲清鮮的空氣可以使消費者產生舒適、愉快的情緒，增強消費欲望。保持清新宜人的空氣，一般可以採用多設窗戶或氣窗，利用空氣對流自然通風，加設門窗防塵簾，經常除塵，以及遍置花草盆景等辦法。

此外，還可以裝設空氣調節器（冷氣），實行人工通風的辦法。清新宜人的空氣，既可以滿足消費者的生理需要，由此產生舒適、愉快的心理感受，又可以調節商業工作者的情緒，提高工作效率。同時，還可以顯示商店經營成就與服務精神，在消費者心目中確立良好的形象。

(三)音響作用

商店設置適當的音響控制，調整播音系統是有效影響消費者和商業工作者情緒心理的措施。商店內的走路聲、交談聲、包裝聲和商店外車輛開過的機器聲、喇叭聲等噪音的干擾，都會使人的心情煩悶，注意力分散。而播放優美音樂，則可以降低外在雜音干擾，並抒解室內人員的不良情緒。刺耳的噪音還會使消費者反感，不願留步，使商業工作者工作效率降低。

因此，商店除了盡量降低各種噪音外，還應當經常播放一些輕鬆柔和、優美動聽的樂曲，或報導介紹有關新商品的消息，以沖淡譁鬧的噪聲，並促使消費者自覺降低談話的音調，以欣賞樂曲或收聽廣告。當然，由於個人的聽覺差異較大，特別是年齡因素影響較大，音樂與廣告的播放響度，必須根據商店的主要銷售對象而控制。

對於需要試調聲音清晰度的收錄機、電視機、CD音樂、樂器等商品的出售專櫃和樓層，則不宜採用播放音樂的方法來沖淡噪音，而需要盡可能將此類專櫃移至偏僻處或上面樓層。這樣做，不僅是對商店環境氣氛的理想的調節，使消費者心情愉快，精神煥發，對商店發生好感，而且還對提高商業工作者的服務熱情和工作效率，對銷售活動感到輕鬆舒展，富有節奏性。同時，在適當的地方設置顧客休息室、兒童娛樂室、餐飲服務部等附設場所，這些無疑也是提高商店聲譽，滿足消費者心理需要，促進消費的好方法。

第三節　商品陳列設計的心理

商品擺放的位置如何，往往影響消費者的心理感受。商業活動從實務上證明，商品的擺放，必須適應消費者的選擇心理和習慣心理，並努力滿足其求新心理和求美心理，從而更好地發揮商品的心理效應。商品的擺放位置一般要達到下列四個心理要求：

一、擺設角度易於觀望

消費者走進商店，一般都無意識地環視陳列商品，對貨架上的商品獲得一個初步的印象。這個初步印象肯定會影響消費者繼續瀏覽或隨時離開的決定。針對這個需要，商品的擺放，首先就應該注意在高度方面與消費者進店後無意識的環視高度相適應，按照不同的視角、視線和距離，確定其合適的位置，盡量提高商品的能見度，使消費者對商品一覽無遺，易於認知商品形象。

二、擺設適應消費習慣

種類繁多的商品，必須按消費者消費的習慣來進行分組擺設，並相對地固定下來，以方便消費者尋找。商品分類擺設的方法多種多樣，但從商業心理學的角度而言，根據商品的不同特性，要考慮到消費者的消費習慣和選購要求，大體可以把商品分爲四大類進行擺設：

(一)日用商品

這類商品大多是人們日常生活普遍必需的功能性商品，但不必花費太多時間，不需認眞挑選就可迅速消費。價格較低廉，供求彈性不大，交易次數頻繁，挑選餘地小，無售後服務；消費者對商品的一般性能、用途、特點都比較熟悉，有一般的商品知識和消費習慣，往往是買後即用，在短時間內消耗掉。

個案研究：方便快速

日用品的消費，例如，柴米、油鹽、針線、鈕扣、藥品、文具、香菸、糖果、香皂、調味品、蔬菜之類的商品，消費這類商品，大多數消費者都希望能方便快速地成交，而不願花較長時間進行研究比較。因此，這類商品的擺設，應占用較大的陳列面積，把商品的花色品種應有盡有地擺放在最明顯的、最易速購的位置上。如擺放在商店的底層或商店的出入口附近才能較好地滿足消費者的求快、求便心理。

(二)選購商品

這類商品價格較昂貴且波動幅度較大，大多數屬於能訴諸消費者感覺使之產生快感或美感的商品。它供求彈性較大，交易次數不多，購時數量有限，挑選性較強，使用期較長，消費者對商品的知識掌握比較不充分。例如，時裝、家具、電器、自行車、手錶之類等商品。消費者對於選購品發生需求時，並非如必需商品那樣需要立刻獲得滿足，也不接受代用品。消費這類商品，大多數的消費者都希望獲得更多的選擇機會，以便對其質量、功能、樣式、色彩、價格等方面作認眞細心的比較，不僅注意研究商品的物理效用，還更多地權衡商品的心理效用，往往把商品的特性和自我欲望綜合加以反覆考慮挑選後，才作出消費決定。

這類商品，應相對集中地擺放在商店寬敞或走道寬度較大，光線比較充足的位置，才能便於消費者自由地來回觀看，無拘束地接近商品，撫摸商品，甚至調試商品，並可以停留較長的時間進行選購。同時，也有利於配置相應的廣告牌或商品知識介紹，以滿足消費者的選購心理，促使其在從容的觀察商品時產生消費欲望。

(三)特殊商品

這類商品通常是指功能獨特的或具有高級享受的名貴商品，即所謂最高級的或第一流的商品。這類商品一般具有獨特的、創新的性能和優等的質量，價格也較高昂，如電冰箱、彩色電視機、錄影機、冷氣機、工藝精品、古董文物之類的商品。消費這類商品，消費者一般都願意花較多的時間，在消費前還進行過周密的考慮，甚至制定消費計畫，確定到哪家商店選購，認定消費哪種廠牌，方才採取消費行動。

因此，這類商品可以擺設在距出售方便商品的櫃檯稍遠的、環境比較優雅的地方，設立專門出售點，以顯示商品的高雅、名貴與特殊，滿足消費者的某些心理要求。同時，在特殊商品中，還有專供生理需要、專業需要、偏愛需要、殘障人士需要、不同年齡層次的人專用需要等。消費時，注重實用價值和專用價值，不會過分挑剔與計較價格，中意就買。

(四)即興商品

這類商品是指原先未打算消費，只因進入商店後看到購貨現場的廣告介紹或實物商品時，引起興趣而臨時決定消費的即興商品。它的特點是造型新穎、構造獨特、裝潢漂亮、引起興趣。即興商品主要包括土特產、裝飾品、紀念品、時興品、書畫、禮品等。消費者在消費即興商品時，只追求外在美，很少計較質量、價格如何，消費時不大會反覆比較，看中即買。這類商品應陳列在醒目處。

總之，爲了便於消費者消費，在把商品分四大類進行擺設的基礎上，然後，也應考慮到商品用途的相近程度和消費者的消費與使用習慣，按習慣固定地、連帶地進行擺設。

個案研究：搭配作用

把自行車與自行車配件；把皮鞋與鞋刷、鞋油；把牙膏與牙刷；把洗衣粉與肥皂之類的連帶性商品，基本固定地進行擺放，既可以擴大銷售，也可以給銷售者以方便感。然後，商品的陳列擺設，應盡量利用空間與壁面，不宜占用太多的商店面積，使商店的通道寬大，滿足消費者能從容地欣賞與選購商品的欲望。

假使商品擺設不注意這一點，不保留起碼的空間保留度，顧客稍多就會影響消費活動，引起不滿情緒。同時，商品擺設以及櫃檯設置，還應注意適應消費者逛商店的行走習慣，吸引消費者走完主道後，能轉入各個支道，把店內瀏覽一遍。根據研究顯示，傳統消費者逛商店的流動路線一般是順時鐘方向的。但現代消費者逛商品時，多數會自覺或不自覺地沿逆時鐘方向行走。

根據上述觀點，一些消費頻度較高的或男性用的商品，一般宜擺在逆時針方向的入口處位置上；而一些挑選性強的或婦女、兒童用的商品，則適宜擺設在距逆時針方向入口處稍遠的地方，以適應消費者不同的消費行爲和便利的心理要求，提高商店的展示效果，同時保證商店出入口走道的暢通。

三、擺設突出商品特色

在商品擺設中，有意識地突出商品的實用價值和優良特點，是刺激消費欲望的心理方法之一。對於消費者來說，能及時地滿足生活需要的商品，就有較大的實用價值。因此，根據季節變化和節日消費習慣，適當地調整商品擺放的位置，用較大的、明顯的地方擺放適應季節的商品，充分顯示其實用價值，使消費者一進店門，就能看到琳瑯滿目的適應時節的商品，得到親切的、方便的感覺。有的商品，如家具和床上用品等，還可按使用環境的狀況擺放，給消費者以實用感，激起消費者的消費欲望。

商品都會有各自值得顯示的優點，有的性能獨特，用途多種；有的式樣新穎，造型美觀；有的氣味芳香，色澤鮮艷；有的包裝精美，外型醒目。因此，在商品擺設時，要充分顯示商品的個性特點，美感或質感，局部美或整體美，使消費者感受到不同商品各自有不同特質。氣味芳香的商品，擺放在櫃檯是最能刺激消費者嗅覺的位置。式樣新穎的商品，擺放在消費者視覺最易感受的位置，都能引起與促進消費的心理效應。新商品、名牌商品和流行性商品，以最大的展示，擺放在顯要的位置上，能增強商品的吸引力，提高商店的聲譽。

個案研究：注意力

把色澤鮮艷、造型美觀、包裝精美的商品，有意識地分布在商店的顯要地段和醒目之處，並用燈光強調其色彩美，不僅有利於突出其優良的特點，吸引消費者的注意力，而且還對美化商店起一定的作用。對於某些商品，既要顯示其美感，又要顯示其質感。如玻璃製品，要充分顯示其精細的質感；金屬製品，要顯示其閃閃發光的質感。

四、擺設靈活便於採購

商品的擺設特點要具有靈活的特色，以方便消費者的採購。商品的陳列方式，包括有展示式、櫃內式、貨架式、懸掛式等多種方式。陳列的方法有疊放、排列、造型等多樣化方法，但不論什麼樣的方式、方法，都要以消費者容易接觸實物的刺激與感受、方便實際消費而不受約束爲原則。因此，國外越來越趨向於盡可能讓消費者直接接觸到和看清楚商品及價格標籤，盡量增強其感覺與知覺的刺激度，讓他們置身於自由自在、悠然自得的選購環境之中，避免種種人爲的心理障礙，以便更加地促進消費。

此外，某些商品的擺放，還可以採取「不對稱」的方法，給消費者對該種商品暢銷搶手的心理感覺，增強對商品的信任感。不過，採取不對稱的擺放方法要適度，否則商品擺放得不豐滿，也可能引起消費者不良的心理印象。商品擺設給消費者的心理影響是客觀存在的，充分利用消費者的感覺器官，注重適合消費者消費心理的商品擺設，對促進實際消費行動的美化商店環境，都有著很大的現實意義。採取心理性的商品擺設形式，並非是隨意的。因而在擺設中，除了要考慮商店的面積和經營範圍外，還要考慮到商品的屬性，特別是物理特性，把相互有影響的商品分開擺設在距離較遠的位置；把有時間限制的鮮活商品擺放在最明顯的位置，使商品的擺設既符合商業心理學的要求，也符合商品的化學物理性能的要求。同時，要將商品作更佳的展覽，還應當注意盡量利用商店的空間，提供美觀實用的櫃櫥與貨架等。

商業加油站

不合作的損失

從前，一個人有一匹馬和一頭驢子。他總是讓驢子馱過重的東西，可憐的驢子被折磨得不行。馬一般只馱很輕的東西，所以趕起路來總是輕鬆自在。

一天，牠們兩個又被趕著上路了。背著主人，驢子向馬懇求說，親愛的馬，我馱的東西實在是太重太重，我快要堅持不住了。你能不能幫我分擔一些，我好保存一點體力，堅持下去。

馬對自己的負荷很滿意，根本不理會驢子的請求，自顧自地趕路。

沒走多久，驢子終於累得倒在地上，死了。主人看到，就卸下驢子背上的負荷，一起加到馬的背上。此外他還扒下驢子的皮，也放在馬背上。

馬悲傷地說，我真倒楣！我怎麼會受這麼大的苦呢？這全因我不願分擔一點驢的負擔，現在不但馱上全部的貨物，還多加了一張驢皮。

不合作的態度最終會給自己帶來損失。

你的工作量增加了多少？

請記得法國著名哲學家薇依（Simone Weil）所說過話：「世上沒有東西可以彌補工作中所承受的不快。」

你的工作能讓你感受到愉快嗎？

從什麼方面你的工作改變了你的生活？

你的工作量增加了多少？

你現在是否比剛工作時更多地感受到工作中的快樂？

跟去年比呢，你工作時更快樂嗎？

台灣近年來空前的失業人口，特別是那些失業的竹科、中科與南科

白領，意味著還在工作的員工們必須做更多的事情，來替代那些被解僱的人留下的工作，正如故事裡的那匹馬一樣。在同樣一段時間裡努力做更多的事情，自然會有更大的壓力。但是，還有什麼選擇呢？沒有人敢抱怨，因為在這失業潮流中，有一份工作可不容易。

研究表明，由於醫療費用高昂，至少有二千萬的美國人只是為了享受健康保險的好處而工作。美國勞動統計局（BLS）的統計數據表明，在擁有孩子的雙親家庭裡，有超過六成的家庭都是父母雙雙出去工作。1980年以來，家庭無力贖回抵押物品的比例多了一倍，個人破產的情況增加了43%。估計在2005年的全球就業人口中，至少有一千二百萬人經歷了一段時間的失業。而且更糟糕的是，2017年的今天，員工與七○年代的員工比起來，失業的可能性增加了一倍。毫無疑問地，工作的環境正變得越來越惡劣，越來越不穩定。

既然你無力改變外界的經濟環境和易被解僱的現狀，你還能做些什麼呢？這是一句古老的格言。

如果命運給了你一把刀，
你有兩種可能去抓住它：
刀把或刀口。
If fate gives you a knife,
you have two possibilities to grab it:
knife handle or knife-edge.

你必須學會如何去面對壓力，甚至有時候可以採取一些積極行動來減輕你所必須承受的壓力。下面是我用於「減輕壓力」（C－U－T－S－T－R－E－S－S）的九大步驟：

①C／環境。你周圍肯定都是充滿壓力的人。除非必要，不要強迫自

己去參加所有的會議，只需選擇性地參加一些你認為與你的工作密切相關的會議和討論。

②U／使用。明智地使用你的時間，試著進行時間管理。每天都預先規劃完成你手中任務所需要的時間。適當地減少你要管理安排的任務數量。

③T／安排。每天給自己安排一定的時間散步、聽音樂、做運動，或者玩字謎遊戲、讀書等。多出去吃飯、沉思、禱告。

④S／磨快。磨快你的工具。很多人忙著砍樹，做得筋疲力盡。他們忘記了只要把鋸子弄得鋒利一些，這項工作很容易就能完成。在柯維（Stephen R. Covey）的《與成功有約》（*The 7 Habits of Highly Effective People: Powerful Lessons in Personal Change*, 2013）中，這是最核心的一個，其他好習慣只是圍繞著它展開。磨快你的工具，是為了「保護和增值你最寶貴的財富——你本人！」柯維這樣認為。你應該透過更多鍛鍊、更多大笑、更多睡眠和提高飲食質量來恢復你的精力。

⑤T／嘗試。嘗試溝通。如果公司希望你每天工作更多時間，不妨要求一份更富有彈性的工作表，這樣能減輕你的壓力。

⑥R／辭職。如果你發現很多事情不可能在短期內發生改變，不妨辭職尋找其他機會，接受臨時工作的機會。

⑦E／解釋。你要向你的上司解釋你理解的工作責任、截止時間、工作目標、工作對象等。明確管理的目標，最好寫下來。不斷地和你的上司溝通彙報最新進展。有一些上司如果缺乏他們需要的資訊，會變得驚惶失措。

⑧S／說話。有時候要說「不」。如果任務太過分的話，不要害怕把命令頂回去。要向上司反覆解釋你所認為的自己的職責，不要總是順從地接受。

⑨S／搜尋。搜尋支持。你要多請別人幫助。有可能的話，不妨委託別人來做。你要多依賴值得信任的合作夥伴。

公司能夠為減輕員工壓力做些什麼呢？首先應該是挑出壓力最大的工作，然後重新進行評估和安排，盡力減輕他們的壓力。如果有一個職位的員工總是選擇離開，那麼就要重新認識這個職位。管理大師彼得．杜拉克（Peter F. Drucker）在他的《杜拉克寶典：成為有效的執行者》（*The Peter Drucker Collection on Becoming An Effective Executive*, 2014）裡說：「如果一個職位常常連最好的員工都無法適應的話，那它一定大有問題，是「致命職位」（widow-maker，註：原意「寡婦製造者」），需要採取一些行動了。」

一個財富迅速增長或者縮水的企業裡也許會有很多這樣的「致命職位」。船員們在一百五十年前就遇到了這樣的「致命職位」——美國的新英格蘭快速帆船。彼得．杜拉克說：「這種快速帆船，無論它是怎麼精心設計的，只要出現一些較大的損壞，船的主人就不會去維修或者改造船隻，只是把它簡單地廢棄。工作也一樣，如果一個職位連續使得兩個人表現不佳，而他們過去的工作表現都非常出色，那麼這個職位就有可能是『致命職位』。」彼得．杜拉克認為，解決這個問題的唯一辦法，就是取消這個職位。

過量的工作需要重新安排，分攤或者取消。

商品與消費心理作用

- 商品分類與消費心理
- 商品設計與消費心理
- 商標設計與消費心理
- 商品命名與生命週期
- 商業加油站：缺失與優勢

商品與消費心理作用，是指在現代市場經濟活動中，商品是市場行銷活動中牽涉到消費心理的關鍵，也是在消費活動中引起消費者各種心理反應的對象。商品既是有形的物質屬性，能爲消費者提供物質效用，還包括許多無形與心理上的特性，才能滿足消費者各種心理效用。因此，研究消費過程中的心理活動，除了分析消費者自身需要、動機、個性特徵及其消費行爲外，還必須積極探討商品與消費的心理關係。

爲了使新產品能滿足通路，滿足消費者心理需求，還必須研究新產品設計中的消費心理。我們在研究消費者的需要與消費動機時曾經指出，在生理動機與心理動機兩個要素中，隨著人們生活水準的不斷提高，心理動機在消費行爲中愈來愈占有重要的地位。因而，新產品的設計要符合消費者不斷發展的心理需求。

商品除了它的分類、設計、命名以及生命週期具有重大的消費心理意義之外，商品的設計更與消費心理具有密切關係。本章根據「商品與消費心理作用」的主題，討論四個重要議題：(1)商品分類與消費心理；(2)商品設計與消費心理；(3)商標設計與消費心理；(4)商品命名與生命週期。

在第一節「商品的分類與消費心理」裡，討論三個項目：產品創新的心理意義、新產品類型的心理意義、影響消費者的特殊心理。在第二節「商品設計與消費心理」裡，討論六個項目：產品的個性化特點、自尊與威望的象徵、適應大衆消費心理、產品層次的多樣性、產品的多功能效用、流行性與適應性。在第三節「商標設計與消費心理」裡，討論四個項目：商標的心理意義、商標的心理功能、商標設計的心理要求、商標運用的心理對策。在第四節「商品命名與生命週期」裡，討論四個項目：商品命名的心理效應、具有心理意義的命名方式、商品生命週期的心理意義、階段性消費心理與行銷策略。

第一節 商品分類與消費心理

探討商品與消費心理，我們將從「商品分類與消費心理」開始，這個部分包括產品創新的心理意義、新產品類型的心理意義，以及影響消費者的特殊心理等三個項目。

一、產品創新的心理意義

產品創新是滿足消費者不斷發展的需求的重要對策，發展新產品成爲適應時代要求和滿足人們需要的具體方式。它不僅有重大的經濟意義，而且對社會的進步有巨大的促進作用。產品創新的心理意義，包括下列三個項目：

(一)發展的必然趨勢

產品創新是社會生產和科學技術發展的必然趨勢。商品的重要屬性之一是它的使用價值，這是人們在社會從實務上，隨著生產技術的提高、科學技術知識的增長，以及生產經驗的累積，而逐步地被發現的。人們對商品使用價值的要求，也隨著科技文化的不斷進步而日益多樣化。據一般估計，近五十年來科學技術進步比先前的五十年還要快，這就爲商品的不斷創新打下基礎，也在客觀上存在著商品加速更新替換的必然性。

(二)滿足人們的要求

產品創新是繁榮經濟和滿足人們需要的迫切要求。隨著現代工農業生產的持續、快速、健康的增長，社會消費水準的逐步提高，人們的消費方式、消費習慣和消費心理不斷地發生變化，於是，同步的、共同性的消費需求逐漸減少，不同步的、特殊性的消費需求則不斷地增加。所以，要求生產和經營部門在增加商品數量、提高商品品質的基礎上，不斷地發展新產品，增加花色品種，以滿足消費者不斷提高的新需求。

(三)競爭中的考驗

產品創新是對工商企業在市場競爭中的嚴峻考驗。一個工商企業其存在價値的大小，它在消費者心目中的聲譽和形象如何，在市場競爭中處於何種地位，主要是看其商品是否符合消費者不斷變化的需要，是否為社會所公認。假使一個企業的商品價廉質優，銷售良好，不斷地吸引和刺激新消費者的惠顧，此企業在市場競爭中就處於優勢地位。反之，假使一個企業的商品總是價高質劣，不能吸引新的消費者或刺激重複消費，企業就不可能持續存在。因此，企業生產與經營的商品能否推陳出新，能否適應消費者千變萬化的需求，是企業能否永續經營的重要條件。

在現代社會的市場經濟活動中，不斷地發展和推出新產品，是工商企業充滿活力、欣欣向榮的象徵。但是，創新產品不是一件輕而易舉、唾手可得的事，除了要付出較大的人力、物力、財力的代價外，還要承擔風險。因為，據國內外的經驗，發展新產品的成功率不是很高的，一般新產品從構思到上市，成功率是20%左右，有些特殊產品的成功率還更低。因此，發展新產品必須對現實和潛在消費者的需要作全面的調查與預測，其中對消費者心理需求的正確判斷是一項重要的步驟。

二、新產品類型的心理意義

新產品研發出來，並進入商品市場而與消費大眾接觸，它必然具有多重的意義，其中所牽涉到的心理層面値得探索。發展新產品不僅是創造一種全新產品，還包括對現有產品的革新與改進。按照消費品的不同創新程度，可把創新產品劃分為以下四種類型：

(一)新創型

新創型產品與已有產品沒有雷同之處，也不是在原產品基礎上改革而成，而是從造型、結構到性能等方面都是完全創新。它一般是由於科學技術的進步或為滿足消費者新需求而發明的產品，因而是一種完全創新產品。

新創型產品的問世與推廣，往往對消費者的消費方式、消費習慣和消費心理引起重要的變化。例如，筆記型電腦、智慧型手機等的出現，就是如此。

(二)革新型

革新型產品是在原有產品的基礎上，經過連續的改革發展而成的新產品。它不僅在設計、裝置和外形上有了改進，而且在產品性能上發展了新功能，從基本型發展爲多功能。革新型產品主要是發展了新功能的產品，例如，從單純接打電話的手機到能夠上網的智慧型手機、普通電視機發展成多媒體與多功能的組合等。這類新產品不但提高了產品的實際效用，還增加了產品的象徵性意義。

新產品在市場上的出現與推廣，能帶給消費者以新的利益和心理上的滿足感，也對原有的消費方式帶來影響。新產品對消費心理的影響較大，也會在社會上形成其他流行產品的需求。

(三)改進型

改進型產品是在原產品基礎上稍加改良而成的產品。這類新產品在原產品功能不變的情況下，在設計、裝置、材料上作部分改進，以提高產品的效用或性能。目前市場上出現的新產品，大多數屬於此類產品。例如，從普通牙膏改變成有預防牙周病效果的牙膏、從普通保溫瓶改進成可以設定溫度的保溫瓶等。

這類新產品由於基本用途沒有發生變化，與原產品差別不大，比較易於爲消費者所接受，也很容易適應消費者求新、求變的心理，但對消費方式不會發生根本的變化。

(四)改變型

改變型產品是最低層次的新產品，它在產品性能、品質和用與原產品均沒有多大改進，只是在產品外觀、造型上少許改變。例如，鞋子：樣

式的變化；醫藥品：劑量的變化；服裝：口袋與領子的變化；自行車：車身高矮的變化等。此類新產品，由於改變原產品的某一方面的特點，使之具有某種特色。因此，它在市場上的出現，一般容易爲消費者所接受，並被選爲消費品更新的主要對象，但對消費方式不會發生什麼影響。

我們研究新產品不同類型的目的，在於分析不同新產品類型消費方式和消費心理的影響，根據不同的心理需求進行新產品設計，根據不同的心理需求進行新產品生產和商業經營活動。

三、影響消費者的特殊心理

在現實市場活動中，消費者接受新產品一般經過知曉、興趣、評價、試用、採用等發展階段。但由於新產品會對消費者的生活方式、生活習慣和價值觀念有不同程度的衝擊，會引起某些消費心理的變化，因此，消費者接受新產品的過程，並不都是迅速地實現。

從心理因素來看，影響新產品的推廣速度，主要是與消費者對新產品具有特殊的心理需求有關。一般情況下，影響消費者對新產品的消費行爲，主要有以下五個心理因素：

(一)新產品優於舊產品

「求新」是消費者購買新產品的重要的心理動機。因而，新產品必須著重在一個「新」字。新產品是否優於舊產品？這是消費者對新產品重要的心理需求。假使新產品相對優點多，滿足消費者需要的程度就高，市場擴散率就大；反之，滿足的程度低，擴散率就小。例如，不用手就可擰乾的拖把之所以擴散速度快，原因在於它具有比普通拖把更明顯的優點與便利性。

(二)與原有的使用類似

人們在消費過程中，培養新的方式、習慣和觀念，不是短期內可以辦到。所以，新產品的使用，假使與消費者原有的消費方式、消費習慣和

價值觀念是基本相同，新產品的擴散速度就快。反之，假使新產品的使用與原來不一致，並要求消費者重新建立新的消費方式、消費習慣和價值觀念，新產品的擴散速度就慢。

(三)構成比舊產品更簡單方便

這是指新產品在性能、用途與使用方法上都有所改進，但如果由於結構複雜與使用不便，消費者要花很大的精力才能掌握，這就會影響新產品的擴散速度。反之，新產品的結構和使用如果更加簡單，更容易使用，它的擴散速度就快。

(四)新產品資訊更易溝通

新產品總是具有某些新的屬性或優點，消費者一般的心理狀態，是希望能把這些資訊傳遞給別人，爲別人所承認，進而在心理上得到滿足。因此，新產品的社會溝通性強，易於顯露或與別人溝通，其擴散速度就快。例如，新型的家用電器、汽車、服飾等產品，容易形成大衆傳播，因而擴散速度一般比較快。

(五)使用更具效應性

假使消費者對所購買的新產品能親自試用，或是在短期內對產品的好壞能迅速反應，這類新產品的擴散率就會高。反之，假使試用的時間長，不能在短時期內得到明確的印象，這類新產品的擴散率就低。

第二節　商品設計與消費心理

商品設計與消費心理的研究主要爲使新產品能滿足通路、滿足消費者心理需求，還必須研究新產品設計中的消費心理。我們在研究消費者的需要與消費動機時曾經指出，在生理動機與心理動機兩個要素中，隨著人們生活水準的不斷提高，心理動機在消費行爲中愈來愈占有重要的地位。因而，新產品的設計要符合消費者不斷發展的心理需求。消費者對新產品

的心理性需要，主要包括以下六個方面：

一、產品的個性化特點

消費者的消費動機是受其個性心理特徵所影響。不同的消費者在需要、動機、興趣、性格、愛好、氣質等方面個性心理特徵不同，對商品的要求也有所不同。因此，新產品設計除了要考慮產品的品質、功能、結構等特性的要求以外，還要考慮產品的獨特個性，把新產品與許多同類產品區別開來，以滿足消費者不同個性心理的要求。

個案研究：優異性和獨創性

沒有個性的新產品，就難以顯示出新產品的優異性和獨創性。同樣是皮鞋，設計的樣式和風格各不相同，深受不同消費者的歡迎。從皮鞋後跟的設計看，有高、中、平三種；從鞋頭講，有方、圓、尖三種；從顏色設計看，有黑、白、棕、紅、綠五種；從鞋面講，有綁帶與沒有綁帶之分。

上述差異，以滿足不同個性消費者之需。商品的個性是透過商品的象徵性心理功能而起作用。例如社會地位的象徵性、年輕的象徵性、女性的象徵性、現代生活的象徵性、快速高效的象徵性等。這種商品象徵性功能，是由於人的想像、比擬、聯想等心理作用所產生。

二、自尊與威望的象徵

人們生活在社會中，不僅希望得到別人對自己的尊重，也希望自己在社交活動中能給別人好印象。因此，出於自尊心理的需要，人們要消費一些自我修飾形象或自我清潔的用品，例如清潔用品、美容用品等。這種能滿足自尊心理需要的商品，也是集體生活中禮貌的交往所必需的商品。設計這類商品，應考慮不同消費對象的生理特點與心理需要，一般以美觀、舒適、方便爲原則。具有這種特性的商品，是一種以某種願望相比擬而構成其象徵的商品。

假使以某類商品的消費和使用，來表現出個人事業的成就與個人的威望等。設計這類產品，例如高級家具、精美藝術品等，選擇材料要上等，款式要豪華，品質要高，功能要好，產量要控制。這類商品在某些消費者的心理中，既是個人有所成就的標誌，也是一種支付能力高的象徵。

三、適應大眾消費心理

不同年齡、不同行業的消費者，往往有意或無意地透過使用某種樣式的商品來表明自己歸屬於哪個社會群體。大多都要經歷不同的發展階段，例如兒童階段、青年階段、成年階段、老年階段等。不同的發展階段代表人的成熟程度不同，心理的個性特點不同，對商品的消費動機也不同。

個案研究：成長與轉變

從兒童到青年的發展，代表一個人從倚靠父母與家庭生活到獨立生活的轉變，從不成熟到逐步成熟的轉變。青年人則為了適應社交活動的需要，樂於購買自我清潔用品、嗜好品、裝飾品等，並要求商品時尚新穎、有獨特款式、有亮麗外觀，能顯示青春活力。因此，商品設計應根據人的不同發展階段的成熟程度，按照其不同的心理要求而設計。

每個人都生活在所屬的群體之中，不同群體有其不同的消費方式和消費習慣。例如，對工作服、手提包之類的生活用品，教師、上班族、醫生、工人、律師都有不同的心理要求。消費者可以透過使用某類商品的某種樣式來標明自己的身分或歸屬於某一個群體。而某種類型的商品又是某個社會群體成員的共同標誌。因此，設計這類商品應以特定社會群體的工作環境、經濟收入、消費習慣和消費心理等作為依據。

四、產品層次的多樣性

人們的經濟收入不同，消費水準也不一樣，由此決定的消費心理傾向也有很大差別。所以，產品設計上應注意高級、中上、普通多樣及齊全，滿足不同層次消費者的各種心理需要。

一般來說，個人的需要是生理需要與心理需要的結合，單一的需要是不存在。但在不同種類的商品中，有不同的著重點。有一些商品，消費者除了要求得到物質上的滿足外，主要是要得到精神上的滿足，希望商品在造型、樣式等方面新穎獨特，美觀悅目，具有一定的欣賞價値，能透過人的感覺獲得美感，透過激發情感而獲得快感。

購買流行服裝或造型優美的家具之類商品爲例，消費者的消費動機，更多的是出於滿足美的享受和感情上的需要而提出。設計這類商品在藝術性、新奇性方面應要求更高。

五、產品的多功能效用

「一物多用，一物多功」的商品深受廣大消費者的歡迎。隨著社會科學技術的進步與人們生活水準的提高，新產品逐步向多功能和自動調控等特別功能的方向發展，消費者對功能類商品的要求愈來愈高。因此，設計功能類商品，除了要提高基本效用外，還應注意增加附屬效用，使其具有與原有同類商品不同的特點，帶給消費者新的利益。

在基本效用相同的情況下，多項功能和特別功能的設計，具有社會進步和時代特徵的意義，可以滿足消費者改變生活條件的心理需求。在新產品設計時能否充分考慮商品的這些特點，發揮商品各種心理功能的作用，是滿足消費者個性心理要求的關鍵，也決定了產品設計的好壞與產品推廣的成敗。

六、流行性與適應性

產品的時代特點，就是「流行」、「時髦」，商品的時代性是一種社會的消費現象。在一定時期內受社會歡迎的樣式，亦即流行樣式。流行樣式是變動的、短期的，商品流行的原因，既有科學技術發展和社會經濟發展的原因，也有消費心理變化的原因。

「求新求美、求變求異」是消費者的一般心理特點，商品的流行，正是反映了消費者這種心理需求。例如，穿著最新流行樣式的服裝，是爲了更新的需要、審美的需要或顯示與衆不同的需要等。流行的消費現象，具有自身的變化運動規律。其變化運動規律，通常與消費者的消費動機密切相關。在市場上，熱衷時尚的年輕消費族群，對具有新特色的商品特別敏感，喜好領先試用新樣式商品，甚至樂意付出較高的價錢消費，由此形成商品流行的動力。以目前手機的流行與汰換爲例，其求新求美與求變求異的變化運動速度，確實快得驚人。

經過這類消費者的試用及其傳播，引起其他消費者的模仿消費行爲，形成商品流行的新潮流；隨著流行商品在社會上的流行，以及流行商品的改進或降價，大多數消費者出於模仿或經濟的動機採取消費行動。流行商品的擴散速度更快，擴散範圍更廣，形成商品流行的高潮。這種流行高潮持續一段時間後，如果流行商品的品質、樣式等沒有新的發展，該商品的時尚性就會逐步削弱，直至消失。

在一般情況下，流行的變化有它的規律，先是提倡、傳播，然後形成風氣、流行，最後衰落消失。流行商品的運動週期，不同種類的商品有所不同。一般來說，高檔耐用消費品流行週期時間較長，化妝品、服裝及日用小商品流行週期時間較短。流行的形成需要一段較長的時間，其過程是比較緩慢，但流行的衰落與消失則往往是迅速。

從總體趨勢看，流行的運動週期是趨向縮短。流行商品一旦被消費者接受，往往會形成流行現象，這無疑對商品的生產與經營是十分有利。

因此，進行新產品設計，必須注意瞭解與模仿現象產生的心理因素；把握消費水準、構成、興趣等方面的變動。再根據流行變化運動的特點，對流行作全面判斷，對流行運動的現階段進行周密分析，依照社會道德風尚和傳統習慣，吸收市場上最新流行商品的優點，使新產品具有時代特點，適應流行的要求。

由於人的個性心理特徵上的差異，人們對流行商品的需求就有所不同。例如，性格外向、喜好交際的人，對流行商品的刺激反應往往較為靈敏，擁有的欲求也比較強烈。性格內向、不善交際的人，則往往反應緩慢，擁有的欲望也不大強烈。一般看來，年輕消費者、女性消費者、支付能力較高的消費者，容易受流行商品的影響，求新或模仿的心理需要比較明顯。新產品設計除了要考慮流行商品與消費者個性心理特徵的相互關係外，還要考慮適應消費者的生活環境。

個人的心理需求，受著現實的社會環境的影響。此特點反映在消費者對新產品的心理需求上，則主要表現在受生活環境的影響。生活環境既包括家庭內的生活環境，也包括家庭外的社會環境。消費者生活環境的變化，也往往會刺激心理需求的變化。例如，新的居住環境引起消費新家具的動機；工作與生活的時間緊迫刺激速食品的需求。

新產品的設計，應從生活環境的角度去考察產品的功能與地位，使產品與消費者所處的生活環境相協調、配合。在一個居住環境裡，假使家具、家用電器以及其他室內陳設，在顏色、格調、款式等方面能協調一致，就能較適切地滿足消費者心理上，乃至生理上的需要。

總之，設計新產品不能閉門造車，而必須聯繫整個實際生活環境，將各種相關產品放在生活背景之中，整體考慮其心理功能與感知反映的作用，才能符合消費者的心理要求。

第三節 商標設計與消費心理

商標設計與消費心理在消費心理作用中也扮演重要角色。商品除了它的分類、設計、命名以及生命週期具有重大的消費心理意義之外，商品的設計更與消費心理具有密切關係。探討商標設計與消費心理，主要包括商標的心理意義、商標的心理功能、商標設計的心理要求，以及商標運用的心理對策。

一、商標的心理意義

商標，是指工商企業用以標明自己所生產或經營的商品，並使該商品區別於他人所生產或經營的商品的一種特定標誌。商標表示商品的獨特性質，並區別於其他同類商品。這種標誌通常是用文字、圖形或兩者相整合來表示的。商標經過註冊登記後，具有專利並受到法律的保護。商標對消費者而言，具有象徵性的心理意義，以獲得消費認同或識別。

二、商標的心理功能

商標在市場行銷活動中的基本功能早為人們所重視。歐洲在十三世紀商業盛行時，許多工作坊已在其產品上刻印商標。隨著商品交換的發展，商標的各種潛在功能不斷地顯露。

今天，商標的重要性更是與日俱增，不但與消費者的日常生活緊密相聯，而且還與工商企業的名聲和盛衰息息相關。在市場上，商標具有既有益於消費者，也有利於經營者的多種功能。下列指出商標的六種功能，提供參考：

(一)識別功能

商標是商品的臉面，它便於經營對象根據商標來識別不同商品、企

業或勞務，讓消費活動容易進行。商標又可以幫助消費者在消費商品的過程中，辨認商品是哪家工商企業生產或銷售，及其商品的特性，易於在各種同類商品中比較選擇，確定其商品品質程度。在現實的消費活動中，不少消費者常常就是認明商標來實現消費，這就是所謂「認牌選購」。

(二)服務功能

作為工商企業或商品的簡明標誌，商標可以幫助消費者在使用商品的過程中，比較迅速地覓得生產者或銷售者，獲得諮詢、維修、更換零配件等服務。

(三)傳播功能

一個設計出色的商標，可以透過商標本身鮮明的圖文、色彩，以及陳列、廣告等各種手段，突出與宣傳商標，把它所代表的商品或勞務更大範圍地傳播給消費者。從而使其形象深印在消費者腦海之中，便於記憶，並不斷地向社會的消費者群體滲透，具備大眾傳播的作用。

(四)促銷功能

商標能代表商品合法經營，以及它在社會上已經建立的信譽並表示商品品質，因而往往成為消費者選擇商品的根據之一，有利於經營者推銷同類新產品或擴大市場占有率。同時，商標所代表的良好的商品特性或勞務精神，及其本身的獨特標記，是增強消費者信任感和消費慾，提高對商品的辨別與識記能力，創造「認牌購貨」和惠顧購買等習慣心理的重要因素，從而擴大購買與銷售的市場效果。

(五)保護功能

商標在國家的商標管理機構註冊後，就取得專用權，受到法律保護，所謂「認明商標，謹防假冒」，禁止他人假冒和仿造使用。商標權是一種排他性的獨占權，只有商標權所有人才有權使用、轉讓或出售。這不僅可以保護競爭，維護生產者、經營者的信譽和經濟利益，也可以維護消

費者的利益。

(六)穩定功能

同一商標、同一規格的商品，可以代表一定的品質標準和技術要求。商標的確定，就有利於實行產品標準化和保證產品品質應達到的標準，從而保證品質的穩定，例如，早期的「正」字標誌、現在食品的GMP、電器用品（美國）的UL標誌等。同時，商標作爲商品的一種標記，消費者和市場管理部門就便於對商品價格進行管理和監督，這就有利於商品價格的穩定，減少波動。

從上述商標的各項功能來看，商標對市場行銷活動的影響是多方面的。尤其它可以作爲商品品質和廠商信譽的一種標誌，並決定了消費者對商品品質的判斷和對廠商印象的形成，大幅影響消費者的心理活動與消費行爲，並由此帶來市場需求的變動。

三、商標設計的心理要求

商標的構成是靈活多樣，既可以由詞、字母、數字、圖形等材料單獨構成，也可以由這些材料的任何兩項或幾項混合而構成，甚至以商品的包裝和容器的特殊樣式等構成，而商標的設計題材也是極爲廣闊。

在現代市場銷售中，要發揮商標的各種功能，商標設計不管在名稱的選擇，還是形象的設計，都是頗爲講究。一方面要注意法律責任和社會效果，不要違反商標法律或商標管理條例，避免使用難以註冊爲商標的東西。另一方面，必須特別注意組成商標的東西對消費對象心理上的各種刺激，不會造成消費者在消費商品時識別上的困難或混亂，不會觸犯主要銷售對象忌諱的詞語和形象或使人反感的標誌。

更重要的是，要注意適應消費者的各種心理需要，有意識地運用心理學原理，誘發消費者對商標的注意、記憶和偏愛。從實務上證明，適合消費者心理的商標設計，對商標功能的顯現是至關重要的。商標設計必須注意下列四項心理要求：

(一)簡明與生動

現代商標必須用簡潔明瞭，易於拼讀和發音的語言，單純醒目的、易於理解和記憶的圖案，鮮明有力的、易於識別和確認的特徵去組成商標所表示的各種意象和集合體；給人以強烈的、喜悅的感覺，才能使消費者在短暫的接觸時間裡，比較準確地接收商標所傳遞的有關資訊，在腦海中留下清晰的印象。

(二)創新與別緻

要樹立商標的信譽，提高消費者對商標的偏愛程度，發揮商標促進銷售和開拓市場的作用，必須努力創造出新穎巧妙、有藝術魅力的商標形象，才能在剎那間捕捉住消費者的視覺，引起興趣，使之駐足欣賞，滿足其審美享受，並由此產生對商標所代表的商品生產者或銷售者，以及商品品質或勞務精神的信任與好感，促進消費欲望。

(三)寓意善良

商標要在目標市場上樹立形象，就必須根據消費者的時代風尚、風俗習慣、宗教信仰、文化教育和消費心理等狀況，慎重選擇構成商標的材料及其組合。力求圖案的結構、形狀、色彩等方面具有善良美好的涵義，象徵光明進步的事物，能誘發消費者幸福美好、健康愉快的種種聯想。

特別是外銷商品商標的設計，更要充分瞭解商品主要銷國家的種族、制度、歷史、文化、風俗、語言等情況，有意識地採用當地喜好的吉利標誌，避免採用別人忌諱或者容易產生誤會和反感的商標組成材料。

個案研究：民族特色

印度人把不完整的月亮看作不祥之兆，所以，把新月牌商品運往印度，將不受歡迎，而運往歐洲則大受歡迎，因為歐洲人把新月看作美好象徵。又如，把白象牌商品運往歐洲將賣不出去，因為歐洲人不喜歡白象；

而運往印度則相反，因印度人把白象視為美好象徵。當然，商標也要注意整合自己的民族特色，使之具有本土的特色。

(四)獨特與名實相符

商標是用來表達企業的性格和商品獨特性質的。設計商標必須別出心裁，盡力創造特色，樹立獨有風格，使之具有顯著的差別性、專用性和提示性。

所謂差別性，就是商標在被使用時，能把自己代表的商品與其他同類商品區別開來的特性，能使消費者透過商標分辨不同商品生產者或經營者的商品，並掌握其商品品質的差異。

所謂專用性，就是商標能顯示出商品生產者或銷售者的性格與服務精神，以直接反映，或是間接的象徵，把企業的經營特色與商標構圖結合起來，具有獨一無二、不可冒用的特點，能使消費者透過商標看到企業的成就，並增強消費信心。

所謂提示性，就是商標及其組成材料的涵義、形狀、音韻、情調等，與它所表達的商品實體的性質特點相協調，符合消費者的消費要求，使消費者透過商標獲得啓示和心理滿足，促進再度消費的行爲。

四、商標運用的心理對策

商標的設計固然是十分重要的，但僅有成功的設計，而不會巧妙地運用，商標的潛在功能也是不能充分發揮。

由於經營方式、市場特點等的多樣性及其發展變化，商標的使用方法有很多種，但歸納起來，現行的商標對策主要有兩種：

(一)使用統一商標

使用統一商標是給企業的兩條產品線以上的全部商品，都用同一種商標的方法。它有利於代表全部產品品質的一致性，縮短消費者對生產者和銷售者及其商品的認識過程。假使某一產品深受消費者歡迎，並樹立了

良好的商標形象，就會有效地有利於其他商品的銷售，使消費者對全部商品都完全信任，產生喜愛的心理和惠顧的行爲。

如此，對企業推銷新產品、節省商品廣告宣傳費用都極爲有利，尤其是樹立了信譽的著名商標，其作用是非常好。當然，這種方法也有它的局限和風險。例如，難於進一步強調某種商品的特性，使之與同類商品有較爲鮮明的區別。假使某些商品品質不穩定，有下降趨勢，或商品品質差別較大，也會損及其他商品，甚至是全部商品的信譽，這是使用商標時必須注意的重要方面。

(二)使用獨立商標

使用獨立商標是給企業的各條產品線的商品或品質不同的同類商品，標以各種不同的商標的方法。它有利於企業達到區別商品品質差異，增加商品花色種類，迎合消費者各種心理需要，擴展銷售市場範圍，取得更大的銷售額等目的。例如，爲一種品質相同的商品設計多種商標，能給消費者新鮮感，引起興趣與好奇；爲一種品質不同的商品設計多種商標，能在價格上有所區分，客觀上可以增加花色品種的作用，並有效地表達某商品的特質，滿足消費者普遍存在的選購欲望。

同時，一個企業設計多種商標，不僅容易適應各個商品銷售市場不同的消費習慣和消費心理需求，而且還可以有效避免因某種商品的失敗損及企業全部商品的風險。當然，這並不是說一個企業使用的商標越多越好，太多太雜也會削弱商標的宣傳優勢，或給消費者混亂的感覺，因此要根據實際情況來使用商標。

綜合以上所述，適應消費者心理需要之商標設計，對市場行銷活動的影響是客觀存在，它可以有效建立、維護和促進生產者與消費者之間的聯繫。在消費者心目中富有威望的商標，實際上是企業巨大、無形的財產。

在現實市場活動中，著名商標獲得消費者偏愛的基礎，主要還是它所代表的商品實體的優良性能與心理性能，以及令人滿意的服務精神。所

以，創造名牌商品，保證商品品質和服務品質是樹立消費者愛護著名商標的基本策略。

第四節　商品命名與生命週期

商品命名與生命週期和消費心理作用有重要的關聯。商品除了它的分類、設計以及生命週期具有重大的消費心理意義，商品的命名與消費心理更有密切關係。我們討論的重點包括商品命名與商品生命週期兩個項目。

一、商品命名的心理效應

探討商品命名與消費心理，主要包括商品命名的心理效應與具有心理意義的命名方式等兩個項目。在商品生產中，給不同物質的商品，運用語言文字取一個與商品的自然屬性或主要特性等相協調的特定名稱。這種能概括反映商品特性的文字稱號稱爲「商品名稱」。

商品名稱不僅是消費者藉以識別商品的主要標誌之一，而且是引起消費者心理活動的一種特殊刺激物。商品名稱能代表具體商品，以刺激消費者的知覺而作用於條件反射系統，消費者的心理活動帶來認識與記憶商品的功能。

由於商品名稱概括地反映、描述了商品的特點，或性能、用途，或成分、形狀等方面，使品種繁多的商品分別有獨特色彩的符號。從實務上看，一個商品名稱的好壞，給消費者心理上的刺激是截然不同。

一個好的商品名稱，不但能使消費者易於瞭解商品的主要特點，易於記憶商品的形象，還對豐富消費者的心理活動和刺激消費欲望具有效力。因此，商品的命名必須符合下列四項心理要求：

(一)便於認知

商品名稱應該與商品實體的主要性質和特點相適應，並能反映出商品的特性，使消費者只要間接看到或聽到商品的名稱，而無須看到商品實體，就能顧名思義，對商品的特性有相當的瞭解，從而有助於消費者的記憶過程和抽象思維過程，促進對商品的認識活動。

(二)幫助記憶

商品命名應力求文字簡潔、貼切，且高度概括地標誌商品實體。根據人們的記憶規律，商品命名中文最好以五個字（包括五個字）以內爲宜，文字太長不易記憶，而且印象模糊。同時，要易讀易懂，能適應商品主要銷售對象的一般知識水準，在使用語言文字時，應避免生僻、繞口和複雜、難懂的字句，盡量不要用多數人看不懂的言語。

此外，名詞術語，要使消費者一看就懂，唸起來順口，印象深刻，容易記住商品名稱以及它所代表的商品實體。實務上證明：簡潔、易懂、順口的商品名稱對商業行銷活動產生積極的促銷作用。

(三)誘發情感

情感是人對客觀事物的一種態度。沒有對商品的積極情感，就不可能有消費商品的需求。商品命名應在商品的性質與用途等基礎上，根據商品不同的消費者的個性心理特點，給商品帶來具有情緒色彩或性格特徵的名字，使不同的商品命名各具特色，或文雅別緻，或樸實大方，或剛硬有力，或柔和潔麗，或剛柔並濟等，更佳反映出商品的個性特點，以適應不同的年齡、職業和性別個性心理的消費者，誘發消費者積極的情感。

在誘發消費者積極的情感同時，也應注意符合消費者的消費習慣、民族風俗等要求，避免因商品名稱引起的對抗性情感。總之，一個好的商品名稱能誘發消費者的情感，從而對該商品產生購買欲望。

(四)啓發聯想

商品命名要充分啓發消費者有益的聯想。因此，應力求品名具有科學性、獨特性和趣味性，能啓發消費者對歷史知識、生活知識與科學知識的理解，以利用事物之間的聯繫，形成各種豐富聯想。還應力求品名富有藝術感染力，寓意深遠，涵義良善和情趣健康，能引起消費者對美好事物的回憶、想像和嚮往。命名必須注意避免雷同與一般化，否則，不但難以形成有益的聯想與對未來事物的想像，還可能引起厭煩與疑慮等抑制消費行爲的心理。同時，根據商品銷售範圍和未來發展新產品的需要，命名也應考慮有彈性，使其具有較好的適應力和生命力。

二、具有心理意義的命名方式

根據命名的心理要求，特別要使命名能給消費者心理活動能產生刺激，促使其對商品產生各種有益的心理感覺。隨著商品經濟的發展，商品種類的繁多，商品命名的方法也愈來愈複雜。商品命名的心理方法，主要有下列九種：

(一)效用命名法

效用命名法多在爲日用工業品與醫藥品之類商品命名時使用，符合消費者對商品實用與實惠的心理要求。這種命名能直接反映商品的主要性能和用途，幫助消費者迅速瞭解商品的功效，產生望文生義的作用，並迎合消費者對商品實用價值的心理要求，例如，「感冒靈」，是醫治感冒的藥品；「去汙快」，是除去汙垢的清潔粉劑。

(二)成分命名法

成分命名法能夠直接反映商品的主要成分，提高商品的價值，並區別於其他同類商品，這不但有吸引消費者注意的作用，而且還爲消費者認識商品的價值提供資料，增強對商品的信任感。特別是命名所反映的主要成分是衆所周知的名貴材料時，更能帶給消費者名貴感與信任感，促進消費欲望。例如，「八寶粥」、「人參蜂王漿」、「珍珠粉」之類的命名，往往就有這種心理作用。

(三)產地命名法

產地命名法一般多用在頗具名氣的土產或特產命名時使用。這種命名能給消費者以商品貨真價實、效用顯著、具有獨特的地方風味等感覺，適應消費者求實和嘗新等心理需要。例如，「關廟麵」、「文山包種茶」就屬這種命名方法。

(四)人名命名法

人名命名法是以主要以歷史人物、傳說人物或產品首創者的人名來命名。這種命名方法把特定的人與特定的商品聯繫起來，能給消費者有傳統產品、工藝精良、配方用料講究等心理作用，還能激起消費者對產品的首創者或歷史人物的追憶與聯想，刺激消費興趣和惠顧消費動機。例如，「麥當勞漢堡」、「豐田汽車」就屬這種命名方法。

(五)製作命名法

這種方法多在爲有獨特製作工藝或有紀念意義的研製過程的商品命名時使用。這種命名能使消費者從商品名稱瞭解到商品製作的主要方法或不尋常的創製過程，由此提高商品的威望，給消費者以商品品質可靠的感覺，滿足消費者普遍存在的求知欲望。例如：單一麥芽威士忌（single malt whiskey）是指完全來自同一家蒸餾廠、完全以發芽大麥爲原料所製造的威士忌。

(六)外形命名法

外形命名法多在爲食品、工藝品之類商品命名時使用。這種命名能突出商品的優美造型，引起消費者的注意，滿足消費者的審美要求。同時，由於品名形象化，往往能提高消費者的記憶效果。例如，「紅龜糕」，是以形同烏龜的糕餅而命名。

(七)形容命名法

形容命名法這種方法，多爲用途較爲廣泛的商品命名時使用。這種命名能暗示商品的性能和品質，符合消費者的新奇、實惠心理，滿足他們希望透過消費或使用商品獲得奇特、實惠等需求，往往能引起惠顧消費。

例如，「健美衫」，穿起來矯健美麗；「康樂球」，就是以此球玩耍對健康有益；「長壽酒」，暗示常飲此酒可以延年益壽，活到一百歲。當然，採用這種命名方法時，也應注意不要過於誇張，以免引起消費者的反感。

(八)顏色命名法

顏色命名法是根據商品的外觀顏色，配上富有色彩的名稱命名商品的方法。它能滿足消費者美感、審美心理需求，能突出商品色彩，觸發視覺聯想，加深對商品的印象。例如，「紅茶」、「綠茶」、「白木耳」等，就是以顏色命名的。

(九)原文譯音命名法

原文譯音命名法，通常多在為進口商品命名時使用。以外文譯音為商品命名，不但可以克服某些外來語詞彙翻譯上的困難，還能滿足消費者的求新、求變、求異等心理需要。例如，「可口可樂」飲料、「威士忌」酒、「夾克」外套、「維他命」藥品、「萬寶路」香菸和「亞米茄」手錶就屬於這種命名。

運用上述方法給商品命名，往往能促使消費者從商品的名稱聯繫到商品的有關方面，使之形成豐富的聯想與想像，產生各種積極的情緒體驗，可以滿足消費者對商品的特殊心理需要，從而誘發消費欲望，加速商品的銷售。

三、商品生命週期的心理意義

當我們討論商品與消費心理的關係時，不能忽略商品生命週期所代表的心理意義。探討商品生命週期與消費心理，主要包括商品生命週期的心理意義，階段性消費心理及行銷策略兩個項目。商品生命週期是指商品從市場上產生、發展和衰落的客觀運行過程，即產品進入市場到退出市場時期。

商品生命週期，是商品在市場流通過程中，由於消費者的需求變化

以及影響市場的其他因素所形成的，不是指商品在使用過程中由於損耗造成的使用壽命。因此，商品生命週期可以說是商品在市場運行中的經濟壽命。它主要是由於消費者的消費方式、消費水準、消費結構和消費心理的變化而決定。

商品生命週期，一般分爲進入期、發展期、成熟期、飽和期和衰落期五個階段。在不同的時期，適合該種商品的行銷特點也不相同，生產者和商業經營者應根據不同時期的消費心理特點，制訂不同的行銷策略。

四、階段性消費心理與行銷策略

在商品生命週期的不同階段中，人們的消費心理也不相同。因此，要制訂適當的市場行銷策略，必須研究消費者在商品生命週期不同階段的心理表現。下面依照商品生命週期，說明該週期的心理意義。

(一)進入期的心理表現

商品進入期是產品初期發展階段，也是商品投入市場的初期。在這一時期，由於生產工藝還不成熟，技術上不夠完善，設計在不斷地改變，因而在產品的品質和性能上也不夠穩定。但由於市場競爭對手少，產品具有創新或改良的特點，對消費者仍具有吸引力。在這一時期中，消費者心理反應及其主要特點是，極少數消費者在求新、好奇、趨美、適時的心理需求下，起帶頭消費新產品的作用。

從大多數消費者來看，由於對新投入市場的商品不瞭解，或是不願承擔消費風險，或是受對原消費習慣的影響，因而程度不同地表現出拒絕消費的心理。在認知要求上，由於對新產品的性能與特點的不瞭解，因而對產品的性能、用途、優點和消費地點的宣傳特別注重，所以，做好新產品的廣告宣傳，對產品能否迅速推廣和擴大市場占有率有重要意義。

在價格心理上，由於對新產品具有新穎和品質改良的心理作用，同時在市場上無法對價格進行比較，因此，假使新產品具有特色並有較好的品質，適當高一點的價格，消費者在心理上是能接受，也符合以質論價的

原則。

(二)發展期的心理表現

商品發展期是產品進入增長階段，也是商品在市場上已具有初步市占率並逐步拓展市場的時期。在此時期，商品品質進一步提高，市場競爭開始出現，銷售量逐步增加。

商品經過試銷階段，消費者對商品已有初步認識，消費的興趣和個人欲望有所增強。但由於商品進入市場時間還短，商品的變化也較大，因而消費者在消費心理上，仍有相當疑惑，認爲還存在些許風險性。因此，在這一時期還必須加強商品的廣告宣傳，增強消費欲望和消費信心，特別要有計畫性地消除消費者對商品的各種疑慮心理。

個案研究：效能與品質

針對消費者對鋁製品的致癌問題、家用電器產品的耗電和安全問題，以及食品、藥品的衛生與副作用問題等引起的疑慮心理，進行反覆的說服，克服抑制消費行為的心理因素，加深消費者對商品的印象，把提高商品的效能與品質，加強廣告宣傳整合起來。

在價格心理上，消費者在對商品的認知過程中，認為商品已經大量生產，成本下降，價格應有所下降，如果價格仍然較高，在消費心理上是難以接受。因此，在發展期的商品價格策略，應盡可能保持原價或適當降價，以吸引對價格敏感的潛在消費者。

(三)成熟期的心理表現

成熟期是商品從生產到市場銷售處於全面成熟的時期。其主要特點是，產品定型，工藝成熟；銷售量明顯增加，企業利潤達到高峰；同類產品在市場上不斷地出現，價格趨向一致，市場競爭激烈。尋找市場深度和開拓新市場是此時期企業的新要求。商品進入成熟期後，商品的消費者開

始從少數人轉向基本消費群衆，從較高收入階層轉向中等收入階層。

消費心理最明顯的反映是對商品的選擇性，包括對商品功能、造型、顏色的選擇，對價格的選擇，對售後服務與零配件供應便利程度的選擇等。因此，此時在產品策略上，應注意發展變形產品、多功能產品，提高產品的品質，改變產品的特色和款式，爲消費者提供新的利益。或者，增加產品服務項目，滿足消費者取得額外益處的心理欲望。

在宣傳廣告上，應根據消費者的心理反應，從產品「報導式」廣告轉爲「對比式」廣告，加強向消費者介紹產品的獨創性和優異性，滿足其選擇的心理需要。在價格策略上，應更多地運用心理訂價方法，如折扣性訂價法、威望性訂價法等，就更能吸引老用戶和爭取新用戶。

(四)飽和期的心理表現

商品生命週期的飽和階段，包括消費者需求的飽和與支付能力消費需求的飽和兩種不同的情況。這一時期市場行銷特點是，市場競爭進一步提升，商品銷售量緩慢上升或下降，呈曲線波動，商品銷售量大，庫存也大。仿製品和代用品不斷地出現，價格下降趨勢明顯，於是，全行業範圍的銷售達到飽和點。在這一階段裡，消費者的消費行爲也有明顯變化，老用戶主要爲了更新而消費，而潛在消費者則不多；消費者對商品品質與效能的要求更高更嚴。此刻，提高商品品質和增強商品效能的差異性就十分重要。產品的不同屬性可以吸引不同類型的消費者，由此開拓市場的深度。同時，強調市場細分化，針對不同目標市場消費者的心理特點，改變廣告宣傳的內容，樹立產品的新形象，也能發掘新的市場和新的消費方式，開拓市場的廣度。

(五)衰落期的心理表現

這是商品在經濟上處於老化，在市場上面臨被淘汰的時期。在這一時期，雖然某些競爭產品已退出市場，但市場範圍仍不斷地縮小，銷售量由緩慢下降變爲急劇下降，企業的生產能力和市場銷售量下降的矛盾十分明顯。產品進入這一時期後，消費心理主要反映在「期待」上面，消費者

既期待同類新產品的出現，也期待老產品的降價處理。

衰落期商品銷售下降的速度，不同種類的商品有所不同，有的下降速度很猛烈，有的可以拖延若干年。因此，對商品衰落期的判斷十分重要，如果判斷不當，過早淘汰，對企業經營影響很大；反之，延誤時機，也容易在消費者心目中造成經營落後的不良印象，損害企業的形象及其經營信譽和長遠利益。

商業加油站

缺失與優勢

話說，一隻公雞正在穀倉前的空地上尋覓食物。當牠撥開地上的雜草，牠發現了一顆寶石。公雞覺得這顆寶石非常值錢，因為它在陽光下閃閃發光。

這個東西也許值很多錢，公雞暗自思量，但是，我情願用這個閃閃發光的東西去交換一些麥粒。

很多事物只有在旁觀者的眼睛裡才是顯得寶貴的。

管理者從何處發掘營業的缺失與優勢？

如果這隻公雞能看得更長遠一些，牠將會意識到，這顆寶石將可以換來一大筆錢，而那些錢可以購買無數的物品。但是，公雞並沒有意識到這一點。相反地，牠只注重自己對草料的內在需要。有時候，員工們也會無意地發現公司中的寶石，但是，他們並不重視發現物的價值。正如同沃爾頓（Sam Walton）美國沃爾瑪（Wal-Mart）大型全國性超市總經理，在他的自傳《山姆・沃爾頓：美國製造》（*Sam Walton: Made In America*, 1993）中所描繪的那樣。

個案研究：提高績效的辦法

話說，沃爾頓和另一個公司的經理考夫林已經習慣於定期去查看各地的沃爾瑪超市。效法麥當勞公司之父克洛克（Ray Kroc）在其著作《永不放棄：我如何打造麥當勞王國》（*Grinding IT Out: The Making of McDonald's*, 1992）的觀點與做法，沃爾頓堅信經常去查看超市現場可以獲得提高績效的好辦法。有一天，沃爾頓和考夫林決定去看看路易斯安那州考利市的一座超市，那裡的經理是麥克阿利斯特。當沃爾頓和考夫林沿著店走的時候，他們發現麥克阿利斯特站在大樓前面招呼來往的客人。

麥克阿利斯特給沃爾頓留下了極深的印象，他有超凡的本領，可以讓每一個顧客都感到溫暖和受到尊重。表面上看，他的招呼是為了讓顧客感覺更好。但他站在這麼顯著地方的真實理由是，他要確保不會有人拿了商品不付錢就從出口出去——偷竊可是商店主人最頭疼的事情。考夫林說，麥克阿利斯特非常懂得如何看管他的貨物。他不願意僱用一個保全人員站在門口來監視顧客，但他希望給顧客留下一個清晰的暗示：歡迎光臨的同時也監視可能未付帳而偷溜的人。

沃爾頓覺得這是一個好主意，應該在超市門口設一個迎賓員，透過他來對顧客們表達溫暖、友好的問候。沃爾頓一再堅持，終於說服了沃爾瑪一直對此表示反對的管理最高層。考夫林說：「我想應該是在1989年的某一天，沃爾頓終於獲得了勝利。當他走進伊利諾州的一家超市時，發現門口已經設了好幾個迎賓員。」

人才需要舞台，市場中處處充滿了員工們的各種奇特想法。例如，麥當勞的巨無霸三明治；3M公司的便利貼；新力的隨身聽；還有Mister Donut快餐店的甜甜圈都是當時公司鼓勵員工創造力的結果。請問：

你的公司提供員工需要的舞台嗎？

你的公司鼓勵採用員工的創新來增加收益嗎？

底層員工的創意是透過什麼管道傳達到高層的呢？

意見箱由於隱密性高，是個不錯的管道。另外，公司內部的電子郵箱也是個好方式，員工們可以直接把意見寄給管理階層。請記住：無論使用什麼辦法，主管者一定要保證對每一個提出意見的員工進行答覆。即使你完全不打算採用它，也要讓員工們知道，你很重視他們的各種意見，這樣他們才會覺得公司有更高的發展。如果你發現有的主意真的是寶石，那麼你就應該公開感謝這位員工，這樣做也會激勵其他員工一同努力。連續不斷的進步總是從第一線人員開始。

要鼓勵每一個員工
去發現隱藏在組織裡
像寶石一樣珍貴的想法。

商品包裝的心理作用

- 商品包裝的心理功能
- 商品包裝設計的心理要求
- 商品包裝設計的心理對策
- 商品包裝與高度消費
- 商業加油站：兩個鍋子的教訓

商品包裝的心理作用是指，商品包裝包含有重要的心理作用。俗話說：「人要衣裝，佛要金裝」，在講究外觀的時代，商品要吸引消費者，必須要在商品包裝上下功夫。過去亞洲商人（除了日本）對此不夠重視，以致許多台灣商品出口發生了「一等商品、二等包裝、三等價格」的情況。還有，以前，中國出口人參用麻袋與木箱包裝，外商客戶懷疑是蘿蔔乾，結果好貨賣不到好價錢。其重要原因是包裝落後。

商品包裝是保護商品在流通過程中品質完好和數量完整的重要措施。一種商品能穩定地立足於市場上，取信並取悅於消費者，培養和製造出社會消費新需求，往往與商品包裝有著密切的關係。

目前的商品生產者和經營者都清楚地知道商品包裝不僅是承載、儲運和保護商品的重要工具，而且是美化、宣傳和推銷商品必不可少的手段，是商品生產和銷售競爭策略的重點。在當今市場的消費活動中，從商業心理學的角度探究，最重要就是商品包裝的外觀形象，強烈地刺激消費者的視覺，帶給消費者第一印象的作用，引起他們的心理活動和消費欲望。

包裝良好的商品，不僅能吸引顧客、擴大銷路，還可增加售價。隨著人們消費力的提高，以及商業的繁榮和銷售方式的發展，商品包裝對促進銷售愈來愈明顯。如何設計適應商業活動和消費者樂於接受的商品包裝，愈來愈爲商品生產者與經營者所重視。人類社會自有商品經營以來，就開始意識到商品包裝的實用價值。從使用草袋、竹筒、獸皮囊等包裝物品，到使用布袋、陶瓷器、玻璃罐、紙盒等包裝物品，經歷了漫長的發展階段。

然而，在過去很長的一段時期，人們普遍地認爲，商品包裝只是爲了儲存和保護其承載或裹束的物品而設計使用。隨著商品生產多樣化和銷售方式現代化的發展，新的包裝觀念才逐步形成。商品包裝泛指用於盛裝、裹束、保護貨物的卸裝容器或包紮物。

商品包裝會隨著商品生產和經營的發展，商品包裝的形式還在不斷地發展。本章根據「商品包裝的心理作用」主題，討論四個重要議題：

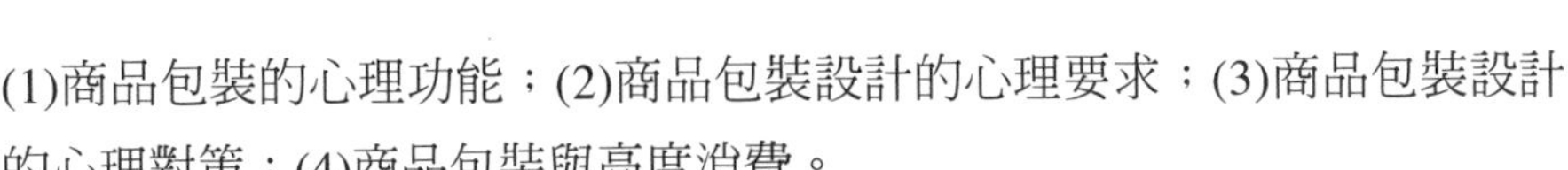

(1)商品包裝的心理功能；(2)商品包裝設計的心理要求；(3)商品包裝設計的心理對策；(4)商品包裝與高度消費。

在第一節「商品包裝的心理功能」裡，討論五個項目：傳遞資訊的功能、識別與指示功能、喚起興趣的功能、促進信任的功能、便利與增值功能。在第二節「商品包裝設計的心理要求」裡，討論五個項目：使用安全與便利、突出商品的形象、具有時代的特色、深具美觀與魅力、誘發好感的聯想。在第三節「商品包裝設計的心理對策」裡，討論三個項目：按照消費習慣設計、按照消費對象設計、按照性別年齡設計。在第四節「商品包裝與高度消費」裡，討論兩個項目：高度的消費專注、非尋求的商品。

第一節　商品包裝的心理功能

現在的商品生產者和經營者都清楚地知道商品包裝不僅是承載、儲運和保護商品的重要工具，而且是美化、宣傳和推銷商品必不可少的手段，是商品生產和銷售競爭策略的重點。在當今市場的消費活動中，從商業心理學的角度探究，這種現象的產生，主要就是商品包裝的外觀形象，強烈地刺激消費者的視覺，帶給消費者第一印象的作用，引起他們的心理活動和消費欲望。

大多數消費者在購買某個商品之前，往往都非常仔細地端詳商品的包裝，從中尋找出值得購買的理由後，才決定或執行消費決策。特別是在開放式的商場裡，出色的商品包裝，是刺激消費者作衝動性消費的重要外在因素。商品包裝對消費者消費心理活動的影響功能，可以歸納爲以下五方面：

一、傳遞資訊的功能

商品包裝具有協助消費者選購，是指導消費活動的理想媒介，也就是所謂傳遞消費資訊的功能。因此，商品的包裝幫助消費者在最短的時間裡接觸該商品的相關資訊。在商品琳瑯滿目的現代消費市場上，商品包裝已成為顯示商品差異化的象徵與指標。因此，具有獨特個性，能夠反映商品品質或企業特點的商品包裝，可以幫助消費者辨認商品種類與生產特色，便於對商品進行比較與選擇。

另外，包裝上的有關商品的產地、重量、構成成分、使用方法、生產與保存日期以及注意事項等圖畫與文字，為指導消費者正確使用商品提供了必要的依據，具有傳遞商品有關資訊的作用。資訊的傳遞，促進了消費者對商品的認識過程，適應了消費者普遍存在的選擇與便利的心理需要。

二、識別與指示功能

商品包裝的功能是產生識別與指示作用，區別與其他種類商品或廠牌的商品，以便加快消費心理活動的認識過程。消費者一般習慣以商品的包裝來識別商品的類別，包括商標、大小、形狀、圖形與文字。然後，消費者還可以從商品包裝獲得有關商品的性能和狀況，對消費決策發生指導作用。當消費者尋找到某種商品的同時，通常也會進一步透過檢視包裝的圖形與文字說明來獲得該產品功能的參考資料。

三、喚起興趣的功能

商品的包裝也具有喚起消費者興趣的功能。具有藝術感、時代感與名貴感的商品包裝，往往能緊緊地吸引消費者的視覺，喚起他們濃厚的消費興趣。同時，具有藝術魅力的商品包裝，不但可以美化商品，乃至美化人類生活環境的效果。然後，因為其包裝的美化形象而提高商品的外觀品質，由此刺激消費者產生了社會性的需要，誘發個人心理性的消費動機。在市場上，用心設計的商品包裝，即使提高了商品的價格，消費者也往往出於某種心理性動機而樂意購買。

四、促進信任的功能

商品包裝更具有促進消費信任的功能。由於商品包裝上顯示有關廠牌、商標、產地與說明等方面的宣傳，賦予商品鮮明的特徵，使之成爲有效的廣告媒介。由於適當與美好的包裝設計，可以不斷地加深消費者對該商品的印象與信任感，以便在消費者心中樹立商品的良好形象。因此，包裝雖然是商品本身以外的附加物，但也是商品的形影、象徵，具有指示商品實體和無聲推銷員的作用。

五、便利與增值功能

優良的商品包裝具有商品便利與增值的功能。牢固、精巧的包裝能給消費者感受到攜帶、使用和保管商品的安全和便利感。同時，由於設計漂亮、風格獨特，具有象徵意義的商品包裝，消費者往往願意以高於普通包裝商品的價格購買，以滿足個人的種種心理要求。因此，美好設計的商品包裝，能夠成爲商品增值的一種手段。

總之，隨著新的商品開放式銷售的發展，以及包裝材料、工藝、形式的不斷創新，包裝的心理功能扮演了更重要的角色。現代商品的包裝已經深入每個消費者的消費意識中，成爲社會經濟生活和人民消費行爲不可缺少的一部分。

第二節　商品包裝設計的心理要求

根據上一節商品包裝所具有的五種心理功能，商品包裝在設計上要特別充分利用包裝的外觀形象，以便滿足消費者對包裝外觀及其內容物品的心理要求。商品包裝要獲得廣大消費者的喜愛，不僅需要整合化學和物理學等科學原理，以進行包裝物理性能方面的設計，而且還必須整合心理學、美學、市場學等基本知識，進行包裝心理功能方面的設計。

愈有特色的商品包裝有賴於成功的設計。現代商品包裝的各項設計，一般應達到下列五項心理要求：

一、使用安全與便利

在現今市場上，一些採用密封式、攜帶式、掛包式、折疊式、噴霧式、拉環式、按鈕式等包裝的商品之所以受到消費者的普遍歡迎，也就是它能給消費者方便於攜帶、保管、使用，以及安全、衛生的良好感覺。因此，商品的包裝設計應該考慮適用於消費者使用的場合需求，同時兼顧科學性與實用性。科學性與實用性的設計，牽涉到包裝的結構、形狀、規格和開啓形式。

個案研究：善用包裝效用

會吸附異味的商品，應選擇不帶氣味的包裝材料；易碎怕壓的商品，應設計抗壓性能較強和便於攜帶的附有襯墊材料的包裝結構；可以多次使用或使用期較長的商品，應設計便於開啟與保管的包裝形式。此外，在商品包裝上印有使用和保管等方面知識，也是為消費者提供便利不可缺少的設計要素。這樣才能激起消費者的惠顧動機，促進重複消費行為。

二、突出商品的形象

包裝的設計是消費者接觸該商品的「第一印象」。第一印象如何，往往會左右人們以後的消費行爲。俗話說「先入爲主」就是第一印象的作用。要爭取先入爲主，首先力求商品包裝設計的突出形象。商品包裝雖然能產生較強的吸引力，但就大多數消費者來說，最關心的還是包裝的內容物。因此，包裝設計必須運用多種手段，直接或間接地反映商品的特性，突出地顯示商品形象，以縮短消費者認識商品的過程，滿足其求實心理或習慣心理的需要。

個案研究：慣用式包裝

設計透明或開窗式包裝，直接顯示商品形象；設計印有鮮明真實的商品實體或使用效果的攝影包裝，間接地顯示商品形象與設計慣用式包裝或系列化包裝，使消費者只要看到商品包裝就能聯想起商品的形象。

各種商品包裝設計，都應力求與商品的特點、價值和使用者的個性心理相吻合，讓包裝與商品充分協調，能給消費者認識商品的特質。例如，婦女用的化妝品，要求包裝造型柔和，典雅潔淨；精美的工藝品要求包裝造型獨特，外觀華麗；兒童用品的包裝要求五彩繽紛、活潑可愛；糖果、餅乾等食品包裝，應做到能引起消費者的食慾；服裝的包裝則要注意突出商品實體，不要喧賓奪主。

總之，不論是在造型、體積、重量，還是在色彩、圖案等方面，突出商品形象，展現商品質地的包裝設計，不但能適應消費者關心包裝內容物的消費心理，有助於促進消費者的消費信心，而且還有利於發揮包裝的廣告宣傳功能。

三、具有時代的特色

商品包裝的現代化，也隨著社會的發展，消費者心理需求的不斷演變，其要求也日見提升。因此，商品包裝設計無論在材料研製、製作工藝、裝飾造型等方面，都必須充分利用當代科學技術，採用現代裝飾藝術，賦予濃厚的時代特色。然後，商品包裝也要能夠表現進步的精神象徵，給消費者以新穎獨特、簡潔明瞭、科學先進的感覺。

個案研究：包裝造型

採用塑料、鋁箔等材料，使包裝造型富於變化，反映社會消費水準的提高；採用先進製作技術，製作立體的包裝，使包裝引人注目，反映科學

技術的優異成果；採用構思獨特、圖案簡潔、色彩淡雅和諧的裝飾設計，使包裝適應現代化生活的趨向。

強調商品包裝的現代色彩，當然也要注意本土與傳統風格的發揚。現代製作工藝的使用，賦予包裝濃厚的時代特色，給消費者新鮮感、進步感，使得生活更加絢麗多彩，充滿時代氣息。採用的包裝材料，不僅有傳統的紙、木、竹、藤、棕、麻、草、柳條等，還有近代流行的金屬、玻璃、塑料以及其他新型材料。近年來，尤其以取代原有塑料的各種材料的現象比比皆是，使包裝更為科學，心理效果也更好。

使用新材料固然有時代感，但也絕不意味著傳統材料一概不用。假使適當利用一些傳統材料，例如柳條、竹、藤等，再加上現代工藝進行包裝，不但具有自然美、樸素美，而且也能給人耳目一新之感。進步的製作工藝，使商品包裝更加科學合理，也使得商品更具時代特色。例如充氣顆粒、塑料墊紙、瓦楞塑料墊紙、泡沫塑料、彈性塑料等，都是新工藝與新技術的結果。用於液狀商品的噴霧式結構容器包裝，也採用了新的工藝技術。

新穎的包裝裝飾是使商品包裝充滿時代氣息的重要手段。圖案色彩華麗清晰、豐富多彩、藝術精美，能給人美的觀感享受，同時也美化了生活環境。

四、深具美觀與魅力

商品的包裝以圖案爲主，並配合文字說明，以便突顯該商品的美觀與魅力。商品圖案設計一般有兩種不同的風格：現代特色與傳統特色。

現代特色是採用近代手法的圖案設計，例如，抽象圖形、不規則線條、誇張形象、實物或藝術攝影等。圖案的內容既可以是美麗風光、艷麗花卉、奇趣動物、美好神話，也可以是直接顯示包裝內容的商品彩色照片。傳統特色是用本土與傳統的圖案設計，例如，龍鳳呈祥、嫦娥奔月、宮燈仕女、彩桶古鼎、山水花鳥等。不論什麼樣的裝飾藝術風格和圖案內容，都必須構圖形象生動，色調清新明快、圖案和內容和諧一致。

上述這些圖案設計都要講求美觀大方，深具藝術能力，滿足消費者審美心理需要。美觀的包裝，可以在使用商品的過程中，當作美化環境的裝飾品，使消費者產生愉悅之情；在商業部門的銷售過程中，消費者往往被包裝的藝術能力所吸引而駐足欣賞，繼而產生消費興趣。因此，美麗的包裝是促進商品銷售的一種手段。

五、誘發好感的聯想

消費者由於個人因素，諸如種族、民族、性別、年齡、職業、信仰、文化、收入、經驗等不同，對於商品的喜好一定不相同。所以，在包裝的每一項設計上，例如造型、繪畫、文字、線條、符號、色彩以及採用的材料和形式，都會讓消費者產生不同的聯想，引起消費者的不同看法。

包裝設計要全面考慮主要銷售對象的愛好與忌諱，因此，瞭解他們喜歡、害怕、渴望、討厭、信仰、反對什麼，力求包裝設計的各項內容涵義積極而健康，能引起消費者的美好聯想，引發消費動機。

從包裝形式來說，例如有些營養食品不只可以給患者飲用，爲防止健康的人視之爲藥品以致不願飲用，故採取飲品的慣用包裝，而不是藥品慣用包裝。從繪畫圖像來說，例如卡通、白雪公主是兒童心目中的美好形象，因而多被兒童用品包裝圖案設計所採用。洗髮精、香皂之類洗滌用品多採用晶瑩水滴、雪白泡沫、蓬鬆頭髮、潔淨臉部、輕鬆笑容等構圖覆蓋整個包裝物表面，則能使消費者聯想到使用這些商品後所產生的良好效果，清爽愉悅之情也油然而生。

從色彩處理來看，婦女化妝用品大多爲青年婦女購買，因此包裝色彩常用充滿青春氣息的綠色作爲基調色，或用象徵幸福的桃紅、紫紅等色；結婚用品則多以各種濃淡的紅色如大紅、桃紅、紫紅等作爲基調色，以充滿歡慶氣氛。從文字說明來看，像食品包裝物上經常畫上引人注意和令人驚奇的紅、橙、黃色的星形、圓形、橢圓形、平行四邊形等幾何圖

形，並在其中寫有「新鮮」、「優質」、「鬆、軟、脆」等突出字樣，利於誘發增進食慾的各種聯想。

從採用材料來看，例如，麵包用薄而透明的塑料紙袋包裝，使人視之有新鮮感，觸之有鬆軟感，從而產生食用後效果的聯想，增強消費欲望。有的商品是經常消費、日常消費的普通用品，假使採用普通材料包裝，也會給經濟收入不高的人產生聯想，生產者和經營者是為了降低成本才用這樣普通材料包裝，因而產生好感，激發消費動機。

個案研究：象徵意義

包裝的象徵意義值得注意。東方人每逢喜慶之日，一般都喜愛購買配有紅色包裝的物品送禮，具有熱烈慶賀、吉祥如意之意，而忌諱購買純黑色與純白色的包裝物品，因純黑色往往象徵哀悼之意，容易使人產生恐懼與悲傷的心理聯想；純白色多在醫院使用，也容易使人產生不吉利與愁悶的心理聯想。又如，藥品採用綠色的包裝，往往給人以健康寧靜、充滿生機的感受，使人產生「樹木常青，長長久久」的聯想。

總之，包裝設計的心理要求，在外銷商品的包裝設計中尤其必要，否則會造成經濟與政治上不應有的損失。

第三節　商品包裝設計的心理對策

在現代消費市場劇烈競爭下，包裝設計的策略愈來愈顯得重要。因此，生產者針對各種消費者和使用者制定的包裝策略應運而生，使商品包裝的各種心理功能得到更好的發揮。商品包裝設計牽涉到許多方面的專業領域，從心理學的觀點，常用的包裝設計包括下列三種的主要對策：

一、按照消費習慣設計

消費者由於方便實惠的要求、生活經驗的累積、傳統觀念的沿襲，生理特點的適應等原因，將會促使消費習慣的形成。在大部分消費者中，消費習慣甚至是根深柢固。爲此，按照不同消費者的消費習慣設計商品包裝，是首要的心理策略。目前按照不同消費習慣而設計商品的包裝策略，通常有下面四種：

(一)慣用式

這是指某類商品長期沿用的、大衆習慣的、產品特有的包裝。主要是適應消費者的傳統觀念，便於消費者識別與記憶該類商品。按照不同消費習慣而設計商品的慣用式包裝，例如，飲料罐頭包裝造型大多設計成高圓柱形；火腿罐頭包裝造型大多設計成扁身馬蹄形；魚類罐頭包裝造型大多設計成扁舟橢圓形或長方形。

(二)分量式

分量式的包裝，這是將商品按照不同分量來進行分裝的包裝。它往往能適應不同消費者的消費習慣或生理特點，給消費者帶來方便。同時，能適應消費者試用新產品，從少量開始而逐漸增加的消費習慣，有助於消費者對新產品的嘗試接受。分量式商品的包裝，例如，一公升裝的米酒瓶；五十片裝的空白可燒錄CD/DVD盒；半斤裝或一斤裝的茶葉桶；十片裝或二十片裝的消炎藥片等。

(三)配套式

配套式的包裝，是指將用途相同、種類不同的數件商品組合成爲一件的包裝，以便於消費者使用上的方便。與此同時，配套式的包裝也給商品增加新鮮感或實用感。配套式的商品包裝，例如，文化用品——文具類的配套包裝；節日禮品——罐頭類的配套包裝；兒童玩具——模型汽車的配套包裝等。

(四)系列式

系列式的包裝，是為同一企業製造的用途相似、品質相近的商品設計圖案、形狀、色彩相同或類似的包裝。這種設計方便消費者識別商品的生產者與經營者，縮短對商品的認識過程，增強信任感。系列式的商品包裝，例如，某些糕點廠為各類點心餅乾設計的類似包裝；出版社把一系列的書使用同一封面設計；水耕蔬菜業者使用相同樣式包裝袋等。

二、按照消費對象設計

按照不同的消費對象而設計商品的包裝，也是重要的設計構想之一。由於消費者家庭收入、負擔狀況和生活方式，以及消費風氣、風尚和社會性需要的不同影響，都會對商品包裝提出不同的要求，有的追求高貴華麗、有的喜愛樸實大方、有的注重包裝的造型色彩、有的則注重包裝的結構實用等。針對不同的消費對象，目前市場上，一般利用包裝費用的高低、製作工藝的精簡、包裝形式的新舊等方法來適應不同的消費要求。屬於這種設計常用的策略有下面六種：

(一)等級式

等級式的包裝一般是按照商品的高、中、低檔設計，採用與其身價相匹配的包裝材料、包裝結構、包裝形式和包裝裝飾。這種包裝往往適應不同消費者的消費要求，滿足消費者的選購心理需要和其他社會性心理需要。等級式的包裝，例如，同類不同質的陶瓷茶具，高檔的配上絲綢織錦面，附有絲絨內墊的手提箱包裝；中檔的配上塑料硬盒，附有海綿防震的包裝；低檔的配上瓦楞紙盒，附有碎紙防震的包裝。對同類同質的商品，也可採用精簡兩種包裝方法加以分級，精裝的設計顯示商品的名貴高雅，簡裝的設計代表商品的經濟實惠。

(二)特殊式

特殊式包裝，是一種為價格昂貴的商品設計的、具有較高欣賞價值的專門包裝形式。一些稀有藥材、藝術精品、珠寶首飾、古董文物等貴重品，配以構思巧妙獨特、材料上等名貴、製作精巧別緻、保護性特強的包裝，往往受到消費水準較高或出於某種心理動機的消費者的喜好。

個案研究：特殊感覺

某些珍貴的工藝品包裝，採用上等木材製成的小木匣，匣面雕刻歷史故事人物和花草樹木的圖案，栩栩如生；匣內墊上紅絲絨座，把工藝品盛裝在裡面，給人以端莊、稀有的特殊感覺。例如，人參補品、XO酒品以及紀念幣等，都用比較講究的包裝。

(三)複用式

複用式包裝，是指當原來包裝的商品使用完畢後，空容器可以再次使用，或是移作其他用途。這是一種能重複使用或具有雙重用途的包裝。這種包裝具有適用性、耐用性和藝術性，不但使消費者願意付出較高的價格購買商品，而且在客觀上具有長時間廣告宣傳的作用。複用式的包裝，例如，罐裝餅乾，餅乾吃完後，其包裝還適用盛裝糖果點心或其他東西，並能使用較長一段時間。

此外，包裝上精美的圖案裝飾，能給人藝術欣賞及美化生活環境的作用，無疑也在默默地發揮商品宣傳效果。當然，設計複用式包裝，也要考慮消費者消費水準來決定包裝的成本。

(四)禮品式

禮品式包裝，是一種裝飾華麗、富有歡慶情調、常用於禮物的商品包裝。儘管這些包裝價格高些，但增加了禮品的價值，往往能被消費者樂意接受。禮品式包裝，例如，有的名酒包裝，附有獎章吊牌、蝴蝶花結；有的新年禮盒，綁上紅色彩帶，能增添節日氣氛，都會使人喜悅之情油然而生。

(五)簡便式

簡便式包裝，是一種構造簡易，成本低廉的包裝。例如，鐵絲綑紮、塑料薄膜袋、紙袋之類的包裝。它一般要求具有經濟、便利、衛生的特點，主要是爲降低商品銷售成本和便於消費者攜帶而設計。合理的簡便式包裝，有很大的經濟意義，不但能滿足消費者節約、實用的要求，而且還有廣告宣傳作用，提高經營者的聲譽。

(六)附獎式

附獎式包裝，是指一種附有贈品或獎券的有獎包裝，它能激發消費者的購買興趣，驅使採取連續消費行爲。附獎式包裝早期來自國外廠商慣用的包裝策略，我們的廠商也隨後模仿應用。附獎式的包裝，例如，有的名酒包裝內附贈一只小巧精緻的酒杯或小瓶樣品酒，也有的「珍珠霜」包裝內附贈一顆小珍珠，這都能使消費者爲獲得一只酒杯、一瓶小樣品酒或一顆珍珠而採取重複消費。自然地，施以有獎包裝的商品，一般是比平裝的同類商品價格要高些。

三、按照性別年齡設計

現代包裝愈來愈注意性別和年齡的特點，並巧妙地把兩者整合起來，使之更適應不同消費者的消費心理，更具商品吸引力和消費驅使力。隨著現代市場細分化的發展，這種包裝設計策略的作用愈來愈顯著，成爲拓展市場的策略之一。屬於這種包裝設計策略，常見的有下面五種：

(一)男性化式

男性化式包裝，是符合男性一般心理要求的包裝，設計一般要求剛勁、莊重，突出其科學性與實用性，充分表現男性特徵。男性化式的包裝，例如，電動刮鬍刀的包裝，以黑色的、厚實的明星照片爲主體，顯得十分粗獷有力，充滿男性化的氣質。

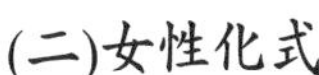

(二)女性化式

女性化式包裝，是符合女性一般心理要求的包裝，設計一般要求溫柔、雅潔，著重藝術性和流行性，充分表現女性特徵。例如，女性使用的化妝品的包裝，多採用造型線條柔和，色調以桃紅色爲主的包裝，給人清新、淡雅、和諧的感覺，增強了女性的魅力。

(三)老人用品式

老人用品式包裝，是指按照老年人的心理特點而設計的包裝。一般要求樸實、莊重、便於攜帶使用，具有傳統性和實用性。例如，老年人飲用的滋補食品的包裝，採用古色古香的色調與構圖，特別強調滋補食品的主要成分——貴重藥材，以及飲用後延年益壽的圖文介紹，往往能適應老年人的求實心理和習慣心理等要求。

(四)中青年用品式

中青年用品式包裝，是針對中青年人的心理特點設計的包裝。一般要求新穎、美觀、大方，具有科學性和流行性。例如，青年人穿用的服裝的包裝，材料先進、構圖獨特、裝飾美麗、採用半透明形式等，都能引起他們的注意，使之透過富於美感與現代特徵的包裝，對商品產生好感。

(五)兒童少年用品式

兒童少年用品式包裝，是針對少年兒童一般心理特點設計的包裝。一般要求形象生動、色彩鮮艷、具有知識性和趣味性。例如，有些兒童食品的包裝，製成有趣動物、傳說人物等形狀，或用圖文作爲知識性的提問與解答，都可引起兒童的興趣和喜好。

總之，設計表現性別傾向的商品包裝，還需根據不同年齡的使用者與消費者的特性靈活地加以變化。同樣地，設計表現年齡差別的商品包裝，也要根據不同性別的使用者與消費者的特性，以及商品的性質靈活地加以變化。由於人的成長階段可以劃分得更細，其生理和心理也會隨著成長的每個階段產生變化，所以針對年齡差別的包裝設計，是一項極為複雜細緻的工作。

在採用上述心理策略的同時，為了增加包裝的吸引力和感染力，進一步刺激消費者的消費欲望，還可以根據商品的主要特點和消費者的消費心理，在商品包裝容器上，以圖形、線條、色塊等作為背景，寫上一些提示性、鼓勵性或解釋性的標識語。

個案研究：誘發聯想

為強調商品的優良品質或主要特點，在食品包裝上標上「優質」、「新鮮」、「香脆」等字句；為鼓動消費，誘發聯想，在一些化妝品包裝上標上「啊，你的皮膚多柔嫩！」；為消除消費者對某些商品的疑慮心理，在包裝上標示「無副作用」、「不含防腐劑」之類的解釋，說明商品不含有害於人體的原料或成分。

總之，最佳的商品包裝設計是智慧與技巧的結晶，它要能滿足消費者物質上的需要，也能滿足心理上的需要，對消費者發揮其心理功能的作用，使商品在市場上具有較強的競爭力，從而達到開拓市場，促進商品銷售的目的。

第四節　商品包裝與高度消費

商品包裝與高度消費有重要的關聯。商品包裝的優劣一定會影響商品的銷售業績，而完美的商品包裝最能夠引發消費者的高度消費行為。關於這一點，我們將把商品的包裝與消費者的消費行為，特別是高度消費行為，來作關聯性的思考與探索。

高度消費行為是對一個商品形象所感知到的重要性，並把它與消費者的個人消費行為作密切的關聯。它是消費者對產品與品牌受到包裝形象的影響，以及對商品忠實的程度。消費者對商品的專注行爲，具有認知和情感兩種成分。

個案研究：消費標誌

一個跑車擁有者可能會對他的朋友說：「我愛我的保時捷跑車（情感作用），因為它從來都不會讓我失望（認知作用）。」因此，如果消費者感到產品的形象與性能是與其最終的消費目標或價值緊密聯繫的時候，就會產生高度的產品專注。如果產品的形象僅僅與功能相聯繫，則發生較低水準的專注。再者，如果產品形象與消費結果無關，則不能產生任何的消費專注。

一、高度的消費專注

高度專注的消費行爲，是來自那些高度影響消費者生活方式的產品。換句話說，該商品包含了一些很重要的商品特質，尤其是第一次看見就決定消費的個案。典型的消費者高度專注產品，通常是一些消費者瞭解最多與最喜愛的產品，並且對其有著自己堅定的見解。在針對消費者的高度消費專注之外，也要對中度專注和低度專注進行研究。

個案研究：特定品牌

一個業餘的音樂家可能對哪一種吉他能彈出最好的聲音，並且最容易操作等問題有深度的認識。因此，他可能非常忠實於某種特定品牌的吉他，並樂意搜尋各個音樂商店來得到它們。而外來的資訊可能導致改變主意，例如一個銷售人員試圖說服他買另一種品牌。專業音樂家則不會受到影響，而認為銷售人員是個傻瓜，試圖推銷其他次等的品牌。

另一方面，一個初學吉他的人就不太可能以這種形式對產品產生緊密的消費專注，他可能更樂意傾聽銷售人員的推薦。因此，銷售人員有很大的空間說服這位消費者購買特定品牌的產品，在這種情況下，優美外觀的包裝就具有優勢。這意味著高度專注的消費者很難說服：他們不會輕易地被廣告或者說服性的銷售所動搖。

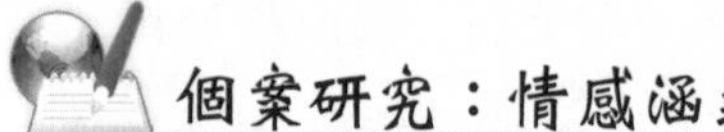

個案研究：情感涵義

1985年春天，可口可樂宣稱他們正在改變標準可樂的配方。在品嚐實驗中，大多數消費者偏愛新的味道，而原來的配方幾乎一個世紀以來都沒改變過，因此，公司對開發的新產品很滿意。不幸的是，公司並沒有考慮可樂消費者對產品的專注程度，結果該新產品的銷售業績乏善可陳。

追究其關鍵性因素，是消費者中的大多數人都從童年開始就習慣了喝傳統配方與包裝的可樂，並和它一起成長。因此，他們雖然喜歡新口味的可樂，但是它並不能替代傳統可樂。產品具有情緒上的涵義，這是過去的可口可樂公司所培養起來，這導致了新的配方無法替代舊配方，從消費者的心理因素看，是因為它侵犯了對原來可樂的忠誠。

最終，由於新的可樂上市後不久，經過全球的抗議浪潮，公司不得不撤消新配方，將其改回原來的配方。可樂不再是可樂了，人們對它有很強的情感依戀，不想失去它。

專注的水準受到兩個根源的影響：個人根源和情境根源。個人根源（又稱內在的個人相關）是儲存在個人頭腦中的知識根源，同時受到個人和產品的影響。消費者相信產品的性能與最終目標緊密聯繫可能是重要的，因為最終目標的重要性意味著第一次就獲得正確的產品非常重要（到達目標的手段）。

個案研究：專注程度

一個人如果認為穿一套時髦的服裝去面試是得到好工作的條件，他在挑選服裝時就會特別小心。消費性的專注，並不一定依賴於正面的結果。

有時候如果存在負面結果時，專注的程度會更強烈，原因是，消費者會仔細選擇一個幫助他避免不愉快結果的產品。例如，一位男士如果認為女朋友不喜歡他穿藍色襯衫，他肯定會在一大堆衣物中挑選出非藍色的衣服。任何消費行為都可能伴隨著負面的風險，而高度專注的商品尤其是那些對消費者最重要的商品，更是如此。

當消費者第一次購買替代高度關注的商品時，消費者通常要面對一些問題。除非絕對必要，就算最喜歡的品牌缺貨，高度專注的消費者也不願更換品牌，而願意等待。如果在緊急狀況下必須要更換品牌時，消費者也會再次慎重考慮後，才會進行更換。

專注消費的情境根源與消費者即時的社會環境或自然環境有密切關係。有時社會環境的變化會增強專注程度，例如，大多數人對於第一次約會穿什麼給予相當多的考慮。自然環境事項是周圍環境所產生的情境，而不是當事人本身。例如，一個登山者如果他的登山繩突然斷裂，可能會讓他質疑登山繩索的可靠性。同樣地，經歷低溫天氣會導致一個人高度專注於禦寒的衣物。

銷售人員為了增強消費者專注的程度，可能操縱某些環境因素。例如，一個銷售者可能解釋購買錯誤型號的雙面透明隔冷貼紙可能帶來的後果（例如，顯示並不是所有的雙面透明隔冷貼紙都具有絕緣特性）。這可使消費者意識到，最終結果可能與自己高度相關（為不保暖的窗戶貼紙）而付出了大筆金錢。

消費者經常與品牌和產品建立緊密的聯繫。例如，刮鬍刀、香水、牛仔褲、汽車和香菸。儘管大多數吸菸者不能在品嚐測驗中鑑別他們最喜歡的品牌，但也需要作相當多的遊說，才能使他們更換常用的品牌。同樣地，駕駛員與其汽車建立了情感關係。駕駛員對擁有的第一輛車通常會給予一個外號，並用標籤和裝飾物使其人格化。駕駛員經常與他們的汽車講話，甚至問它問題。例如，在美國的一項汽車廣告中，人們聽到汽車與司機交談與對話，並獲得非常良好的廣告效果。銷售者可以根據專注的水準來劃分消費者，這種分類僅僅適用於特定的產品類型。消費者可能堅定地忠實於一種品牌的威士忌，而不會在乎它的價錢。並沒有證據顯示，對某一種品牌的高度消費專注，可能會導致對其他不同產品類型的另一個品牌的產生高度的消費專注，這一點值得注意。

消費專注並不總是等同於對價格的關注。一個高度專注的產品價格並不一定就很高，一個低度專注的產品也並不一定就便宜。吸菸者可以對一包30元的香菸品牌很專注；喝啤酒的人對他們最喜歡的25元一罐或更便宜的啤酒品牌高度專注。相反地，乘客對哪一個計程車的車隊並不關心，只要司機能把他們從甲地帶到乙地就好了。一個人買一台30,000元個人電腦，僅僅只是因為他必須經常在家裡工作，並不是對這台電腦感到特別喜愛。換句話說，購買中可能沒有情感的成分。

總之，雖然消費者是在許多不同的情況下完成消費行為，高度的消費專注總是含有強烈的感情成分。高度消費專注並不一定意味著高額的花費，因為人們也會喜愛便宜的產品。最關鍵的問題是，如何培養消費者對特定產品的高度關注。

二、非尋求的商品

到此爲止，我們已經討論過消費者滿足所需要商品時的消費行爲。儘管大多數商品都屬於滿足消費者需要的範疇，但是，市場上仍然存在一些消費者並不一定需要的非尋求的商品。非尋求的商品是消費者將要認識到的需要，但他們傾向於目前不去買它。

個案研究：存在需求

首先，住家的新式電子消防警報系統、旅行航空意外保險、附加養老金和度假住房公寓等。為何是存在的需求？有下列兩個問題值得思考：

1.為什麼人們認識到存在著需求，卻不去尋求它們？

2.這些商品是怎樣被銷售出去的？

其次，不去尋求所需的產品，可能的四個原因如下：

1.消費者不想去思考需求產品的原因。例如，人們不想去思考老年和死亡，因此，他們寧願不考慮買意外保險和附加養老金。

2.產品通常很貴或需要長時期分期付款，消費者不想冒風險。

3.對於未發生的緊急情況，尋找解決辦法。例如，對於生命保險，保險人從來不直接受益，因為保險政策規定只有死亡後才支付。

4.一些非尋求產品新上市，由於消費者對它們的認識不足，因而會說「不感興趣」。首先應該建立對產品和品牌的信任。

根據上述問題，銷售者可以利用一系列的產品包裝策略來克服這些難題，例如，利用推銷員去解釋產品的優點並完成交易。這些推銷員通常必須克服消費者剛開始時對花時間傾聽陳述的抗拒，因為非尋求產品的消費者並不從事於資訊搜尋，並不打算在這產品上面花費任何時間和資源。因此，推銷員需要採用產品包裝策略來得到消費者的注意，而激發他們對產品的需要心理。

然後，保險銷售人員經常會利用「提名式」的策略達到推銷目的。推銷員會問在場的顧客，問他的朋友或熟人可能對該產品感興趣者的名字，然後打電話給他們，並提起介紹者的名字。這樣使接電話的人放心，並讓他定下心，來聽推銷員的解說。

銷售過程的下一階段，是激發消費心理需求。推銷員必須要把問題放在消費者的理智面前，而讓消費者能意識到需要採取一些措施。在完成這些之後，推銷者就可能提出解決辦法並為消費者的問題著想。一個人壽保險的陳述可能需要一、兩個小時，也可能整個晚上，這要看提出的問題是什麼。因此，這顯示了推銷非尋求商品的最基本原則。非尋求商品的推銷，強調縮小欲望和需求之間的差異，也就是如何拉近消費需求與希望消費之間的距離。

從消費心理看，需求是一種感知到的缺乏，而欲望則是一種特定的滿足。對於非尋求的商品，需求並不存在，因為它還沒有被感知。在消費者確實感知到缺少的情況下，例如，當推銷人員成功地把人壽保險與死亡的觀念連結，而獲得了消費者的認同，這肯定是成功的銷售策略。

因此，推銷員的主要工作是激發消費需求，把消費情緒帶到消費者的理智裡，並保留足夠的時間來解釋解決的辦法。由於消費者確實不想一直考慮這些不愉快的事情，例如死亡，他不可能在推銷員拜訪之後，馬上進行很多的消費活動。因此，非尋求商品通常都是在第二次或第三次拜訪以後完成交易。

個案研究：單面透視玻璃

當一個新的發明產品首次上市時，它很可能是非尋求產品，尤其是如果它很貴的話。單面透視玻璃，通常應用在嬰兒室、商店特殊展覽室、醫院特殊病房觀察室與諮商室，在英國於二十世紀六〇年代出現，這時人們還沒有聽說過它，很自然地也不會知道去尋找它。由於產品是新的，就沒有老的用戶，人們沒有機會來觀察它的使用情況，或試一試它的優點。結果該產品幾乎被遺忘，直到七〇年代以後才被大量的應用。

因為新產品對消費者的消費風險較高，並且由於嬰兒房的設備並不是一般的高度專注商品，消費風險就更大。當市場成熟時，大多數有嬰兒的家庭會裝設單面透視鏡，醫院也在病房觀察室裝上單面透視鏡，方便觀察室內的活動而不會干擾室內的人，於是消費者就有更多的機會看到它的優點，這就導致市場的成熟，並且降低推銷員遊說的需要。

個案研究：地毯式推銷

另一個類似的效應發生於美國的度假住房市場，同時也發生在希臘的太陽能加熱市場。經過一段時間，高價格的新產品——度假屋、太陽能熱水器——就從非尋求的產品轉化為被尋求的商品。當新產品——太陽能熱水器，被第一次介紹時，銷售人員開展地毯式的推銷策略，對於哪一種家

庭對產品最適合，並不做任何判斷，於是打電話給每個家庭。這個階段推銷員將需要使用「高壓」心理技巧：

第一，說服屋主來聽關於產品的資訊。

第二，說服屋主做購買的決定。

當產品的優良形象確立起來後，可以採取市場研究來證實，誰可能是產品的最好的顧客，銷售努力可以用一些方式來確定目標。這個技巧也要包含相當高的壓力心理。一旦產品類型已廣為人知，則可以使用低壓技巧，來擴大客戶數量，例如廣告。非尋求商品對銷售者有一個困難之處，就是它們看起來並不適合於消費者行為模式。然而進一步觀察可以發現，消費者完成了消費行為的所有階段，不同的是這個過程幾乎完全由銷售者安排。值得注意的是，如何適當地包裝產品，並善用推銷策略與技巧。一般說來，消費者不會付出很多錢來買他們不想要或沒有需求的產品。

商業加油站

兩個鍋子的教訓

河中漂流著一個瓦鍋和一個銅鍋。這兩個鍋子無論形狀還是尺寸都一模一樣，只是材質有所不同。當它們漂流到一處湍急的河段時，銅鍋請求它的夥伴靠得近一點，這樣雙方好有一個照應。瓦鍋就對銅鍋說：「我很感謝你的信任。但我可不敢和你靠得太近。如果我們碰撞起來，結果一定會是我變成碎片。」

很小的差異，
可以導致截然不同的後果。

你的產品與競爭對手的產品有何不同？

是不是用起來更加方便？

更便宜？

品質更好？

你使用的是什麼包裝？

研究產品競爭能力的人發現，有時候只要簡單地改變產品的包裝或者產品的形狀，就能改變產品的銷售。列文森（Jay C. Levinson）和高汀（Seth Godin）在《游擊式行銷手冊》（*The Guerrilla Marketing Handbook*, 1994）裡，描繪了一些公司在把產品推薦給消費者時，如何透過簡單的創新，來提高產品的競爭能力。高露潔牙膏把過去的擠壓式包裝改成了泵式包裝。通用電氣是最早大大簡化空調器包裝形式的企業，這使得它極大地縮小了空調包裝盒的體積。過去用戶買空調，總需要送貨員來搬運送貨，現在用戶一個人就可以把空調搬回家了。Chubs公司則對嬰兒抹布進行了改造；當抹布不再能使用時，它就變成一種色彩鮮艷，可以折疊的有趣玩具。

個案研究：小改變與大影響

美國沃德（Ward）和希爾斯（Sears）兩家百貨公司關於郵件目錄次序的競爭是一個經典的案例，小小一點改變就能對結果造成巨大影響。1872年，沃德開始向農村家庭郵寄產品目錄，目標客戶主要是農民。人們在他的目錄表中幾乎能找到自己想要的所有東西：鞋子、衣服、家具、工具、釣魚竿等。沃德的生意一下子熱絡了起來。二十年以後，希爾斯決定也進軍郵寄產品目錄市場，最終成長為比沃德更大的企業。在隨後的四十年裡，希爾斯公司大部分占有了這個市場。

到底發生了些什麼？希爾斯只是使得他的目錄比起沃德的更薄、更小。為什麼要更小？試想，一個農民如果手裡有很多份目錄，他就會把它

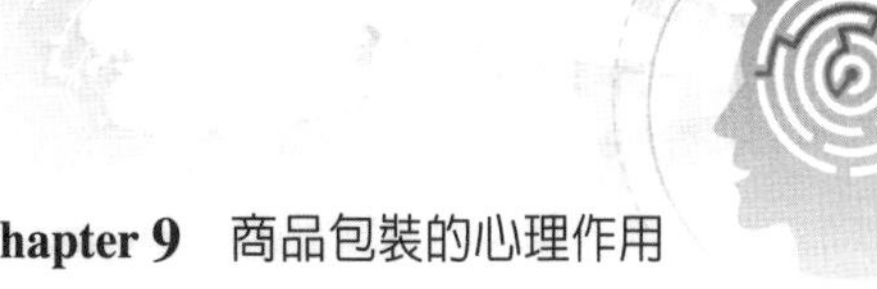

們疊放起來，而最小的那份一定放在最上面。於是，這個農民接觸到的第一份目錄也就是他最可能購買的產品目錄——上面總是寫著希爾斯的名字。這個個案反應了一項重要的事實：小小一點改變就能對結果造成巨大影響。

另外一個個案是雅詩蘭黛（Estee Lauder）。包裝是化妝品和香水行業關鍵的一環。不妨參考雅詩蘭黛的故事，她是香水界的先鋒，這裡介紹她是如何包裝一種使她獲利最多的香水。在她的自傳《雅詩：一個成功故事》（*Estee: A Success Story*, 1985）裡，蘭黛記敘說，五〇年代她開發出一種新的香味，名叫青春之露（Youth Dew）。她遭遇到的第一個問題是如何讓美國婦女來購買她的香水，因為傳統上美國婦女並不使用香水。為了克服這個心理障礙，蘭黛決定把她的香水稱為「沫浴油」而不叫香水。她認為，婦女在購買一瓶沫浴油的時候心裡不會感覺愧疚。

蘭黛的第二個想法同樣具有革命意義。她反問道：「裝有我發明的香水瓶為什麼非得要密封？如果瓶子不是密封的，那麼經過的顧客就會不經意地打開蓋子（幾乎每個顧客都想偷偷地這麼做），聞一聞，只要這樣，她手上就已沾染上香水的氣味。現在，顧客也許馬上就會離開我的櫃檯，可是她經過許多地方，都會聞到青春之露的香味。最終，她很有可能還是回到香味的源頭來購買這款香水。」

到了今天，她的公司已經不使用帶有香味的多餘的玻璃包裝紙，也不使用不容易打開的蓋子，她的競爭對手不得不跟著學。她在2004年4月24日去世，享年九十七歲，身後則留下一個擁有二萬一千五百位雇員，價值超過100億美元的商業帝國。

要不斷地尋找獨特的方法
來包裝你的產品。

個案研究：商品包裝

商品包裝（commodity packaging）概念的起源難以考證，然而，可以肯定的是在工業革命以後，由於市場競爭關係逐漸被重視，同時也越來越講究。在T. A. Trykova的《商品包裝材料包裝》（*Commodity Packaging Materials and Packaging*, 2010）中有詳細論述。商品包裝是指在流通過程中保護商品、方便運輸以及促進銷售，按照一定的目的、技術與方法而採用的包裝（packaging）。我們所關切的重點則在於促進銷售的功能。

商品包裝具有從屬性和商品性等兩種特性：其一，包裝是其商品內裝物的附屬品，雖然商品包裝是附屬於內裝商品的特殊商品，本身具有價值和使用價值。以鑽戒為例，戒指雖然是鑽石的附屬物品，但是，其本身也具有價值和使用價值。其次，包裝又是實現內裝商品價值和使用價值的重要手段或工具。例如，陳年白蘭地酒瓶的典藏年度，是內裝陳年白蘭地價值和使用價值的指標。從上述觀點看，商品包裝除了具有關鍵的促銷功能，更重要的是：對生產者、行銷者以及擁有者而言，都產生了高貴與滿足的商業心理作用。

商品價格心理作用

- 商品價格的心理意義
- 商品價格的心理現象
- 商品訂價的心理策略
- 商業加油站：說起來容易做起來難

在消費者的消費心理中，商品價格是最敏感的因素，它牽涉到買賣雙方都有切身的利益關係或利害關係。隨著經濟體制和價格體系的開放與現代化，已經發展出一種工商企業協商訂價、議價的多元化競爭局面。因此，研究市場供需關係和消費者的價格心理對制訂商品價格的影響，對活躍市場、促進商品銷售、消費導向等方面都有著重要的意義。

商品價格的心理研究，主要是研究消費者在價格問題上的各種心理現象。其目的是在制訂各種商品價格時，懂得怎樣才能符合消費者的心理要求，如何才能在心理上被消費者所接受，從而達到促進銷售，滿足需要的目的。價格心理是消費者消費心理的組成部分，它是商品價格的客觀現實在個人觀念主體中的反映。由於消費者對價格的認識過程和知覺程度不同，因而每個人有不同的價格心理。

在消費活動中，認識價格的心理現象，可以反映出消費者對價格的知覺程度，也反映出消費者的個性心理。消費者的價格心理與價格心理功能難以嚴格區分，兩者相輔相成。因此，要充分發揮價格的心理功能，使之有利於促進銷售，必須透過剖析消費者在認識價格方面經常發生的心理現象，深入瞭解消費者的價格心理。在第二節將會針對消費者在認識商品價格上四種常見的心理現象進行研究：對價格的習慣性、對價格的敏感性、對價格的感受性，以及對價格的傾向性。

所謂商品訂價，特別是指新上市商品的訂價和對原有商品的調價。訂價心理策略，主要是指有利於市場競爭的，從消費者心理出發的訂價心理策略。在市場經濟中，不同的社會制度，商品價格反映著不同的生產關係，並爲一定階層的消費者服務。現代市場訂價策略的制定，必須遵循市場經濟的規律、自覺利用價值規律，並發揮價格的經濟槓桿作用。

在自由貿易市場，制定商品訂價策略，既要考慮有利於發展商品生產和商品流通，有利於滿足人民的消費需要，也要從實際情況出發，考慮到訂價方法中的各種心理因素，根據不同的商品與不同的消費對象區別對待。

本章根據「商品價格心理作用」主題，討論三個重要議題：(1)商品價格的心理意義；(2)商品價格的心理現象；(3)商品訂價的心理策略。

在第一節「商品價格的心理意義」裡，主要討論三個項目：商品價格的基本概念、商品價格的心理概念與商品價格的心理功能。在第二節「商品價格的心理現象」裡，主要討論四個項目：對價格的習慣性、對價格的敏感性、對價格的感受性、對價格的傾向性。在第三節「商品訂價的心理策略」裡，主要討論十個項目：取脂訂價法、滲透訂價法、反向訂價法、非整數訂價法、目標訂價法、方便訂價法、聲望訂價法、投標訂價法、拆零訂價法，以及折讓優惠訂價法。

第一節　商品價格的心理意義

商品價格心理具有非凡的意義。商品價格的心理研究，主要是研究消費者在價格問題上的各種心理現象。其目的在於在制訂各種商品價格時，懂得如何才能符合消費者的心理要求，如何才能在心理上爲消費者所接受，從而達到促進銷售、滿足需要的目的。

價格心理是消費者消費心理的組成部分，它是商品價格的客觀現實在人的主體中的反映。由於消費者對價格的認識過程和知覺程度不同，因而每個人有不同的價格心理。商品價格構成的客觀依據與消費者的價格心理要求，有時是一致的，有時卻是矛盾的。

在商業經營活動中往往出現這種情形：一個從生產或市場理論上認爲是合理的價格，但消費者心理上不一定能夠接受。相反的，一個從理論上認爲是不合理的價格，而消費者心理上卻能接受。例如，有的消費者出於好奇心理或好勝心理購買的某個特定商品，其價格雖然遠高於商品的價值，但心理上還是樂意接受。其原因除了對商品價格知覺程度差異外，還與消費者的個性心理特徵有關。

以下我們將從商品價格的基本概念、商品價格的心理概念以及商品價格的心理功能三方面進行討論。

一、商品價格的基本概念

商品價格是商品價值的貨幣指標。商品的價值量（價格）由生產這種商品所耗費的成本，透過消費市場的定位所決定的。我們把一種商品與一種貨幣交換量（金額）的關係或比例，稱作商品的交換價值。商品的交換價值，隨著各種商品生產的發展，經歷了發展過程，最後發展到貨幣價值形式——商品的價格。因此，價格體現了商品和貨幣的交換關係，是商品和貨幣交換比例的指數。由此可見，商品價格的產生是以生產力水準的提高、商品交換的擴大、貨幣的出現為條件的。它是商品交換發展的必然結果。

那麼，商品價格的制定應當遵循哪些規律呢？我們從社會與經濟環境因素觀點看，有以下四項當遵循的規律：

(一)價格構成規律

商品價格的制定應當遵循價格構成的規律。價格構成，指的是形成價格的各種要素及其組成情況。商品價格由兩大要素組成：生產成本和利潤。商品的生產成本，包括生產商品所消耗的原料、能源、設備折舊以及人力費用等；商品的利潤，則是生產者為社會所創造的價值的貨幣指標。價格構成中的生產成本應當是生產商品的社會平均成本或行業平均成本，利潤應當是平均利潤。按照社會平均成本（或行業平均成本）加平均利潤制定的價格，就是商品的市場價格。

通常生產成本會隨著社會的發展和技術的進步逐步降低；而由於平均利潤率形成規律和平均利潤率下降規律的作用，平均利潤也會呈下降趨勢。因此，生產經營者在制定商品價格時，還應體現價格構成要素變動的趨勢規律。

(二)商品供需關係

商品價格的制定應當遵循商品供需關係的規律。雖說供給與需求的關係並非價格的關鍵決定因素，但是，供需關係的確會對商品價格產生重要影響。當供給大於需求時，商品價格會下降；當供給小於需求時，商品價格會上漲。因此，生產經營者應參考商品的供需狀況來確定商品的市場價格。但是，也有可能因爲社會動盪或經濟不穩定而影響市場正常交易的例外事件，值得注意。

(三)市場競爭因素

商品價格的制定應當考慮市場競爭因素。生產經營者根據商品的生產成本、利潤和市場供需狀況而擬定的價格，只是自己主觀的價格，現實的市場價格必須透過市場競爭才能形成（專利或保護產品除外）。競爭者的多少和強弱，都會對商品價格產生重要影響。生產者往往是依據自己的利益來制定商品價格的，但是，其競爭對手則會根據自身的利益對這種價格作出反應，從而採取相應的價格決策，原價格擬定者又會調整其價格決策。同時，消費者也會對生產者擬定的價格作出反應，並採取相應的行爲對策：消費、觀望或者拒絕消費。因此，生產經營者在制定商品價格時，需要考慮商品的市場競爭環境和條件。

(四)貨幣價值變動

商品價格的制定應當考慮貨幣價值變動因素。商品的價值透過一定量（金額）的貨幣表現出來，既然商品價格是商品價值的貨幣表現，那麼，其變化就取決於商品價值的變動成正比，同時也取決於貨幣價值的變動成反比。當流通中的貨幣供應量超過貨幣需求量而引致一般物價水準持續地較大幅度上漲和貨幣貶值時，商品價格必然上漲；反之，商品價格必然下跌。但是，也有可能因爲進口原料的匯率變動而造成增加的例外事件，值得注意。因此，生產經營者在制定商品價格時，還應考慮貨幣的幣值變動狀況。

二、商品價格的心理概念

什麼是商品價格的心理概念？商品價格的心理概念是指：因爲某些因素影響消費市場導致超越商品基本價格規律的關鍵因素。我們可以分別從經濟與政治因素、市場供需關係因素以及消費者心理因素等三個不同角度來看價格的意義。

(一)經濟與政治因素

關於商品價格概念，可以從經濟學與政治學角度看，因爲商品價值決定其價格，商品價格則是商品價值的貨幣表現，然而貨幣又受到經濟與政治因素的影響。商品價值的定位，主要是根據生產者與消費大衆按照商品品質訂定的一種抽象工作。

商品價值不可能從商品本身得到表現，只能間接地透過交換過程來估量，也只能對比其他的商品來表現而取得相對價值的形式。在貨幣出現以後，各種商品都首先與貨幣交換，使自己的價值在貨幣數字上表現出來。換言之，商品價值的貨幣表現，就是價格。

價格是商品價值與貨幣價值之對比。假使其他條件不變，生產一種商品的所需要的時間減少了，價格就會下降；反之，價格就會上升。這就是說，以商品價值來決定商品價格。價值決定價格，並不是說在每一個場合的商品價格總是符合商品價值。當市場供需關係發生變化以及市場競爭的出現，商品價格與商品價值的背離現象是不可避免的現象。因此，以市場學的角度看，商品價格是由市場供需關係和競爭的需要決定。

(二)市場供需關係因素

從市場學角度看，市場供需關係的變化肯定會影響商品的價格變動。除了商品價值、市場供需關係和競爭需要決定商品價格外，事實上，消費者的心理變化對商品價格的升降也有著不可忽視的影響作用。市場供需關係因素的影響，例如，一件價值很低的商品迎合了消費者的某種心理

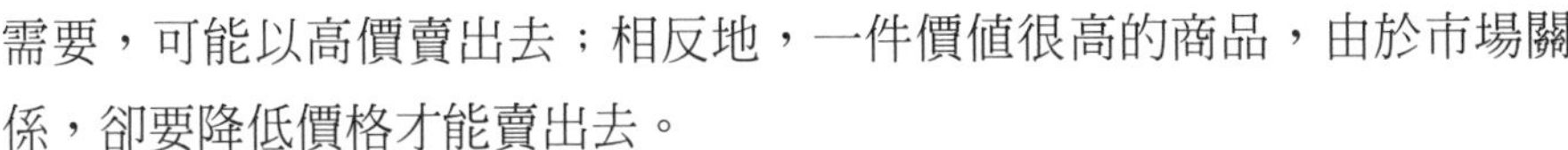

需要，可能以高價賣出去；相反地，一件價值很高的商品，由於市場關係，卻要降低價格才能賣出去。

從商業心理學角度看，商品的價格是以消費者在心理上是否願意接受為出發點。從近幾年市場開放以來的商業，從實務上也可以看出，消費者的心理的變化極大地影響著商品價格的變動；反之，商品價格的變動也是影響消費者消費心理最為敏感的因素之一。

(三)消費者心理因素

從心理學角度來看，消費者心理作用也會影響商品價格。當然，從商品交換的實際情況看，不論是商品價值、市場供需關係和競爭需要，還是消費者心理的需要，對商品價格都有不同程度的決定意義。但是，以往經濟學家在解釋價格問題時，常常講供需關係、原料成本、費用及其他因素對價格產生的決定性作用，而較少講到價格與消費者心理的作用和反作用的關係。

從表面看，掌握和使用價格工具的是商品生產經營者，因為是他們把產品和價格同時創造和制定出來。但是從另一方面說，消費者也在運用價格工具，使得商品生產經營者不得不重視和迎合消費者的心理需求和變化。可以這樣說，價格與生產或制定，無論在理論上是多麼成功，但假使沒有得到消費者心理上的認可，消費者不付諸消費行動，這樣的價格是沒有意義的。

三、商品價格的心理功能

現代經濟制度下的商品價格，反映著多方面經濟聯繫和社會關係。它對於發展工商業生產、分配和再分配國民收入、促進社會經濟建設有重要意義，這是政治經濟學所闡述的價格的主要功能。透過價格對交換雙方的直接利益進行增減，使價格有調節供需關係的槓桿作用，又是生產經營者用以進行競爭的手段和工具，這是市場學所講的價格的主要功能。

商業心理學研究商品價格的功能，主要是從消費者消費心理的角度

來考察的。商品價格的心理功能，基本上有以下四個方面：

(一)衡量價值功能

商品價格的心理功能之一，是衡量商品價值的功能。在市場經濟活動中，衡量商品的價值功能通常會出現下列三個問題：

1.爲什麼內在品質類似的商品，只是包裝不同，價格卻有較大差別，而消費者也願意購買？
2.爲什麼有與舊產品品質相同的新產品價格昂貴，也有不少消費者願意購買？
3.爲什麼商品削價幅度越大，消費者對其疑慮心理反而會隨之增加？

上述問題反應了現實的經濟現象，其主要原因，是消費者在價格心理上把價格看作是衡量商品價值的標準。這個價格心理現象，與價格構成的基本理論是一致的。從價格的構成理論看，一切商品的原始價值都是由生產該商品所耗費的必要材料與工作時間決定，隨後在消費需求與市場競爭的調節下完成最後的訂價。在以貨幣爲媒介的商品經濟條件下，商品的價值只能以貨幣來表示，並藉由貨幣來衡量商品價值。所以商品價格的差別反映的是——以貨幣所代表的商品價值的不同。

(二)品質標誌功能

商品的價格顯示品質的標誌功能。從價格的心理功能來看，商品消費者總是把商品價格、商品價值和商品品質三者聯繫起來看，把商品價格看成是商品價值的貨幣表現，看成是商品品質的標誌。因此，消費者普遍認爲價格高的商品，商品的價值就大，商品品質就好。俗語所謂「一分錢一分貨」、「好貨不便宜」、「便宜沒好貨」等，就是這種價格心理現象的具體反映。

然而，在現代市場中，由於生產技術的突飛猛進，商品種類愈來愈多，新產品層出不窮，一般的消費者都感到對商品的好壞難以辨別，更難

知道哪種商品的價值是多少。特別是對一些特殊用途的商品，例如醫藥品、化妝品、高科技產品等，消費者對商品價格和商品品質的知覺，不僅顧及商品的基本屬性，還要考慮其衍生的特性。因此，一般都在心理上就把商品價格看成是價值的符號與品質的代表了。

(三)意識比擬功能

商品的價格也擁有消費者自我意識比擬「身分」的功能。商品價格本來是商品價值的貨幣表現，其作用在於有利於商品的交換。但是，從價格心理的角度看，它還是有另一種作用，就是消費者把商品價格作「自我意識比擬」心理作用。也就是說，商品價格不僅具有貨幣價值的意義，更有社會心理價值的意義。例如，社會大眾普遍認爲社會的「名流」應該佩戴「珍貴」首飾與駕駛「名貴」汽車，以陪襯其「高貴」身分。

商品價格的自我意識比擬的心理功能，其原因在於消費者的心理活動中，透過聯想與想像，把商品價格與個人的願望、情感、個性心理特徵整合起來，並透過比擬來滿足心理上的需求。這種自我意識比擬包括多方面的內容，一般有社會地位的比擬、文化修養的比擬、生活情操的比擬、經濟收入的比擬等。

個案研究：身分意義

有些消費者熱衷於追求時尚、高檔、名牌的商品，對折價商品不屑一顧，還認為到地攤小店購買商品有損身分，這就是把商品價格和個人的社會地位進行比擬的典型例子。然後，也有些消費者並不愛好音樂，卻購買高級音響組合器材，以擁有這種高級商品而獲得心理上的滿足，這就是一種生活情操上的比擬。

有些消費者樂於選購廉價品或折價品，認為價格較高的商品，是有錢人買的，不是他們買的，這實際上是一種經濟收入或社會經濟地位的比擬。商品價格的心理作用，與消費者本身的興趣、動機、氣質、性格等

個性特徵，以及價值、觀念、態度等有關，因此，其具體表現是因人而異的。消費者把商品價格作自我意識的比擬，可能是有意識的，也可能是無意識的，但共同點都是從社會生活出發，重視商品價格的社會價值意義。

(四)刺激或抑制功能

消費價格更具有刺激或抑制消費需求的功能。從商品價格與需求關係的一般理論看，價格的變動會影響需求的變動。在其他條件不變的情況下，當某種商品價格上漲時，消費者的需求量會減少；當價格下降時，需求量會增加。所以，市場的商品價格現實反應出：「需求是按照和價格相反的方向變動，假使價格低落，需求就增加，相反地，價格提高，需求就減少」。

這是市場學的「黃金定律」，任何一種商品只要在市場上流通，就得經過這種考驗。價格影響需求的變量有多大，受到商品需求彈性的影響。不同類型的商品，有不同的需求彈性。一般來說，對人民生活關係密切的日用必需品需求彈性小，高檔化妝品等非必需品需求彈性大。不同需求彈性的商品對價格變化反映的靈敏程度也不相同。

上述價格對需求量的影響，在價格心理上有同樣的反映，價格心理對需求的影響還更為複雜，主要表現在兩方面：

1.心理性需求越強烈，對價格的變動越敏感。例如，流行服裝與一般樣式服裝比較，前者的敏感性高，假如價格降低，需求量就會增大；後者的敏感性低，價格的變動，對需求量的影響不會很大。款式陳舊的服飾，即使價格較便宜，也不會成為暢銷品。
2.價格的變動，可能使需求曲線向不同方向發展。如上所述，在一般情況下，價格與需求量具有相反變化的傾向。但是，由於消費者價格心理的影響，或出自消費的緊張心理，或出自期待心理，這種相反變化傾向也有許多例外。

個案研究：價格心理作用

當某商品價格上漲時，人們由於消費的緊張心理，認為價格可能還會上漲，反而刺激其消費的心理需求。當某商品價格下跌時，人們出自期待市場商品價格繼續下跌的心理，反而會抑制其消費行為。台灣因加入世界貿易組織（WTO）而引發的米酒供需不平衡與漲價風波，是一個典型的例子。

總之，價格的心理功能比價格的一般功能複雜得多，價格功能是心理功能的基礎，但消費者的價格心理是經常受到社會生活和個性心理特徵影響。在市場行銷活動中，要對商品制訂一個適當的價格，能爲消費者所接受，除了要研究價格構成的一般理論外，還要研究消費者的價格心理。

第二節　商品價格的心理現象

商品價格的心理現象是指，在消費活動中對價格的認識的心理現象，它反映出消費者對價格的知覺程度，也反映出消費者的個性心理。消費者的價格心理與價格心理功能難以嚴格區分，兩者相輔相成。因此，要充分發揮價格的心理功能，使之有利於促進銷售，必須透過剖析消費者在認識價格方面經常發生的心理現象，深入瞭解消費者的價格心理。下面就消費者在認識商品價格上四種常見的心理現象進行研究。

一、對價格的習慣性

商品價格具有一定的客觀標準，由於消費者不一定知道商品生產技術的發展和商品價值的變動情況，因此，消費者對商品價格較大幅度的變動時，一般比較不能理解和接受。這現象是由於消費者對原來經常購買的商品，對原有價格已有了固定的認識，從多次的消費活動中逐步體驗，從

而形成對某種商品價格的習慣性認識。因此，商品價格做大幅度調整時，必須考慮消費者的可能接受程度。

心理學告訴我們，由於人的神經系統是一個以許多感官爲起點到肌肉、分泌腺或其他終點的路徑構成的組織。假使神經流反覆通過一條路徑之後，其留下的痕跡就逐漸加深，變得愈來愈易於通過，由此形成「消費習慣」。所以，一些經常消費的日用小商品，由於消費者長期的、頻繁的消費，哪個商品需要支付多少金額，在消費者頭腦中就逐步加深痕跡，漸漸地在消費時形成一種慣性。由於消費者對這種商品的價格習慣了，就易於接受，因而也就認爲是正常的、合理的價格。

個案研究：習慣性心理

價格的習慣性心理對消費者的消費行為有重要影響。消費者往往從習慣價格中去聯想和對比價格的高低漲跌，以及商品品質的優劣差異。同時，在許多消費者心目中，在已經形成的習慣價格的基礎上，對商品價格都有一個上限和下限的概念，這是所謂價格定位。

假使這個價格定位被打破，例如，某商品的價格超過價格定位上限，則消費者認為太貴；假使價格低於下限，則會對商品品質產生懷疑。例如，同一商品在市場上出現多種價格，消費者在心理上會對習慣價格產生不信任感，因而對其他價格的出現會產生各種懷猜疑。因此，有些商品，即使品質不變，價格又低於習慣價格促銷，假使不加以宣傳和說明，也不一定能增加銷售量。

經驗告訴我們，價格的習慣性並不是都不會變動。消費者對許多商品價格都經歷過從不習慣到習慣的過程。但是，習慣價格一經形成，就不容易改變。習慣性價格的變動，對消費者價格心理的影響很大，對企業乃至社會經濟生活也會造成影響。因此，在調整價格時，對習慣價格的變動，必須採取更加慎重的態度。

二、對價格的敏感性

價格的敏感性是指消費者對商品價格的變動的反應程度。消費者對商品想像中的價格標準，是在長期的消費活動中，由於人們的意識、想像、習慣，以及人們對商品品質的體驗而形成。對價格的敏感性，例如，對蔬菜、食品、肥皂、牙膏等日用消費品的價格，由於人們想像中的價格標準是比較低，有一定的消費習慣與使用習慣，對商品品質也容易體驗，因而對價格變動的敏感性高，心目中的價格上下限幅度也較小，當價格超越這個幅度範圍，引起人們對價格的心理反應就比較強烈。所以，對日用消費品採取薄利多銷的策略，是符合消費者的價格心理。然而，對耐用消費品、化妝用品、新產品等，人們想像中的價格標準是比較高，其價格上下限的幅度也較大，因而對價格變動的敏感性也就相對比較小一些。

在市場經濟活動中，常常有一種現象，某消費者購買蔬菜，每斤貴了幾塊錢，往往感到不平；而當他購買一套高級家具或高檔家用電器時，付出的價錢比一般的家具或家用電器多幾千元，又往往感到沒什麼。這種現象就是人們價格心理中對不同商品敏感性不同的反映。

三、對價格的感受性

價格感受性是指消費者對商品價格高低的感覺程度。消費者對商品價格的高與低，昂貴與便宜的認識，都是相對的。消費者對價格高低的判斷，往往是在同類商品中進行比較，或是在同一售貨現場中，對不同類商品進行比較而獲得。因此，消費者的心理活動，對商品價格高低的判斷就有一定的影響。感覺知覺程度不同，判斷的結果就有差異。

一般來說，消費者對商品的「昂貴」與「便宜」的判斷，除了考慮訂價本身的因素影響外，還多數參考商品的重量與大小等知覺去判斷。但是，消費者的判斷知覺常常會出現錯覺，因而對價格的高低判斷，也會不正確。這種不正確的感覺，心理學上稱爲「錯覺」。

價格錯覺大都是在知覺對象的客觀條件有變化的情形下產生，其中受背景刺激因素的影響較大。也就是說，由於周圍陪襯的各種價格不同，而顯出價格的高低不同。在高價格系列中顯得低，在低價格系列中顯得高。例如，某一商品單價爲500元，分別擺放在兩個不同的組合櫃檯中。甲櫃檯，多數商品價格低於500元，則該商品500元單價是偏向於價格低的系列；乙櫃檯，多數商品高於500元，則該商品500元單價是偏向於價格高的系列。本來，同一價格的商品擺在不同櫃檯中，其價格知覺應是一樣的，結果，卻因爲被擺在不同櫃檯而不一樣。

個案研究：價格判斷問題

由於擺放在不同系列的櫃檯中，消費者對價格的高低判斷往往會不一樣，值得注意。例如，擺放在甲櫃檯的商品，消費者會認為這是價格低的商品；而同價的商品擺在乙櫃檯中，他們會認為這是價格高的商品。這種對價格感受性的不同，而產生不同判斷的結果，主要是由於刺激系列的高檔或低檔，所產生的錯覺。在現實銷售市場活動中常常出現這種情況，同樣價格的商品，放在出售高檔品的櫃檯中可能滯銷；放在廉價商品櫃或低系列價格櫃檯中，消費者則認為比較「便宜」而暢銷。兩者銷售情況往往差別很大。當然，貴重的特殊商品，例如，放在出售低檔品的櫃檯中，也會降低此商品的特殊性與地位，進而影響銷售。這些都是由於消費者對價格感受不同而產生的價格心理。

四、對價格的傾向性

對價格的傾向性，是指消費者在消費過程中對商品價格選擇的取捨傾向。由於消費習慣影響，一般消費者基於個人、家庭、年齡等背景，都會造成對商品價格的不同反應傾向。商品一般都有高、中、低檔之分，價格也有高價位、中價位、低價位之分，分別代表商品不同的價格與品質。

不同類型的消費者出自不同的價格心理，對商品的檔次、品質、商標都會產生不同的傾向性。傾向於選購高價商品的消費者，總認為各種商品都有不同的品質，而品質又相對的與價格高低密不可分。換言之，他們會認為，高價格必定高品質，便宜肯定無好貨，要買就要買最好的。

名牌商標是高品質的標誌。因此，在選購商品的過程中，他們對高價、高品質、名牌帶有明顯的傾向性。傾向於消費低價商品的消費者，在價格心理上則認為：價格不能完全代表品質，在每類商品中各檔次之間的品質區別不會很大。商標的社會意義與實際意義也不大，只要能購買到經濟實惠的商品就滿意，甚至品質不太理想也無所謂。

總之，對於講實惠、重實效的消費者來說，就不願意付出高價格去買高檔精品，卻會購買低價商品。這現象說明不同的消費者由於經濟地位不同，消費經驗與消費方式不同，對價格認知的理解性不同，也可能對商品價格有不同的心理反應和不同的選擇傾向。

第三節　商品訂價的心理策略

商品訂價的心理策略是指，商品的訂價，特別是指新上市商品的訂價和對原有商品的調價。訂價心理策略，主要是指有利於市場競爭，從消費者心理出發的訂價心理策略。在市場經濟中，不同的社會制度，商品價格反映不同的生產關係，並有利於生產者或消費者。現代市場訂價策略的制定，必須遵循市場經濟的規律，自覺利用價值規律，發揮價格的經濟槓桿作用。在自由貿易市場，制定商品訂價策略，既要考慮有利於發展商品生產和商品流通，有利於滿足消費者的消費需要，也要從實際情況出發，考慮到訂價方法中的各種心理因素，根據不同的商品與不同的消費對象區別對待。當生產者充分考慮到消費者對價格的心理反映時，隨後才進行訂價的方法，這是一種心理性訂價法。

實際上，生產者唯有根據消費者對不同產品與不同價格的不同心理反應而訂價，才能夠把產品順利地推向市場。研究訂價方法中的心理因素，目的主要是透過市場的訂價方法與消費者心理相互關係的研究，幫助我們對心理性訂價法進行有益的探索。簡述十種常用的訂價方法如下：

一、取脂訂價法

取脂訂價法又稱為「撇取訂價法」，其基本策略是根據消費者求新與求美的消費心理，對新產品，特別是精品採取高價策略。這種訂價法在商品進入市場初期，採取較高價格出售，以後酌情逐步降低價格的策略。就像從鮮奶中抽取乳油一樣，從精緻到一般，這種商品訂價正是從高到低，逐步下降。實行所謂「賺頭蝕尾」的撇取訂價法，主要是利用消費者對新產品的好奇和求新的心理。

在市場上，只要新產品是經過改良而又有一定特色，價格高一點大多數消費者通常都能夠接受。假使價格與原有產品相同或略低，反而還會影響新產品的形象，認為是與舊產品「差不多」而已。當然，這種價格心理功能的運用，還要整合市場情況、商品特性和消費水準等情況而採用。一般來說，對化妝品、特殊專用品等所謂「長效性」商品而言，此法的心理功效較為顯著。然而，「立即性」效應的商品，包括手機與電腦則不適用。

二、滲透訂價法

滲透訂價法是根據消費者求物美實在、求便宜心理，以低價進入市場，博得消費者的好感，從而獲得市場占有率，最後再把價格提升。這種訂價法是在商品進入市場初期，採取先以低價出售，然後逐步滲透，最後把價格提高的策略。這種商品訂價法與撇取訂價法剛好相反，是從低到高，逐步提高，實行「蝕頭賺尾」的策略。

三、反向訂價法

反向訂價法又稱為「滿意訂價法」，它是採取適應市場競爭的訂價

策略，並以滿意顧客價格需求爲前提。這種訂價策略與上列兩種以生產者爲主的出發點截然不同，而是按照消費者期望價格來訂價。這種方法是透過預測消費者對某商品所期望支付的價格，而確定零售價格，然後算出對生產成本和費用的要求，於是，開始生產並投入市場。此種訂價方式與傳統由生產成本的基礎計價的方式反其道而行，故稱爲反向訂價法。

四、非整數訂價法

非整數訂價法是一種典型的心理訂價方法，其心理功能主要是運用消費者對價格的感覺、知覺理解性不同而刺激消費。非整數訂價法，是給商品訂一個帶有零頭數結尾的非整數價格。由於各地消費者的風俗習慣與價值觀念的不同，不同國家或地區在運用此法時也具有差別。例如，美國零售商業通常習慣採用奇數的非整數訂價法。

個案研究：數字訂價法

奇數是單數，其心理作用是單數比雙數小。據美國一些商業心理學家調查，零售價4.9美元的商品，其銷售量遠比訂價5美元為多，也比標價4.8美元為好。另據美國實際研究顯示，在美國5美元以下的價格，末位是9的訂價最受歡迎。在5美元以上的價格，末位是95的訂價銷售情況最佳。所謂奇數訂價，其尾數不一定是9，也可以是5.7、6.3等。

日本零售商業的訂價，與美國有類似之處，但也有其特點。據研究日本電器類商品價格的調查，如以十位為末位數訂價時，以50、80、90為多；如以百位數為末位數時，則以800、900為多。調查結果認為，從心理價格來看，一般消費者對末位數「8」的價格比較喜歡，銷售的結果也較好。在日本，「8」有代表意吉祥之意。台灣市場對「8」字，與「9」字一樣，也特別喜愛，主要是因其諧音與「發」 字相同，有興旺發達之意。非整數訂價法，其心理作用主要有如下四點：

一、價格偏低心理資訊

非整數訂價法會給消費者以價格偏低的心理資訊。消費者總希望自己能夠買到物美價廉的商品，非整數價格有時雖然與整數價格很接近，但給予消費者的心理資訊是不同的。如美國標價99.70元的商品，給消費者的心理資訊：這是100元以下的商品，就是「還不到100元」。假使標價為102元，那給消費者的心理資訊是：「100多元的商品」。兩者的價格概念，似乎差距很大。

二、準確訂價心理資訊

非整數訂價法會給消費者標準訂價的心理資訊。零頭數的價格給消費者的心理感覺是，廠商訂價態度很認真，一角一分也算得清清楚楚。由此認定價格訂得準確、合理，對價格就有信任感。而對整數價格，如50元、100元等，消費者在心理上認為這是一個概略性的訂價，價格不很準確；否則，為什麼剛好是一個整數呢？

三、降價心理資訊

非整數訂價法會給消費者商品降價的心理資訊。靠近整數以下的零頭數，例如，4.97元、9.80元等，由於價格系列是向下的，因此給予消費者商品降價的心理印象。反之，訂價數字是在整數以上，給消費者商品抬價的心理印象。

四、數字合意心理資訊

非整數訂價法會給消費者數字滿意的心理資訊。銷售商品的業者假使能夠考慮消費者對某些數字偏好與忌諱而訂定，通常會給消費者帶來「合我心意」的美好感受。某些地區或某類消費者族群，由於風俗習慣或其他原因，對某些數字具有偏愛或忌諱，非整數價格訂價易於有意識地選擇消費者偏愛的數字，避免其忌諱的數字，使價格數字能符合消費者的心意，引起對美好事物的聯想，滿足其心理需求。

非整數訂價的心理因素，不是固定不變，此法也不是適合所有的企業和商品。假使訂價過於繁瑣，不僅給交易活動帶來不必要的麻煩，還會給消費者造成心理的反感。

五、目標訂價法

有些商品價格，在長期的購買與銷售活動中，逐步形成某種程度的固定性，消費者對此也形成消費習慣，傳播面廣，深入人心，爲買賣雙方所能接受，這稱爲習慣價格。而目標訂價法，就是參考這種消費心理習慣而訂定。習慣價格不僅對交易活動帶來方便，同時在價格心理上還有穩定性和合理性作用，消費者往往把商品習慣價格作爲衡量價格高低和品質優劣的標準。由此，消費者形成了固定的消費目標。

形成習慣價格的商品，多數是一些已有消費習慣，適應面廣的日用工業品、主副食品，例如牙膏、肥皂、刮鬍刀片、食鹽、糧食等。這些商品價格雖然單價低，但是使用面廣，價格稍有變動，消費者往往都非常敏感，調整價格應十分愼重。如果確實價格偏低，首先還是應該從改善經營管理入手，大力拓展市場，實行薄利多銷；其次才是採取變通辦法：調整價格，並盡可能採取漸進式、改革式的方法處理。例如，提高商品的品質與功能、改變型號、改變商標與包裝等，以新的價格代替原有的價格——逐步形成新的習慣價格。企業生產和經營單位可採用「目標訂價法」，就是從總投資和總收益目標上著眼，在企業單位範圍內，具體商品的利潤可以有高有低，甚至有賠有賺，而從總體看最終還是有盈利。所以，在短時期內對習慣價格不做大的變動。

六、方便訂價法

方便訂價法又稱「整數訂價法」，通常多用於特別高價或特別低價的商品。從商業經營活動來說，方便價格便於找零，引起便利購買與銷售作用。從價格心理來說，方便價格引起加強消費者對商品的記憶作用，或

是引起加強商品穩定形象的心理作用。方便價格既然稱爲整數價格，就是對訂價取整數。例如，袋裝食米分別訂爲50元、100元、150元一包不同的整數價格。這樣，消費者可以透過對價格的記憶而聯想到商品的內容與分量，形成習慣價格的心理作用。對某些款式新穎、風格獨特、價值較大的商品，採取整數價格。例如，把9,999元的商品訂價爲10,000元，這就給商品賦予高貴的形象，可以提高商品的定位，對某些以滿足社會性需求爲動機的消費者，往往能產生促進消費欲望的心理作用。

七、聲望訂價法

聲望訂價法，是根據消費者的虛榮心理，而將高級精品店陳列的精品、名牌、稀有商品的價格訂得高些，對部分消費者來說，他們是願意接受這樣高的價格。這種「聲望訂價法」，往往可提高消費者、商店或商品身價的作用，符合消費者的虛榮心理。例如，新上市的新款「名貴車」，價格的增加通常是超過實際內容的附加價值，用以提高商品身價，同時也與舊型車作價格上的區隔。

八、投標訂價法

投標訂價法，是根據消費者的求勝心理，廠商可以採取「投標訂價法」。這種方法特點，在於事先不規定價格，以拍賣或投標方式讓消費者之間互相競價，最後以最有利價格成交，從而獲得售價。例如，某些美國百貨公司在換季清貨時，會採用投標訂價法，一方面出清舊貨，同時也吸引市場的買氣。

九、拆零訂價法

拆零訂價法，則是根據消費者商品價格便宜的心理，把大包裝商品改爲小包裝，價格也拆零計算。這種訂價方法，對於高價位或大包裝的商品特別適用。拆零訂價法不僅使消費者攜帶方便，而且符合商品價格便宜

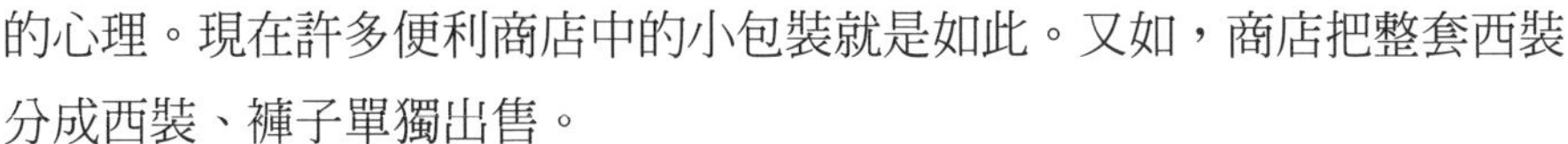

的心理。現在許多便利商店中的小包裝就是如此。又如，商店把整套西裝分成西裝、褲子單獨出售。

十、折讓優惠訂價法

折讓優惠訂價法，這種折讓價格包括折價與讓價兩種。這是一種以降低訂價或給消費者折扣等方式來爭取顧客的訂價方法。折讓價格的心理功能，在於利用價格優惠來刺激和鼓勵消費者大量消費或連續消費。折讓價格的形式很多，例如，根據消費的數量或金額決定折扣幅度；優惠經常消費某種商品的顧客；優惠在商品試銷期最先來店消費的顧客；優惠在商品銷售淡季消費的顧客；優惠有助於促進商品銷售的顧客等。

這些訂價不但能適應消費者希望物美價廉的心理要求，而且還能滿足消費者自尊心理的需要，由此促進商品推銷。折讓價格主要是企業之間、企業與顧客之間的經濟關係，其優惠所得不是給採購人員個人，要防止受賄或行賄現象的產生。

商品在流動過程中，或由於保管、養護的不善引起商品品質的下降；或由於商品生命週期的變化或對市場預測錯誤，市場行情不明而盲目進貨；或錯過供應時節，造成商品的滯銷。這些情況在市場行銷活動中經常發生。商品出現殘缺損壞或滯銷積壓情況時，為了加快商品流通、減少損失，常常把這些商品作廉價品實行降價處理。如果處理及時和運用價格策略適當，不僅可以減少損失，而且還可以促進其他正常價格的商品銷售。反之，不僅損失大，而且還會影響商業信譽。

消費者對廉價處理商品價格的心理效應，一方面可以由於價格優惠的心理作用，刺激產生購買的消費動機；另一方面，也會由於價格低廉而引起疑慮心理，抑制消費欲望。其中對外觀上難以判斷內在品質的商品，疑慮與警惕的心理更為明顯。因此，在制訂廉價品價格時，除了要考慮按質論價的原則和供需情況以外，還應考慮消費者對廉價品價格的心理反應。一般來說，廉價品價格的制訂應該注意兩個消費者的心理要求：

(一)降價應適度

假使降價幅度過小，甚至與原價差不多，就不能引起消費者的注意和興趣。尤其是一些因錯過供應時節或款式過時的商品，消費者更是會不屑一顧。同時降價幅度也不宜過大。從價格心理來看，也不是降價越低越好。因爲，大多數消費者缺乏專門的商品知識，他們以商品價格作爲衡量商品品質的主要標準。

廉價品的折價幅度的大小，帶給消費者不同的心理資訊，一般情況下，商品降價10%、20%、30%，給消費者的心理資訊是，商品的實用價值仍然存在，不必冒很大的消費風險；假使降價幅度超過50%，消費者對商品品質的疑慮就會加大，甚至猜測商品是否能夠購買或使用，是否安全與衛生，而影響消費信心。總之，商品降價幅度既不能太小，也不能太大，要採取適度調整的策略。

(二)價格要相對穩定

消費者對廉價處理商品，本來就會有疑慮心理，假使價格在短期內連續向下波動，或是忽高忽低，就會加大消費者的疑慮，或認爲商品品質確實太糟，無人問津，只得再三降低，或認爲價格很不穩定，持續觀望，推遲消費時間。

總之，廉價商品的處理，應採取實事求是的態度。以誠待客，要如實說明商品的品質情況，這是解除消費者疑慮心理的根本方法。至於虛張聲勢，任意抬高價格，誇大折價幅度，以欺詐手段欺騙顧客的方法，是一種自毀商業信譽的行爲。

商業加油站

說起來容易做起來難

一大群老鼠在一個穀倉裡生活了很多年。其他方面都很好，就是有一隻神出鬼沒的貓，總是在周圍遊蕩。幾乎每天都有老鼠被貓追逐，甚至被吃掉。終於有一天，帶頭的老鼠召開了一次集體會議。

「女士們先生們，大老鼠和小老鼠們，」他說，「現在該是我們解決貓的問題的時候了。你們誰有什麼好辦法嗎？」

老鼠們七嘴八舌提出各種建議，但似乎沒有一個能真正解決這個問題。

這時候，一隻小老鼠站起來了，大聲發言說：「讓我們在貓的脖子上掛一個鈴鐺吧！只要這麼做，貓一旦靠近，我們就能聽到鈴聲，然後馬上躲到安全的地方。」

小老鼠坐下時，全場響起熱烈的掌聲。等掌聲逐漸停了，一隻年老的老鼠站起來說：「我們小朋友提出的想法是天才而又簡單。只要在貓的脖子上掛一個鈴鐺，我們就能安全地生活了。可是我還有一個問題要問你們大家，你們當中有誰願意去掛這個鈴鐺？」

說起來容易做起來難。

你每週平均要參加多少次會議？其中有多少你認為是有建設性的？

會議可以變成詛咒，也可以變成祈禱；可以是浪費時間，也可以是積極有效。就看這些會議到底是怎麼開了。你一定常有這種經歷，你不得不坐在會議室裡，時間過得慢極了，你的眼皮忍不住要閉上，會議漫無主題，沒人知道在討論什麼。有多少次你這樣問自己：為什麼我們不在三十分鐘內趕緊討論完業務的事情，而要每人每天浪費兩個小時來開會？有多少次這樣的情況，會議偏離了原定主題，你感到實在無聊，不得不起身去倒杯水，或者乾脆到走廊裡散步？經濟學家加爾布雷斯（John K.

Galbraith）曾在《揭開皇后的面紗：造成現代亂象的經濟學迷思》（*The Economics of Innocent Fraud: Truth For Our Time*, 2004）指出：「如果你不想做任何事情，那麼，會議是毫無意義的。」

加爾布雷斯有一個反面看法：儘管許多的開會常常令人不快，但絕對是必要的。開會能幫助我們集中各種想法，解決問題，提出行動方案，制訂新的策略等。重要的事情往往需要很多次會議才能解決。故事中的老鼠就需要多召開建設性的會議，這樣老鼠們才有可能解決貓的威脅問題。既然會議是一種雖令人討厭卻絕對必要的事情，那麼，問題就變成如何使與會者心理更舒服，結果變得更有效率。

個案研究：管理經驗法則

根據管理經驗法則，有如下五項建議：

1.參加會議的人數盡量控制在十人以下。如果超過十個人，就會變得混亂，而且需要花費更多精力來維持秩序。

2.要確保準時。如果你遲到了，你就是在清楚地傳遞一個不準確的信號，就是你的時間比別人的更寶貴。如果你設定一個非整數時間，比如說把開會時間定在下午2:15，那麼一般人們會比2:00準時。

3.事先要估計會議持續的時間。如果可能的話，盡量把會議控制在一個小時以內。一旦超過一小時，開會的人的精力就有可能分散了。

4.會議不允許別的事情來中斷。你要關上門，告訴所有參加會議的人關掉手機。

5.如果有些人無意識地偏離了討論的進程，必須要友好地打斷他（很好的想法，Paul，也許我們等會兒可以回來重新談這個問題）；有些人在一個問題上喋喋不休，你也應該打斷他（Paul，這真是很好的建議。不過讓我打斷一下，你們其他人對Paul的建議還有什麼看法嗎？）。

讓我們把一場一場的會議都變得有效率起來。我們必須為此付出艱鉅的努力，再加上精心的準備才可能做到這一點。如果做得正確，會議將會把我們的工作往前推進而不是毫無意義。你是否想讓你的會議變得更有效呢？下面是從麥肯納（Patrick J. McKenna）和梅斯特（David H. Maister）的著作《同輩中的第一》（*First Among Equals: How to Manage a Group of Professionals*, 2005）中提出在會議溝通交流的八個步驟：

1.設定明確的焦點。這樣整個團隊就可以把絕大多數時間用於討論重要問題。還要意識到，必須要給管理者留下一點時間。
2.腦力激盪。應該允許每個人說出一切他所想到的東西，無論正面的還是負面的意見，都不應該存在價值判斷。
3.確保想法是可以執行。整個團隊必須討論想法怎樣和總體目標結合起來。團隊可以明確地估計收益嗎？
4.自願地承諾。很多討論都是資訊傳遞，卻較少是生產性的。最好是大家都出一份力，最終就有希望到達里程碑。
5.只要微小的承諾。務必把行動拆成小的、可執行的單元，不要讓每個志願者承擔太多的責任。
6.為行動簽訂合約。這樣才能明確誰將在什麼時間期限內做到什麼，也可以預先明確最後的結果。
7.在會議之間持續行動。必須要讓別人知道，他們的工作對你來說很重要，他們才會堅持下去。盡量避免忽略任何人的貢獻。
8.慶祝勝利。完成任務以後，要在企業內傳播成功的好消息。人們願意待在獲勝的團隊裡，分享勝利將會使很多人在下一次會議裡更加積極。

開好你的會，
將大大增加你達到目標的可能性。

3 進階篇

- Chapter 11　商業廣告與消費心理
- Chapter 12　商業溝通心理發展
- Chapter 13　商務談判心理發展

商業廣告與消費心理

- 商業廣告的心理意義
- 商業廣告與宣傳心理
- 媒體與廣告心理效應
- 商業加油站：可行與不確定方案

商業廣告與消費心理兩者之間有重要關聯。現代企業一致認爲商業廣告與消費心理有著密切的關係。隨著國際貿易與市場的發展，企業界越來越清楚地瞭解商業廣告是現代經濟活動中，影響力很強的宣傳方式，它的盛衰，往往代表商業經濟的發展程度以及商業活動的服務水準。於是，富有思想性、眞實性、藝術性和科學性的商業廣告，對於促進生產、引導消費趨勢、加速商品流通、開展市場競爭，都有著顯著的媒介作用。

商業廣告涉及的範圍相當廣泛，既涉及經濟學、新聞學、市場學、心理學和社會學等學科，也涉及繪畫、攝影、音樂、美學和文學等領域。廣告效果的大小，很大程度取決於在廣告的過程中，能否充分應用心理學規律，符合視聽大衆的心理感應和心理需求。

爲什麼廣告促銷會有此功效呢？因爲許多投入市場的商業產品或服務項目都有可能提高滿足顧客的消費需求，而聰明的廣告人敢於試圖使商品適應任何一種消費需要，並能讓消費者的消費期待獲得實現。一個廣告成效如何，做得成不成功，衡量的標準就看所設計的促銷廣告或建議，能否吸引消費者的注意，使他們對此發生興趣並激發消費的欲望，然後促成消費的行動。

商店怎樣才能做好宣傳廣告，幫助自己行銷業務工作呢？就一般情況而論，首先應正確理解和處理好下列三個重要問題：(1)具有強大的說服力；(2)策劃品質高的廣告；(3)選用合用的廣告方式。

本章根據「商品廣告與消費心理」主題，討論三個重要議題：(1)商業廣告的心理意義；(2)商業廣告與宣傳心理；(3)媒體與廣告心理效應。在第一節「商業廣告的心理意義」裡，討論三個項目：商業廣告的心理概念、商業廣告的心理特點、商業廣告的心理功能。在第二節「商業廣告與宣傳心理」裡，討論四個項目：廣告的說服力、突出商品特點、運用廣告用語、提供效果證據。在第三節「媒體與廣告心理效應」裡，討論四個項目：廣告媒體與媒體種類、廣告媒體的心理特點、廣告效應的心理學原理、加強廣告心理效果的方法。

 第一節 商業廣告的心理意義

商業廣告與商業宣傳能夠把商店所要推銷的產品或服務項目迅速導入當地市場的銷售管道，並迅速引起消費者或顧客的興趣和需求。因此，在商業廣告與宣傳在國際與國內經濟活動中，已被普遍地被當作產品或服務強而有力的銷售手段之一。特別是所謂「置入性行銷」（placement marketing），能夠把商業廣告與商業宣傳融入常態節目中，發生了意想不到的效應。

探討商業廣告心理，首先探討商業廣告的心理意義。在這一節裡，主要討論包括商業廣告的心理概念、商業廣告的心理特點、商業廣告的心理功能等。

一、商業廣告的心理概念

「廣告」單就字面的意義來說，是「廣而告之」的意思。實際上，廣告就是用文字、語言、圖畫、歌聲、動畫或影片向視聽大眾說明事物的通告。廣告也是一種宣傳手段，其目的是讓人們「瞭解」與「相信」某一事件，向大眾說明某個問題，或向人們傳達某種資訊，這些都可以運用廣告。如何讓大眾「相信」，則牽涉到心理層次。

廣告的應用範圍很廣，諸如政府公告、衛生宣傳、掛失聲明、尋人啓事、公開徵婚、新書介紹、影訊報導、演出海報、商品介紹、展銷海報、企業宣傳、徵人啓事等都可以說是廣告。它們當中有的是屬於社會廣告，有的是屬於文藝廣告，有的則屬於商業廣告。

商業廣告是商品經濟的產物，它隨著商品經濟的發展而發展起來。商業廣告在商品生產的初期，就已被商品生產者和經營者作爲招徠與說服消費者的手段。隨著商品生產的高度發展，市場競爭激烈，在追求最高利潤情況下，推動了商業廣告的日趨發展與完善，並善用消費者的需求心

理，使商業廣告成爲傳遞商品資訊的重要工具。

以商業廣告活動傳遞商品資訊的內容來看，我們可以把商業廣告的定義歸納爲：「生產者或經營者，透過媒體，有計畫地宣傳商品與服務，以達到傳播經濟資訊和促進銷售的一種手段。」在現代社會裡，商業廣告被大量運用於工商企業、服務性行業的宣傳活動中。

許多企業都把廣告作爲行銷活動的重要手段，視爲企業興衰成敗的關鍵，甚至提出了「成功在於廣告」的口號。商業廣告在推動當今商品經濟繁榮和發展，具有不可估量的作用。反過來，商業廣告的盛衰，標誌著商品經濟發展水準高低的程度，同時，也反映著消費者消費的需求心理。

二、商業廣告的心理特點

在現代市場運作中，商業廣告明顯的特點，有特定的廣告委託人，是一種有目的、有計畫的經濟資訊傳遞。以付出某種代價，透過各式各樣的廣告媒體進行公開宣傳的方式，與市場行銷活動的各方面緊密相聯，以特定目標市場的顯明或潛在的消費者爲指向對象。廣告具有其美學、科學和社會心理觀念。

隨著現代商業廣告的進步，商業廣告活動的特點，越來越以其新奇的形式和卓越的功能展示出來。特別是以特定目標市場的明顯或潛在的消費者進行策劃，不但使商業廣告能迎合消費者需求，還可強烈地刺激新的消費需求和積極地開發出新的市場。這種刺激需求的功能，是商業廣告活動的各種特點綜合作用的結果。

三、商業廣告的心理功能

商業廣告是生產者或經營者運用各種方式向社會傳播商品、服務、企業等的手段。就現代商業廣告的趨勢來看，商業廣告朝向廣泛採用、講究信譽、注重誘導、內容藝術、越專業等狀況發展，使商業廣告的功能更爲多樣。廣告的心理功能主要有以下六方面：

(一)認識的功能

由於商業廣告是商品等經濟資訊的及時傳遞，能幫助消費者對商品與服務，以及銷售服務、經營範圍、地點與方式等方面有所認識，在頭腦中留下深刻的印象。商業廣告，具有幫助消費者儘快認識商品、服務等商業的作用。

(二)導向的功能

消費者認知商業廣告之後，並不馬上採取消費行動。因此，商業廣告不僅是爲了讓消費者瞭解商品與服務的新構想與新觀念的推廣，以引起消費者的極大注意，建立或改變對生產者及其商品的態度，樹立企業與商品的良好形象，還要盡力使廣告在文字內容、藝術形式、表現型式等方面迎合視聽大衆的心理需求，激發潛在的消費欲望，影響其消費決策和引導新的消費需求，使其儘快採取消費行動。

(三)教育的功能

廣告的文明道德、健康活潑的表現形式與內容，對擴大消費者的知識領域，豐富精神生活，指導生活消費，陶冶人們的情操，促進社會的精神文明和物質文明都有著潛移默化的作用。

(四)美化的功能

商業廣告以藝術的目的和表現手段的特殊性構成的藝術形象，這種性質的商業廣告，不僅能夠美化社會生活環境，而且帶給消費者美的文化與藝術享受。

(五)方便的功能

商業廣告透過各種媒體及時、反覆地傳遞商品資訊，便於消費者利用閒暇蒐集商品或服務的有關資料情報，並有充分的考慮、比較和選擇的時間，不僅有利於消費者對商品的選購，而且還能節省消費時間。

(六)促銷的功能

促銷是工商企業對商業廣告的最直接要求，也是商業廣告的基本功能。商品和服務的品質、性能、特點、價格等透過商業廣告廣泛介紹與推廣，揭露經濟資訊和商業信譽的堅持、滲透到各個消費地區和消費者群體，拉近生產者與消費者的距離，引起消費者的興趣和注意，加強對商品的認識，增強消費信心，這就成爲促進商品銷售的重要手段和目的。

總之，商業廣告的心理功能是多方面的，在商業經營活動中都應充分利用。從市場競爭、資訊的傳遞、促進銷售、發掘與開拓消費需求的角度來說，尤其應注意導向功能的發揮，要努力在研究消費者心理的基礎上提高商業廣告的藝術水準與科學水準，避免誇大不實，使之成爲消費者喜聞樂見、卓越成效的消費導向。

第二節　商業廣告與宣傳心理

爲什麼廣告促銷會有功效呢？簡言之，優良的廣告企劃試圖使商品適應任何一種消費需要，並能讓消費者的消費期待獲得實現。一個廣告成效如何，做得成不成功，衡量的標準就看所設計的促銷廣告或建議，能否吸引消費者的注意，使他們對此發生興趣並激發消費的欲望，進而促成消費的行動。商店怎樣才能做好宣傳廣告，幫助自己行銷業務工作呢？就一般情況而論，首先應正確理解和處理好下列四個重要議題：(1)廣告的說服力；(2)突出商品特點；(3)運用廣告用語；(4)提供效果證據。

一、廣告的說服力

做商業廣告要恰到好處，適應需要，而且要切實可行才具最佳效果。當然，此話說來容易，要做到恰當卻非想像中那麼容易，因爲市場變化情況經常會出乎意料之外。爲此，總需要商店按具體需要，採取合理的廣告決策。

廣告媒介包括各種報刊雜誌、電視、電台和網路，商店則應該按照自己的實際情況合理的選用。如此，既要考慮費用，又要考慮短期效益或長期效益等實際需要。如果必須獲得短期效益才能維持營業的話，則很難採用任何一種希望獲取長期效益的廣告促銷手段。有時候，商店只要在公司行號門外貼上一紙公告，向消費者聲明現在可供應哪些產品或服務項目，則可立即招徠顧客光臨惠顧了。例如，在某商業大廈開張營業的快餐店兼外賣服務，多半就是這樣。如果情況眞的是這樣的話，那只有白癡才會另外花大筆錢去大做廣告。不過，無論選用哪種廣告媒介，最好還是先進行適當測試，看是否切實可行而有效果，然後再行決策也不遲。

二、突出商品特點

商業廣告應該向消費者傳達何種資訊？這是商店做廣告時經常需要考慮周全的問題。在一般的情況下，一則促銷廣告通常需要向消費者說明三點：

1.現時可供應哪些產品或服務項目？
2.所銷售的產品或服務項目可為消費者帶來什麼實惠？
3.所銷售的產品或服務項目比其他同行有哪些優點？

上述三點內容說來簡單，實際上卻包含許多因素，例如：銷售產品的性質、特點、品質、性能、用途、價格、安全保證、品牌與商標，乃至於不同類型顧客的偏愛等。不過，也沒有必要在同一則促銷廣告裡，面面俱到地做宣傳。通常只能夠按照行銷業務的實際需要，特別地只突出一點作為重點內容向消費者廣為宣傳，以引起顧客的注意和興趣，才能夠有效地促使顧客的消費動機。因此，在同一則廣告裡，亦可以包含一種或多種因素，如下分述：

(一)擔保或許諾

廣告中對消費者的擔保與許諾，對顧客具有很大的吸引力。以此作重點內容的宣傳廣告成功與否，就看廣告創意能否有效地把此傳達給顧客，並讓他們信賴。

(二)幫助實現消費理想

在現實生活中，人們總會懷有各種各樣的理想或夢想。以這些理想或夢想作爲宣傳廣告的重點內容，向那些滿懷抱負的人推廣各式諮詢服務，提出可以幫助人們解決困難，實現理想或夢想。其實，這亦是向未來的顧客提供某種形式的擔保或許諾，那麼，這則廣告對消費者就越有吸引力，而且會獲得更多的迴響。

(三)銷售價格

銷售價格向來是強力促成消費動機的重要因素，但是訂價也必須要合理才行，因爲訂價過高或過低，都會爲推銷工作帶來嚴重的不良影響。通常的做法是：當推銷的產品是確實便宜，那做廣告時，就把廉價作爲重點宣傳。當試圖爲產品訂價時，在重點內容上，則強調優質或獨具特色。無論採用哪一種做法，只能針對某種或某幾種商品，但不可能對所有的顧客都產生效果。

任何試圖採用某一種訂價方法，同時促使各種類型的顧客形成某種消費動機的努力，一定不會成功。幾年前，美國通用汽車公司（General Motors）銷售的五種不同型號的汽車，該公司針對五種不同類型顧客的需要，個別安排宣傳與廣告，並籌備各種不同的促銷行動。

(四)自尊心或自豪感

有些顧客平時生活總是省吃儉用，但購買汽車或其他高檔衣物時，花多少錢也在所不惜，他們覺得這樣才有尊嚴與優越感。因此，廣告如果以此爲重點做宣傳，促使顧客形成消費動機，就算成功了。

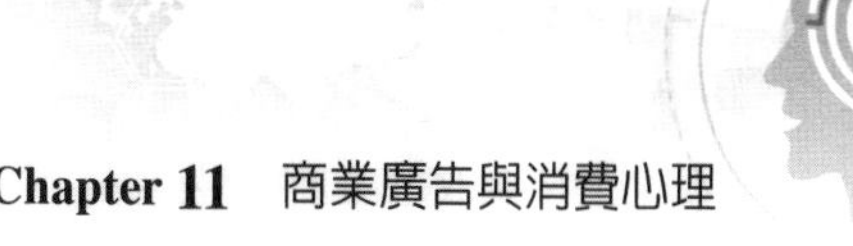

(五)提供方便

方便可以成爲一種效果顯著的促銷動機。售價過高或過低自然會遭到許多顧客的抱怨和質疑，遠不如提供消費方便那樣效果奇佳。坐落在城市商業中心的大型百貨商店，通常是交通擁擠，人潮洶湧，對消費者難以招待周全，爲此，顧客們寧願走到鄰近較小的店鋪裡選購自己所中意的貨品，因爲在那裡購物較爲方便，服務也較爲周全。

如果廣告內容以提供顧客方便爲重點：「本公司代爲包裝貨件、送貨到府、接受信用卡付款、提供免費停車場地、郵寄貨物等」，肯定收到良好的促銷效果。但要注意：有些商店在利用方便性做廣告時，總以爲顧客們瞭解這是給予他們額外好處，那就錯了。廣告要單純地讓顧客理解並體會商店所提供的是消費方便，那就好了。反之，過於複雜的廣告，會影響促銷的效果。

(六)其他因素

此外，商店還經常利用顧客的恐懼心理與迴避損失的心理推銷生意。因此，廣告的重點內容既要有正面的促銷作用，又可以利用負面的促銷作用。以正面的促銷而言，設法喚起消費者希望得到某種事物的願望，例如，化妝品的助人美麗與整潔；啤酒的豪邁助興；汽車可以增添魅力、身分與方便旅遊等。

以負面的促銷來說，設法喚起消費者希望迴避某種負面事物的願望，例如，保險的避免遭逢劇變而導致的窮困；牙膏的預防蛀牙；以及藥物的排除病痛等廣告。在正負廣告訴求兩者之間，並無嚴格的限制，有時看實際情況，兩者也可一起運用，例如，投資廣告，既可迴避風險，亦可增加收入。

三、運用廣告用語

當商店確定了宣傳廣告的重點內容之後，就要把有關資訊準確地傳

達到所有的目標顧客。語言文字是廣告工作中至關重要的因素。廣告語言的運用，必須要求做到簡潔明白、表達明確、易懂易記等要求。

個案研究：激烈廣告

舉例來說，「特惠銷售」、「發財機會」、「換季清倉」、「週年慶」等比較平實的廣告用詞。更激烈的廣告用詞，例如，「倒店貨品」、「跳樓大拍賣」、「買一送一」等。如果使用得當，肯定會收到良好的效果，而且，即使重複多次使用亦無妨。恰當運用廣告語言還要使用得體，許多經驗老到的商店對文字表達方式，能夠顯示如何講出來更動人，值得注意。例如，某些銷售清洗用品的商店，常向消費者傳達資訊的用語並非直接教人「如何去清潔」，而是教人「如何去營造清淨舒適的家庭生活環境」。

四、提供效果證據

爲增強廣告的說服力，必須要提供有力的證據。一般而言，商店在廣告裡向顧客提供的證據，主要有下列三種：

(一)具有權威的證據

商業廣告中所提供具有權威的證據，通常是模擬權威者的使用經驗。例如，請演員模仿某專家向消費者陳述對有關產品評論或技術說明，從而在顧客心目中樹立信心，進而使消費者有理由願意相信，該商品的品質和性能確實已經達到了專家所要求的技術標準。如此，可以將某位專家對有關產品評論的證詞寫入廣告句中，或可提供有關政府機構簽發的證明書，或某種專業性實驗室出具的檢驗證書或保證書等。其用意就是藉此向消費者表示，在廣告裡所提出的有關某項銷售產品的擔保或許諾，確實是可靠的。

(二)專業性的證據

廣告中的專業性證據，就是用顧客的話說服顧客自己。這也就是使用某位消費者對有關銷售產品的良好反應或正面評論作爲證詞和擔保，藉此增強廣告效用。

(三)合理性的證據

廣告中的合理性證據，是引導消費者本人透過自我教育、自我啓發，充分瞭解某種商品，然後作出正面的判斷。普通顧客只要憑自我感受即可判斷廣告所言，並無虛假而樂於消費，所以廣告中不乏理由、口號、箴言等用語。

個案研究：證據效果

在廣告中我們常見「贈送樣品，來信即寄」字眼，這亦是一種試圖取信於顧客的證據。商店透過免費寄贈樣品，含蓄地向顧客們傳達：「請相信我們所說的是真話。」對於一些崇尚品牌的顧客來說，做廣告有時候的確顯得有點多餘。不過，對於那些沒有品牌認同的消費者來說，仍有必要性。因為一般人常認為：只有透過宣傳廣告進行推銷的產品，才是值得令人相信和有興趣的。要不然，就有可能被認為是次等貨。假使大多數的顧客都說自己從未聽說過有這種牌子的產品，而又缺乏適當的廣告，很有可能銷售量會很低。

總之，如果商店能夠站在顧客立場，細心體察、確切瞭解顧客的需求，同時又能夠找出適當的促銷措施。這樣去做廣告才能向消費者準確傳達資訊，才能深入顧客內心，激發消費動機。如果顧客想要吃蘋果，而商店卻為柑橘大做促銷廣告，試問這樣能有好結果嗎？

第三節　媒體與廣告心理效應

探討商業廣告媒體的心理效應，主要包括廣告媒體與媒體種類、廣告媒體的心理特點、廣告效應的心理學原理、加強廣告心理效果的方法等四個項目。

一、廣告媒體與媒體種類

要將經濟資訊傳達給消費者，必須透過某種媒介物。消費者主要是透過視覺和聽覺來接受外部資訊。因此，這些媒介物必須是與視覺、聽覺相聯繫的物質。只有借助這些傳遞作用的物質，才能把資訊傳達給消費者，達到廣告的目的。與消費者的視覺、聽覺相聯繫的、起傳遞經濟資訊作用的物質，就是商業廣告的媒介物或稱爲商業廣告媒體。

商業廣告媒體大致可分爲三大類：文學類、言語類和實物類。

1.文學類的廣告媒體包括報紙、雜誌、書籍、傳單、函件、說明書、包裝物、路牌、霓虹燈、交通工具、電腦網路及電視的文字畫面等。
2.言語類的廣告媒體包括電台廣播、電視解說、櫃檯介紹、叫賣聲等。
3.實物類的廣告媒體包括陳列樣品、贈送樣品、展覽會、展銷會以及試驗和使用商品的實際操作表演等。

當然，按以上劃分的三類廣告所包括的媒體還不盡全面。以上各種廣告媒體中，被經常運用的有報紙、雜誌、廣播、電視，稱爲商業廣告的四大媒體，但近來來，網路與手機廣告的盛行，已經讓前四大媒體倍感壓力。另外，廣告也可分爲平面與立體兩大類別。廣告的媒體種類繁多，形式不一，但都是透過特有方式影響消費者的感覺、知覺、記憶、想像、思維和感情，最終完成傳達經濟資訊，誘發消費者消費動機，促使其採取消費行為的使命。一種商品的推銷宣傳活動，也許只是透過單一媒體進行，或是透過多個媒體共同開展，這要根據實際情況而定。

二、廣告媒體的心理特點

各種廣告媒體，皆有其優點，也有其不足的方面。茲對廣告的五種主要媒體如報紙、雜誌、電台、電視及電腦網路與手機的特點分析如下：

(一)報紙廣告特點

報紙廣告包括三個特點：

1.報紙具有及時性：人們對報紙的新聞都想及時瞭解，不願時隔多日再去翻閱。消費者在閱覽新聞、評論、綜述以及其他消息的同時，一般也要瀏覽一下各種最新廣告。因此，報紙又具有傳播及時的特點。

2.報紙具有權威性：大多數報紙歷史已久，具有影響力和威信。因此，在報紙上刊登的廣告往往讓消費者產生信任感。

3.報紙具有變動性：報紙天天與消費者見面，每天內容都在變化，報紙可以經常地以新的形式和內容出現於消費者面前，達到在不同時期裡不同心理需要的目的。

但是，報紙也有它不足的方面，如時效性較短。一般消費者對報紙不會作較長時間的保存，看後不久也許就忘了。還由於報紙內容複雜，不經過精心設計的廣告則不甚顯眼，不易引起消費者的注意。還由於報紙上刊登的廣告繁多散亂，造成消費者注意力分散。此外，由於報紙的紙質與印刷工藝的客觀限制，廣告要清晰地顯示商品的款式、色彩等外觀品質方面是比較困難，這必然削弱了對消費者直接的視覺刺激，從而影響它的心理效應。

(二)雜誌廣告特點

雜誌廣告包括下列三個特點：

1.雜誌具有針對性：讀者選訂的雜誌一般都與自己的愛好、興趣、專業有關，因此不同類的商品或服務的廣告，可以選擇在不同的銷售和服務對象所願意訂購的雜誌上刊登。由於刊登的廣告針對性強，因而也容易引起相應分類市場消費者的注意。
2.雜誌具有保存性：一般雜誌的保存時間都比較長，尤其是專業性的雜誌保存時間更長些。這樣就便於消費者收集或複查有關的廣告內容，產生較長時間的持續影響效果。
3.雜誌具有感染性：雜誌廣告可以利用彩色印刷等手段來表現商品的實物攝影、繪畫圖像以及與商品的使用和服務過程的場面圖景，雜誌印刷精緻，圖畫精美，容易引起消費者的興趣和注意，產生強烈的感染力，獲得更佳的心理效應。

總之，雜誌廣告的選擇性強，保存期久，穩定性好，宣傳效率高。雜誌也有它的不足之處，因其訂量畢竟有限，讀者對象相對狹窄，因此對於大衆化消費品的廣告就不適宜多刊登於雜誌上。即使某些雜誌，例如文藝雜誌散播面稍廣些，也有一定的流傳性，但其散播與流傳的時間比較慢，影響了時令商品廣告的及時性。另外，雜誌的出版週期都比較長，雙月刊、季刊更是如此，因此雜誌無法滿足消費者希望快速及時接收經濟資訊的需求。

(三)電台廣告特點

電台廣告包括下列四個特點：

1.電台廣播具有廣泛性。這是因爲收音機的普及率已相當高。
2.電台廣播具有及時性。廣播的速度非常快，能縮短空間距離，最新的資訊能在最短的時間內傳達給消費者。

3.電台廣播具有靈活性。只要消費者（聽衆）身邊有一台收音機，就隨時、隨處可聽，還可以一邊做事一邊收聽，相當靈活方便。

4.電台廣播與報紙一樣具有權威性。在群衆心目中有其名聲與地位，電台廣播的廣告也因之具有權威性，消費者容易產生信賴感。

然而，電台廣播的廣告是瞬間即逝的廣告，不易保留，因此要消費者確認和複查廣告內容，幾乎是不可能，除非錄音重播。還有電台廣播廣告只是單純訴諸於消費者聽覺器官，商品的具體實物很難有效地展示，因此往往不能給消費者留下明確和深刻的印象。總之，電台廣告傳播迅速，活動空間大，針對性強，權威性高。

(四)電視廣告特點

電視廣告包括下列三個特點：

1.電視廣告具有廣泛性。現在電視普及率已非常高，幾乎家家都有電視機。

2.電視具有很強的感染性。電視較之其他主要廣告媒體能更能發揮人體的感覺器官作用。報刊雜誌只是訴諸視覺，而不能訴諸聽覺；電台廣播只能訴諸聽覺，而不能訴諸視覺。而電視能夠同時訴諸以聽覺和視覺，這樣消費者更容易受到廣告的多方面刺激而引起注意，接收的資訊更爲全面，效果也更好。

3.電視具有藝術性。電視如同電影，不但有靜的畫面，而且有動態的畫面，並且因畫面的變化，不容易產生單調和疲勞感，觀衆更容易對廣告內容感興趣。特別是彩色電視，再配之聲樂音響，那更是圖文並茂、聲色交織、生動有趣，將產生其他廣告媒體所不及的藝術效果，更能激發消費者的注意力、感染力，從而激發消費者對廣告內容的喜愛和興趣。

總之，電視廣告宣傳面廣，表現力強，重複性好，影響力大。但

是，電視廣告也會隨著電波的消失而消失，如不採用重複播映，不可能產生深刻印象，也無法長時間保持記憶。另外，電視廣告的時間不宜占用太長，否則極易引起電視觀眾的反感。電視廣告還受時間、地點和其他條件的限制，其適應性還不是很強。

(五)電腦網路與手機廣告特點

電腦網路與手機廣告包括三個特點：

1. 電腦網路與手機廣告具有滲透性。現代人大窩擁有一台或以上的電腦或手機。透過電腦或手機，網路廣告可以全面滲透電腦與手機的使用者。
2. 電腦網路與手機廣告具有最高的速度。電腦與手機使用者，尤其是手機使用者，如果在行動通訊服務範圍內，或是可以藉由Wi-Fi訊號連結上網路的話，網路廣告從發布到消費者的速度，是所有廣告媒體最快的。
3. 電腦網路與手機廣告具有針對性。許多網站提供許多個人免費的網誌或交友網路，再加上搜尋網站及購物網站的結合，使廣告商針對網路與手機使用者的瀏覽紀錄來提供消費者針對性的商品廣告。

電腦網路與手機廣告的不足之處，是網路廣告量太大讓消費者面對過量的廣告而不知如何挑選商品。再加上有些商品提供者聘請網路寫手，在網路上散播偏袒的商品試用經驗，以此誤導消費者的判斷。

三、廣告效應的心理學原理

為增強廣告的心理效應，必須瞭解可以被廣告設計所應用的心理學原理。下面介紹主要的四種：

(一)異質性原理

當某種刺激物突如其來的刺激一個人後，這個人的正常視覺或聽覺會一時失去平衡，其視覺或聽覺就會集中於新異的刺激物，從而在感覺中留下特別深刻的印象，這在心理學中稱爲「異質性刺激」。

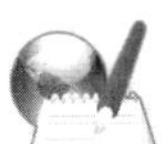

個案研究：異質性原理

在電視節目中突然出現一陣刺耳的救護車的警報聲，接著一輛救護車呼嘯而過，車上醫務人員正在緊張搶救一個心臟病發作的患者，經過用藥，病人得救了。急救的是什麼醫院？「台中某某綜合醫院」，原來這是一段宣傳一家新開幕綜合醫院的廣告。這裡就是運用了異質性原理，刺耳的警報聲、緊張的搶救鏡頭，使觀眾的心理活動暫時失去平衡，視覺和聽覺被廣告節目所吸引，從而留下了對醫療服務的深刻印象。異質性原理可以運用於廣告的文字設計、語言風格、色彩配比、音樂旋律、光感強弱、形象造型等方面，使廣告產生更好的效果。

(二)感情性原理

人類的行爲動機不是完全出於理智，而是大部分出於感情。假如廣告不完全是枯燥無味的理智性、知識性宣傳，而是增加具有誘發感情的宣傳方式，那麼這樣的廣告成功率就比較高。

個案研究：內心感情

宣傳護膚乳液、洗髮精之類的化妝品，常常使用「使妳的容貌更加美麗」、「使妳青春永駐」等詞句，往往更能引起女性對化妝品的好感。在營養藥品廣告中，經常使用「有病治病，無病保健強身」、「使你強筋壯骨，延年益壽」的詞句，往往更能激發想要更健康的人的消費欲望。總之，運用感情性原理即是為了「投其所好」，打動消費者內心感情，促其下定消費決心。

有些消費者在購買某種新商品後產生的感情，會感染另一個消費者，使他們產生同感。有些廣告正是利用了感情能夠互相感染的特點而不落俗套地進行宣傳。例如，適當地刊登各地消費者、商業部門以及國外客戶對某種商品種種優點的讚譽信函，或讓一些有聲望的專家評論，或請知名人物如電影明星、體育選手在電視節目中現身說法，以這個人的體驗感受去說明、感動潛在的消費者，使更多的消費者對此商品發生好感、深信不疑，產生積極的消費欲望。

當然，利用廣告激發消費者的感情並不局限於廣告詞上，還可以展現在圖案設計上或傳播的方式上。例如，商店經常向一些顧客直接投寄廣告信函，但他們注意控制投寄的數量，因為這樣可以給一些收到函件的消費者感到「只有我收到」，從而感到自豪、榮耀，促進其消費。

(三)動態性原理

人們的行爲由個人的心理動機決定，而由於各種因素的影響，人們的心理動機又是處在不斷地發展和變化中。廣告宣傳必須適應消費者進步、變化的心理狀態。

個案研究：心理活動變化

當人們進入資訊時代的時候，假如還在不遺餘力地宣傳幻燈機保證耐用十年以上，這就違反了動態原理。相反地，假使宣傳電腦、網際網路的使用資訊，效果就大不一樣。不僅消費者的心理動機在變化，心理活動也處在不斷變化之中，因此，廣告宣傳，尤其是在電視廣告節目中，更應注意廣告形式的不斷翻新，內容經常更換，滿足人們追求不斷變化的心理願望。

(四)系統性原理

消費者的意識具有系統整體性。一般情況下，系統整體性的事物較之局部不系統的或殘缺的事物，更具有感染力。廣告宣傳要注意把介紹的商品以系統整體形象呈現在消費者面前，並且把商品的使用過程完整地展現出來。同時，最好能把與商品有關的空間、時間、自然、社會等相關事物有效組合起來，使消費者更具有眞實的系統整體感受。透過周圍有關事物的陪襯，烘托商品主體，突出其優點、特點，以得到良好的廣告效果。

個案研究：感受效應

一幅推銷化妝乳液的廣告牌，一般是用文學宣傳這種乳液本身的優點和特點，假如能配以人們洗澡後神情氣爽、皮膚清香的畫面，則更能讓消費者全面地感受到使用此乳液的種種好處，從而產生好感，留下深刻印象，促使其積極消費。這是所謂心理學上的感受效應。

四、加强廣告心理效果的方法

廣告的主要作用是加快消費者對商品、企業的認識，誘導和推動消費者的消費慾，以促進商品的銷售和服務的實現。商業廣告效果如何，主要取決於廣告是否充分利用心理學的原理，以及是否符合視聽大衆的心理狀態和需求。爲增強商業廣告效果，應注意引起消費者以下三方面的心理效應。

(一)促進消費「注意」的心理效應

消費者對廣告的認識，其關鍵是「注意」。商業廣告能否引起消費者注意，這是商業廣告能否取得成功的第一步。「注意」分爲有意識的注意和無意識的注意。有意識注意是消費者瞭解商品或服務廣告時，意圖明確，需有意志地搜尋自己所要瞭解的經濟資訊的注意力集中，不被其他新異刺激所干擾。例如，即將搬新買房屋的人，對購置家具及裝潢設計是他們當下最關心的事。他們對裝潢展覽的廣告就特別注意與搜尋，看到廣告後不輕易放過廣告或報導的一行一字，這就是對廣告的有意識注意。

無意識注意是消費者事先沒有預定目標，也未作任何意志的專注，往往由於廣告中的突然新異刺激而對廣告內容特別的注意。大部分消費者

在接受廣告宣傳時，都不是處於有意識注意狀態，往往是在無意中被強烈刺激後而立刻引起注意，並伴隨著消費者情緒上的反應。因此，增強廣告效果的心理方法之一，是如何改變消費者的無意識注意爲有意識注意。通常的手法有以下幾方面：

◆增大刺激度

廣告的增大刺激度心理手法，主要是增強對消費者的感官的刺激度，以引起注意的一種手法。在廣告宣傳中，假使以巨大的聲響、奇異的聲調、醒目的符號、特別的色彩、誘人的香味、耀眼的光亮、快速的動作加以配合，都會使消費者的感官受到強烈刺激而引起注意。

個案探討：視覺感官效應

電視廣告畫面上，伴隨警告聲、急駛而過的救護車之後廣告新藥品；激烈的球賽場面之後呈現暢快地喝飲料。廣播的廣告往往在一陣熱烈的音樂聲響之後介紹商品。以黃色為底的展覽海報，以紅體字為標題的報紙廣告等，都是以很強的聲、態、色、形來刺激消費者的視覺感官和聽覺感官，引起視覺和聽覺的不自覺興奮，以產生較大的注意力，在此時出現廣告內容，無疑容易為消費者所注意。

◆採用一反常態的手法

廣告的一反常態心理手法，主要是採用不同凡響或是非常規的廣告形式，而引人注意的手法。平凡無奇，多見不怪，然而，反常態者，則令人驚奇。

個案探討：特殊效應

報紙通常是圖文並茂，若有一份報紙的版面上突然出現大塊空白，只是依稀寫著一行小字，「明日此處刊登重要消息」。報紙本該刊載文字或

圖片，哪有空白道理？此舉實屬反常，不免引起讀者注意。於是許多人關心次日報紙在此處究竟刊登什麼消息，第二天看到卻只是「希爾頓」三個字，不知是指商品還是指企業名稱，欲探究竟的人因為好奇而無形中已留下了深刻的特殊印象。

個案研究：「為什麼」效應

某牌香菸欲打入某海域國家市場，無奈那裡的香菸市場已趨飽和。推銷員得知當地的海濱浴場不允許吸菸，於是靈機一動，在這個旅遊勝地到處張貼「禁止吸菸」的宣傳畫，同時又在禁止吸菸的大字標語下，若無其事加上一行並不十分注目的小字：「某某牌也不例外」。這一下倒引起不少旅遊者的注意，為什麼要特別標明某某牌也在禁止之列？某某牌究竟有何與眾不同之處？以前禁止吸菸的標語從未這樣寫過，於是反而激起了消費者去嘗試一番的欲望，某某牌在此地竟成了暢銷貨。

例如，在義大利街頭的五光十色廣告牌，竟看到一幅全黑色的廣告，頗為反常。走近一看，還有一行模糊的白色小字，仔細看來，原來是一場輕音樂會的廣告。與此例相仿，某街頭的五彩繽紛廣告路牌中唯有一塊全白底色，中間有一行黑色字樣，頗為引人注目，看清廣告文字，原來是某廣告公司的電話號碼。以上例子，都說明了一反常態的廣告形式往往使消費者驚嘆、好奇，從而引起對廣告的注意。適當地運用不同尋常的表現手法，頗能收到奇異效果。

◆突然變化的手法

廣告的突然變化心理手法，主要是以動態的速度、聲響的頻率、亮度的強弱等突然的變化而引起注意的手法。因爲細微緩慢的變化，不會使人輕易覺察到；假使是靜中突動、鬧中突靜、暗中突明、慢中突快等動作，就容易使人明顯地感覺到而產生注意力。突然變化的手法經常被電台廣播、電視的廣告節目設計所運用。即使是其他形式的廣告，也經常採用。

個案研究：靜中突動效應

某地一家百貨公司的大廳中央擺著一個很大的玻璃魚缸，遠遠望去只見幾縷魚草升浮在水中，缸裡的水在燈光照耀下，顯得寧靜安詳。突然有一條魚不知何時從某個角落搖頭擺尾地游了過來，不免使人駐足觀看。卻不料同時映入眼簾的竟有一塊沉於水底、在燈光下金光閃閃的手錶。再細看原來是「某某牌」手錶在水中仍然正常的轉動。這一廣告的成功之處就在於安靜的魚缸裡突然出現擺動的金魚，靜中突動，使人產生了注意力，不能不停下腳步觀察魚缸裡的動靜，在無意之下，沉於水中的手錶則被人的視覺接受了。

◆強化反差對比

廣告的強化反差對比心理手法，主要是運用事物的長度、體積、顏色、聲音等反差對比來引起注意的手法。刺激物中各元素顯著的對比，往往也容易引起人們的注意。在一定限度內，這種對比度愈大，人對這種刺激物所形成的條件反射也愈顯著。因此，廣告設計中，可以有意識地調整廣告中各種刺激物之間的對比關係的差別，強化消費者對廣告的注意度。

個案研究：反差效應

鶴立鶴群，不引人注目；鶴立象群，反遮蓋自己；鶴立雞群，才能引人注意。鶴與雞的反差是形態的高低反差。反差現象還有面積大小的差異、顏色濃淡的反差、畫面動與靜的反差、光線強與弱的反差、音樂節奏快與慢的反差、音調頻率高與低的反差、文字語句長短輕重的反差等。透過反差對比引起人的視覺和聽覺注意。相反地，毫無反差對比，就顯得刻板平淡，視覺和聽覺逐漸遲鈍，則引不起興趣。

反差手法經常被廣告設計所運用。例如，淺綠色的廣告畫面上，鮮紅

的圖形、文字就顯得格外突出；較暗背景的電視螢幕上，唯有某商品在強光照射下，十分惹人矚目，在播音員以平靜語調播音之後，突然插入聲調高昂的廣告歌曲，精神為之振奮。還有，報紙廣告黑色文字與白色空間疏密，形成對比，比文字占據整個版面更加引人注目等。總之，有反差對比的廣告，由於所造成的心理效應良好，都能夠特別引起消費者注意力的集中。

◆吸引集中貫注

廣告的吸引集中貫注心理手法，主要是在某一段時間或某一塊空間上集中貫注某種資訊「能量」以加強感覺刺激，引起注意的手法。就是使人的心理活動只集注在某種少數的事物上，對其他事物視而不見，聽而不聞，並以全部精力來對付被貫注的某一事物，使心理活動不斷地深入下去。因此，用力分散，則推不動東西；化整爲零，不引人注意；集中用勁，產生力量；唯有集中出現，則引人注目。假使一則廣告不是集中在某一階段時期經常出現，而是間隔許久才出現一次，那麼就很難引起消費者的注意。

個案研究：集中廣告

某公司門口牆壁的上一整排都是貼著同一種廣告海報，這種連續幾張貼在一起，就具有強烈的刺激，提高了注視率。許多公司對某廠家生產的成套系列產品，例如成套陶瓷燒鍋、系列化妝用品作集中陳列，其目的是引起消費者的注意。

◆運用動態捕捉手法

廣告的運用動態捕捉心理手法，主要是將廣告實物作空間游動，以捕捉消費者的視線而引起注意的手法。

個案研究：集中動態廣告

街頭經常可以看到有人背著廣告牌，或把廣告牌掛在汽車上走動，電子霓虹燈廣告的文字在夜空不斷閃動；汽車車身廣告也靠汽車行走而流動；食品店在門口烹調；百貨公司將陳列品置於轉盤上循環轉動等，都是運用動態原理，將實物廣告作空間移動，來捕捉人的視線以引起對廣告的注意。

為了引起消費者「注意」的心理效力的手法，不僅限於以上幾種，許多別出心裁的手法不斷地出現。請記住，運用動態「注意」手法的時候應當特別注意「目光捕捉物」的問題。有許多廣告為了達到引起人們注意的目的，常用美女圖像作為廣告的「目光捕捉物」。結果，讀者或觀眾的目光雖然注視到廣告上，但因美女形象的突出，而沖淡了對廣告內容的注意。所以不論是報紙、雜誌，還是電視、路牌的廣告，在選擇動態目光捕捉物時要極為謹慎。

(二)發揮「記憶」的心理效應

廣告設計要求能夠使消費者對此廣告資訊保持記憶。消費者對廣告記憶程度如何，會影響消費者今後的消費行爲。假使某商品的廣告在消費者頭腦中能夠保持良好記憶，那麼就極可能使消費者成爲這種商品的長期顧客。效果好的廣告，給消費者印象深刻，長期難忘，極易引起回憶。

假使廣告的視聽覺不好，難以記憶，其刺激功能就不能發揮，廣告的效果就不理想。因此，如何激發消費者的記憶心理效應，就成了增強廣告效果，改進廣告設計工作的重要問題之一。爲了發揮消費者「記憶」的心理效應，可以採用以下四種手法：

◆利用直觀形象強化整體印象

利用直觀形象的資訊傳遞，強化整體印象的記憶心理效應，是採用直觀的、形象的資訊傳遞，增強人對事物整體印象的記憶的手法。一般來說，消費者對直觀的、整體形象的東西比抽象局部的東西容易記住。直觀形象的東西儘管只能形成感性知識，但它是領會事物的起點，是記憶的重要條件。

在廣告中有意識地採用實物直觀、模擬直觀以及語言直觀進行資訊的直觀表達，不僅可以強烈吸引消費者注意，還可以使消費者對廣告內容一目了然或一聽即明，增強知覺度，提高記憶效果。電視螢幕上經常出現商品的實物照片、使用商品過程的動態描寫、服務場所的活動情形，都是直觀地展現廣告內容。模擬音響、形象化語言多被電台廣播和電視的廣告節目採用。

個案研究：音響作用

照相機廣告中按快門的「喀嚓」、「喀嚓」聲；酒類的廣播廣告，雖無法直接以酒的實物展示，但可以模擬美酒倒入酒杯和冰塊投入杯中的音響。再如，咖啡的電視廣告是透過人們飲用之後，發出「氣味多香啊」或者「味道好極了」的讚歎聲。這些實物、模擬或語言的直觀形象表達資訊，都有助於消費者對廣告內容的記憶。

◆採用簡明內容提高資訊效率

採用簡明易懂內容，提高接收儲存資訊效率的記憶心理手法，主要是用概括的語言或鮮明的圖像傳遞資訊，幫助理解和記憶廣告內容的手法。一般來說，簡短易懂、簡潔明快的語言或圖像，不僅易於消費者理解和接受，也有助於消費者記憶。當然，對任何事物要件概括、鮮明的表達都有其一定的限度。拿廣告的圖像設計來說，要求圖像概括鮮明，並非是構圖越簡單越好，畫面越短越好。關鍵在於圖像中是否有多餘形象，鏡頭中是否存在可有可無的畫面。

許多商品廣告都有工廠門口畫面，其實消費者關心的是商品的內在品質而不是工廠外觀形象，因爲每個人都清楚工廠表面的亮麗不代表商品本身。對於剛剛上市的新商品做廣告，要求鏡頭簡短確實有一定困難度，但可以透過高度概括的語言加以補充。然而，對於消費者已熟悉的商品，則沒有必要面面俱到、不厭其煩地介紹了。精練的、高度概括的廣告語言，可以說是最簡便、最經濟、最有效的記憶工具。通常，概括鮮明的語句比形象更容易記憶和保存。廣告語言便於記憶的要素，就是簡短和易懂。簡短，就是簡明扼要地概括廣告內容，用最少的文字，反映充分的資訊，使人容易記住廣告的精華所在。

個案研究：關聯作用

日本某啤酒公司透過民間民意調查，得知人們大都認為最適合生產啤酒的地方是在「札幌」，於是即以「札幌」（Sapporo）作為商標，並且開始大量公開徵求廣告標語，從收到的三十萬件函件中，最後選定「啤酒的故鄉——札幌的味道」的口號式廣告詞。由此大大提高該酒的知名度和消費者對此酒的記憶深度。還有，例如東京「大丸號」列車的廣告標語是：「來也大丸，去也大丸」；日本「真珠牌」牙膏的廣告標語是：「綠色的真珠，真珠的牙齒」。這些簡短概括、鮮明有力的廣告詞，不可謂不妙，而且極容易深深地刻印在人的腦海裡，久久不忘。

商業廣告中，要是只專注在詞彙上做文章，以冗長鬆散的介紹或描述，消費者不但得不到廣告內容的重點，反而引起反感，甚至拒絕接受，那就根本談不上理解和記憶。易懂，就是深入淺出、清晰鮮明地表達意義，才能使人易於理解，可以說理解是記憶的前提：離奇抽象、不易理解的東西是記不住的。因此，廣告宣傳中，語言設計應力求簡短易懂、易讀易記。現在不少企業為了加深消費者對該企業產品的記憶，除了設計必要的介紹式廣告詞外，還極力設計「口號式」的廣告詞。

口號式廣告詞特點是，與經營內容有聯繫而且高度概括，或富有幽默感，或將之人格化，更多的是講究唸起來朗朗上口、押韻、頗有節奏。其優點是不但便於消費者記憶，而且極容易以口頭傳播，達到理想的宣傳效果。

◆運用重複變化強化心理聯繫

運用適度重複變化，強化心理上的記憶聯繫，則是利用資訊的適度重複和變化重複，來加強和鞏固人的記憶深度的手法。一般情況下，消費者初次接受某種商品廣告資訊，留在大腦中的痕跡不是很深，也易於因其他因素干擾而忘掉。特別是因爲人們的工作日益繁忙，對於關係不太直接的事物更容易遺忘。所以在廣告宣傳中，經常有意識地採用同一資訊重複出現的方法。目的是反覆刺激人們的視覺或聽覺，逐步加深對資訊的印象，延長資訊的儲存時間。

個案研究：資訊重複

在美國，有一些公司要讓自己的產品進入國際市場，往往是廣告先行、商品後到，而且廣告出現的時間比商品出現的時間要早得多，廣告的重複次數也相當大。其意圖就是透過這種重複不斷地灌輸，讓企業或商品的形象深深印在消費者腦海裡，最後達到廣告的最終目的。

資訊重複次數多，遺忘率就少，這是從心理學實驗上證明過的。但是單調的、機械的重複又會使人的大腦疲勞，甚至產生厭煩情緒和抗拒心理，那對記憶是有害無而益。因此，進行累積性資訊傳遞時，要適應人們對事物最初遺忘率較大，其後逐漸緩慢，隨時間逐漸減低此心理規律，有效地決定間斷的時間，從而減少遺忘，增強消費者對廣告的記憶效率。所以，重複必須適度，重複之中必須有所變化。

廣告重複有所變化。不僅在時間和空間上有些距離，還應採取多種廣告媒體交替使用，多種表現形式交替出現，從新的角度宣傳舊的內容，不斷地訴諸新的刺激。即使是同一主題的廣告詞也可以加以改變，採取不同的訴求方式。

個案研究：說服訴求

某某牌豪華鬧鐘的廣告詞，可寫成：「技術先進，品質優良；計時精確，準時鬧鳴」，這是以品質為重點；也可以是：「怕睡過頭嗎？請某某牌鬧鐘叫醒您」，這是抓住消費者購買鬧鐘的主要心理動機而設計的廣告詞。再如，同樣是推銷冷氣機，第一種廣告詞是：「怎樣才能使整個夏天保持涼爽呢？請您使用某牌冷氣機」，這是提示式的訴求；另一種廣告詞是：「為什麼要過著熱到讓人受不了的夏天呢？讓某牌冷氣機使你保持涼爽吧！」，這是說服式的訴求。

◆採用忠告加深記憶

採用忠告提醒，引起加深記憶的廣告手法，是指用提醒式的廣告畫面或語言等，來加深記憶或引起記憶的一種手法。由於同一類商品的品牌太多，人們無法一一記住；或由於事務繁忙，即使經歷過的事情、情緒，也容易遺忘。假使適時由外界提出忠告、提醒，則有利於加深記憶，減少遺忘。所以，廣告中經常出現簡短明快的畫面、某種商品的廣告標語或廣告歌，而更多的則是採用提醒式的廣告詞來促使消費者加深記憶或勾起回憶。

個案研究：忠告效應

採用忠告提醒，引起加深記憶的廣告手法，這些廣告詞如下：

「走走逛逛到民族路，採購東西到中友百貨」。

「東西南北中，發財到萬豐」。

「約會前請刷鞋，刷鞋請用某某鞋油」。

「別忘了，約會前請繫上某某牌領帶」。

還有一則介紹名人身世書籍的廣告語是：「記住，任何人一開始都是無名小卒」，它忠告和提醒人們不要自卑，振作起來，從現在開始努力，

也會和偉人有一樣的成就。

(三)引起消費「聯想」的心理效應

成功的商業廣告，總是經過細緻的素材加工和形象塑造，利用事物之間的內在聯繫，採用明晰巧妙的象徵、比擬的手法、激發有益的聯想，以豐富廣告的內容。消費者對廣告倘若能產生美好的聯想，那麼喚起消費欲望的可能性就相當大。效果好的廣告應當是能誘發消費者的各種聯想，從而對商品或服務產生興趣和好感。因此，引起消費者的「聯想」心理效應，是增強廣告的心理效果的重要方法之一。

我們知道，聯想有接近聯想、對比聯想、類似聯想和因果聯想等。引起「聯想」心理效應的手法有許多，但不論是哪一種手法，其訴求的結果都與上述的種種聯想有關。引起聯想的主要方法有下列四種：

◆形象比喻激發聯想

這是運用消費者熟知的形象，來比喻商品或服務的形象或特點，以引起消費者聯想並產生情感的手法。比喻有明喻、暗喻、藉喻以及聲喻等。例如，宣傳某某牌鉛筆的廣告畫面，是該廠家生產的某某牌鉛筆疊成階梯狀，一個小孩很努力、一步一步地隨階梯而上。它是比喻小孩使用該品牌的鉛筆用功學習，將登上知識的高峰，取得輝煌成就。這則廣告反映了父母總是希望小孩能努力用功讀書的心態，希望自己的孩子學習不斷地進步、天天向上。這一幅廣告畫，對作父母所啓發的聯想無疑是美好的，那麼對該品牌的鉛筆豈能不發生好感嗎？

個案研究：實物聯想

日本有一種乳酸飲料叫可爾必思（Calpis），它的口號式廣告詞是：「Calpis！初戀的味道」，這一廣告語常常使人將初戀所具有的甜蜜、開心的滋味與Calpis實物作聯想，隱隱感覺到這種飲料的味道。這種飲料因那廣告語馳名，也因此暢銷不衰。

還有利用音樂或者音響啟發聯想的方法，在心理學上謂之「聲喻法」。它先是出現李斯特（Franz Liszt）的名曲〈匈牙利狂想曲第一號〉（Hungarian Rhapsody No.1）的序曲，其中有大提琴的沉重旋律。在這個沉重音響過後，推出某一治療胃下垂藥的廣告。一個男播音員低沉圓渾的聲音：「胃部沉重，食慾不振，身體衰弱……」。這是應用沉重的音樂，使收聽者聯想到胃部沉重的痛苦。透過比喻引起消費者「聯想」的手法被各種廣告經常採用。

◆暗示默化啓發聯想

暗示默化啓發聯想的廣告手法，主要是透過廣告語言、畫面或實景，暗示商品品質、服務效果，啓發消費者聯想，默化其情感的手法。它的最大優點是採取暗示性的「軟」說服，而不採用明白式的「硬」宣傳，它是悄悄地啓發消費者聯想，默默地使其產生某種情感，而不是一覽無餘、毫無回味之處。透過暗示默化所起的作用有時比公開宣導影響力更大。暗示默化，可以透過創造言簡意深的詞語、耐人尋味的意境，引人注意的藝術魅力，暗示商品或服務的品質或效果，默默地使人感到心理滿足。

個案研究：感覺與暗示

遮陽帽廣告這樣寫道：「炎日之下，請戴上它，將使你涼爽、舒適、典雅」。短短數句，可以勾起消費者聯想到在夏天旅遊時，戴上這種遮陽帽帶來的舒適之感和滿足。又例如，有家百貨公司購進一批女式紅色高跟鞋，看貨者多，購買者卻很少。後來經理為此鞋款創造出一個「婚禮鞋」名稱。次日公司門口的廣告牌上寫著這樣的語句：「新到婚禮鞋，它將令新娘足下生輝！」。「足下生輝」是一種創造性的話，它將使婚期將至的新娘聯想到舉行婚禮時穿上這種鞋如何引人注目的得意情形，結果原來不很起眼的鞋竟成了暢銷貨。

暗示還可以透過證明式「暗示」，例如請權威專家推薦介紹，請知名人士現身說法，或出示有關部門頒發的鑑定書、榮譽證書，或刊登用戶讚揚信。有的還透過邀請報刊記者採訪後的消息報導刊出，有時利用報紙的權威性報導比廣告所產生的效力更大。透過以上這些「證明式」暗示，都能使消費者聯想到商品的品質可靠，產生信任感。

◆對照比較誘發聯想

它是透過使用某種商品或接受某種服務前後的不同效果加以對照、比較，從而對商品產生聯想，或者是透過有關事物進行對比，聯想到商品給消費者帶來的好處。前者多被藥品、化妝品、家用電器、服務業等宣傳廣告所採用。

個案研究：數字對比

某一家支持戒菸運動的公司在門口的廣告牌寫道：「戒菸二十年，一間豪宅」，意思是戒菸二十年所積蓄的錢可買一屋。據說，引起不少想要戒菸者的響應，廣告效果不錯。這是數字對比，它促使吸菸者在為買房之前反覆思量。這種對照比較的聯想訴求方法，往往能收到事半功倍之效。

◆問題解惑引發聯想

這是指在廣告中提出問題，又解答問題或不直接解答問題，引起消費者聯想的手法。

個案研究：聯想作用

某化妝品的電視廣告畫面，一個人精神抖擻，頭髮烏黑柔和。畫面的配音：「你想知道她的頭髮為什麼如此烏黑柔順嗎？這是因為她用了本廠牌的護髮乳後的結果！」又如，過去「派克500型」鋼筆的宣傳畫上除了「派克500型」鋼筆特寫外，還有一位美麗少女形象，旁邊的廣告寫道：「買什麼禮物送她最合適呢？」這雖然沒有明確答案，但容易使人產生聯想：家長想到女兒，青年想到戀人。

上述分別闡明了如何刺激消費者的心理效應，以加強商業廣告心理效果的方法。一個廣告是否成功，關鍵就在於設計時能否根據心理學的有關原理，科學地、恰當地運用一系列的心理方法。現代的廣告設計，必須堅持實事求是的態度和眞實原則，反映時代特徵。

目前在台灣，有些廣告粗製濫造，嚴重違背消費者心理規律，產生了很不好的心理效果。諸如言過其實、情調低下、譁衆取寵、弄虛作假等，都是我們在廣告設計中應當注意克服和杜絕的現象。只有把心理性與眞實性、思想性、藝術性、科學性做最好的整合，才能作出消費者喜聞樂見的商業廣告。

商業加油站

可行與不確定方案

一隻狐狸向貓吹噓牠是多麼聰明和富有計謀。「我有各種各樣的計謀，」狐狸說道，「比如說，當我知道狗要來的時候，我至少有一百種逃跑的辦法。

貓很吃驚，恭敬地說：「你的聰明才智讓我佩服。對我來說，我只有一種逃跑的辦法，就是爬樹。我知道這和你的那麼多辦法比起來沒什麼稀奇，但這對我卻很管用。也許以後你有機會可以向我展示你各種逃跑的手段。」

狐狸大笑說：「好的，親愛的朋友。等我有空了，我就來教你一兩招。」

沒過多久，狐狸和貓就聽到一陣陣狗叫聲由遠而近。貓邊逃邊叫：「牠們朝這裡過來了。」

很快地，貓逃上了樹，把自己藏在樹葉後面。狐狸卻還站在那裡，猶豫到底應該使用哪種辦法來逃脫。狐狸是如此地優柔寡斷，想了很久都

沒做出決定，獵狗卻已經到了，抓住了狐狸。

一個切實可行的工作方案，
勝過一百個不確定的方案。

無論是否跟核心業務有關，是否有風險，是否會忽略它的主業和利潤，這都是公司發展的一條新路。如果對擴張計畫有什麼懷疑，那麼最好的辦法就是沿著一條已經被證明是成功之路的路繼續走，再次獲取成功。正如美國Dunkin' Donuts的案例可明證。在《贏得佳績》（*The Winning Performance: How America's High-growth Midsize Companies Succeed*, 1985）一書中，克里福德（Donald K. Clifford）和加瓦納（Richard E. Cavanagh）告訴我們，一家高度成功的美國咖啡連鎖店在一段時間內是如何走上彎彎曲曲的成長之路。

個案研究：Dunkin' Donuts

1950年，羅森伯格（Bill Rosenberg）在波士頓近郊的崑西市創辦了一家名為Dunkin' Donuts（原始名為Open Kettle，不久正名為Dunkin' Donuts）經營咖啡和甜甜圈的公司，五年之內這家公司蓬勃發展，幾乎每個月都能新開一家賣甜甜圈的小店。於是羅森伯格決定擴展新的領域。Dunkin' Donuts開始開設名為Howdy's的漢堡連鎖店。它為公共機構和自動售貨機提供食物，還生產魚和薯片，甚至還經營帽子和教育項目，任何可以連鎖經營的項目它們都做。

這種經營模式很快就不行了。以後的五年裡，羅森伯格忽略了最主要的咖啡業務，因此公司的利潤一直在縮減。Dunkin' Donuts的注意力被太多項目分散了。於是，羅森伯格和他的合作夥伴舒瓦茨（Schwartz）重新回到起點，他們賣掉了除了咖啡以外的所有項目——他們要改變經營模式。

Dunkin' Donuts專注於成為最好的咖啡和甜甜圈的供應商。按照管理層的設想，公司的目標就是提供世界上最好的咖啡。

Dunkin' Donuts對咖啡豆的品質要求多達二十三頁，克里福德和加瓦納在書中描述說：「咖啡豆的運輸時間必須控制在十天以內。如果超過這個時間，那麼它就將被退回；一旦咖啡生產出來，它只能在十八分鐘內保持品質。超過這個時間，它必須被廢棄；咖啡必須在在華氏196度到198度之間泡製。」

Dunkin' Donuts 1970年在日本開設海外第一家門市，1980年在泰國曼谷開設全球最大的門市，在2007年引進台灣，2008年進入中國市場，譯名「唐恩都樂」。到1984年，公司已經在世界各地擁有一千三百五十家分店。二十三年後的今天，在全球超過三十四國以及超過十倍的一萬五千家門市了。

從長期來看，最有價值的產業必定是正確地生產單個產品，比如IBM，比如通用汽車，都是如此，彼得·杜拉克在《動盪時代中的管理》（*Managing in Turbulent Times*, 2014）一書中這樣寫道：「聯合型企業，或者是多種經營的大公司模式，在一個廣泛分工又沒有核心共識的團隊管理下，從長期來看，恐怕不能預期得到非常好的結果，特別是在不是那麼喧囂混亂的時代，不會有很多機會。」

當你做得很好時，不要分心。

Chapter 12

商業溝通心理發展

- 商業溝通的基礎
- 商業溝通的運作
- 商業交易的溝通
- 商業加油站：勤勞創造意外驚喜

商業溝通心理是商業心理學進階發展的第二項課題，目的是提供商業工作者根據前面章節的議題，針對溝通心理發展進行整合討論。

溝通工作貫穿於商務交流實踐的全部過程，因此，只要交流的主體（溝通者）及客體（被溝通者）是相互相對獨立的個人或群體，那麼，商業溝通心理就會發生在交流過程的每一個環節。企業的三項主要日常交流工作即業務交流、商務交流以及人力交流，沒有一項不是借助於商業溝通才得以順利進行。

商業溝通的是否順暢，有賴於心理技巧的運用，它在溝通交流過程中扮演重要的角色，溝通心理是商業交流的關鍵之一。沒有溝通，就沒有交流，然而沒有心理策略，交流只是一種理想和缺乏活力的機械性行動。因此，商業溝通心理必然是維持業務良好交流，發展商業順利運行的潤滑作用。

本章根據「商業溝通心理發展」主題，討論三個重要議題：(1)商業溝通的基礎；(2)商業溝通的運作；(3)商業交易的溝通。

在第一節「商業溝通的基礎」裡，討論三個項目：商業溝通的定義、商業溝通的功能以及商業溝通的程序。在第二節「商業溝通的運作」裡，討論四個項目：以雙方合作爲前提、處理溝通態度問題、解決溝通衝突問題以及完成雙贏最終目標。在第三節「商業交易的溝通」裡，討論四個項目：交易溝通思維、交易溝通應變、溝通的說服力以及交易溝通上路。

第一節　商業溝通的基礎

商業溝通是指商業交易與服務互動的相關過程，它有別於消遣式談話或聊天，而是具有特定的意義與目的。交易雙方在溝通歷程中以及溝通之後所產生的結論，雙方都對所交談的事情要負責任。

在這個前提下，我們要根據心理學的背景討論商業溝通的定義、商業溝通的功能以及商業溝通的程序等三項議題。

一、商業溝通的定義

商業溝通（Business Communication）是指商業交易與服務互動的相關過程。它是根據溝通的基本原則，應用在商業實務操作上的行爲，包括個人或與多人之間在生意交往中，具有目的（購買或銷售）、彼此交換價值觀念（商品價格）、交換商品知識（功能或用處）以及建立相互信賴等資訊交流的過程。它是商業交易的重要管道與方式。

商業溝通主要是透過語言（包括聲調、表情、手勢和體態）、文字（包括信件、文稿、宣傳和廣告單）以及科技工具（包括電話、電子郵件、視訊和網路）等方式來完成。簡單地說，商業溝通具有三種特殊的意義：交易的必要歷程、具有特殊意義與目的以及負有責任與義務。

(一)交易的必要歷程

商業溝通是交易的必要歷程。商業溝通是一種歷程（process），主要是指：買賣雙方在一段時間之內，有計畫地進行一系列的商務行爲。它包括與生意夥伴的電子郵件往來，或以電話、視訊交換意見，甚至使用網路對談，都算是一種商業溝通的例子。因而在每一個溝通的歷程裡，都會產生資訊交換，這種行爲都是在進行商業溝通的過程。更進一步，商業溝通也擴大到其他相關的實務領域：顧客服務溝通、行銷溝通、管理溝通、談判溝通、網路溝通等。

(二)具有特殊意義與目的

商業溝通是具有特殊的意義（meaning）與目的。商業溝通其重點在於：它是一種具有特殊意義的溝通歷程，和一般消遣式談話或聊天不同。在商業溝通的過程中，其內容表現出的是（WWI）要件：「什麼」（what）？其意圖所傳達的理由是「爲何」（why）？以及其重要性的價值，對此溝通「有多重要」（importance）？

(三)負有責任與義務

商業溝通負有責任與義務。交易雙方在溝通歷程中，表現的是具有責任的互動（interaction），在溝通過程的當時以及溝通之後所產生的結論，包括肯定、否定或未定等，雙方都對所交談的事情要負有責任。在尚未溝通之前，不能預設立場，不能預先確定溝通互動後的結果，例如，賣方跟買方說：「能不能用這個價錢，買這批貨？」此時，在還未造成互動前，不能知道結果爲何，可能是肯定，也可能是否定；而且肯定或否定的結果，其過程又存在著許多的語言、語氣及態度等表達的差別。因此，兩者都必須一致，雙方溝通結論具有責任與義務，並且彼此接受約束。

二、商業溝通的功能

商業溝通具有社會性、心理上和決策上的功能，它與我們在商業工作與生活上的各層面息息相關。例如，在社會性上，是爲了發展信譽和維持生意關係而溝通；在心理上，爲了滿足個人與生活經濟需要，以維持工作正常運作而進行溝通；而在決策上，也會爲了分享資訊和影響生意對手的意願而進行溝通。

(一)社會性功能

商業活動具有重大的社會功能，包括，維持社會經濟的穩定、市場的商品調節與生活用品的供需。在這個前提下，商業溝通提供了社會性功能，且藉由社會功能，商業工作者可以發展、維持與其他同業間的關係。一般而言，商務工作者必須經由與對方的溝通中，來瞭解對方，並藉由溝通的歷程，彼此間的關係才得以發展、改變或者讓商業關係正常維繫下去。

(二)心理上功能

商品生產者，爲了滿足社會的商品需求和銷售業者的行銷，因而雙方進行商業溝通。在心理學上認爲，人類是一種社會的動物，生意人與對方談生意就像需要爲了生活而工作一樣重要。如果一位生意人與其他生意人失去了洽談生意的機會與接觸方式，大都會產生一些心理上的症狀，例如產生失落感，喪失工作動機，且變得心理失調。他們平常可與其他同業閒聊，即使是一些不重要的話，但卻能因此滿足了彼此互動的需求，而感到愉快與滿意。

另外，溝通的另一個層面則是，爲了加強肯定自我而和對方溝通。由於溝通進而能夠探索自我以及肯定自我。要如何得知自己的工作專長與人格特質，有時可以藉由溝通，而從別人口中得知。與對方溝通後所得的互動結果，往往是自我肯定的來源，每個人都希望被肯定、受重視，結果從互動中就能找尋到部分的答案。

(三)決策上功能

人類是一種具有群體合作的社會動物，也是一種個人獨立而彼此競爭與合作的決策者。我們無時無刻都在做決策，不論接下來是否要去拜訪客戶，要去何處與客戶會面，或者是否該談什麼，這些都是在做決策。做商業決策時，有時可能是靠自己就能決定，而有時候卻須和上司或同事商量後，才一起做決定。商業溝通，心理上滿足了決策過程中的兩個功能：

第一，溝通促進資訊交換，而正確和適時的資訊，則是做有效決策之關鍵。以溝通促進資訊交換，有時是經由自己的觀察，一些是從閱讀、傳播媒體得來的資訊；但也有時是經由與對方溝通而獲得的資訊。

第二，溝通會影響對方。藉由溝通來影響對方的決策，例如，和對方討論交易價格，他的詢問意見與你的傳達意見之間的互動，就可能會影響到成交價格。

三、商業溝通的程序

商業溝通的功能呈現出，要達成交易雙方的互相瞭解，必須有明確的進行溝通程序。因此，注意溝通程序，明白各階段的彼此相關性，正是改善商業溝通的第一要件。商業溝通過程，基本上包含七個步驟，前三個步驟由發送訊息的人進行，後面四個步驟則由接收訊息的人來完成。

(一)發展觀念與確定理念

發展觀念與確定理念是交流過程中發送訊息的人所進行的第一個步驟。目的是要發展商業溝通的明確觀念或感受——確定商業溝通的理念。

例如，在設法將自己的觀念傳送給別人時，你可曾說過：「我不確定該怎麼說，但是……」，然後設法再加以解釋。這種說法就表示你對自己想要進行商業溝通的內容並沒有清楚的瞭解。假使連自己都不能夠眞正清楚想說什麼，你更不可能期待別人能瞭解。因此，想要傳遞你的觀念或感受給別人的時候，最好先自我形成明確的觀念和感受，然後傳達給對方。

(二)把理念轉變爲訊息

在交流過程中把理念轉變爲訊息，是選擇正確的言語和行動來傳遞你的觀念：把理念轉變爲可以被接受的訊息。商業溝通理念必須被傳送出去，否則雙方之間的瞭解就不可能發生。儘管有些溝通者會遲疑而不願說出自己的想法，然而必須記住的是：壓抑個人的感受經常是形成彼此誤解的最大原因。

人們（特別是主管者）通常不太願意讓其他人（部屬）知道他的想法，以維護其權威角色；另外有人（部屬）則害怕被（主管）拒絕是最主要的溝通障礙。由於思想和感受代表整個人，告訴別人你眞正的想法和實際的感受，假使不能被人們接受時，就表示他們很明顯的拒絕你。

爲了避免在交流過程中被拒絕，大多數人經常保留眞正的感受，只透露他個人確信可被接受的部分。結果，在抱怨商業溝通的問題時，反而忘了是因爲不願和別人分享你的觀念，這才是導致你和別人無法深入談妥生意的關鍵。

觀念和感受是由語言和行動來進行商業溝通的。正確的說法是：「語言本身沒有特殊意義，是人使語言具有意義。」因此，每當傳達觀念給別人時，要記住：確實所使用的語言和行動，讓接受訊息的人也具有同

樣的感受才好。

(三)把訊息傳達出去

在交流過程中，把訊息傳達出去時，要注意周圍並努力減少溝通障礙，然後把訊息傳達出去。商業溝通除了對外也要對內部，對組織機構而言，就像血液對於人體一樣重要。當血液的供應被切斷，不再流向手時，手會變得麻痺而失去作用。這時萬一血液的供應不能恢復，最後肌肉會死亡，就產生了敗血症。假使再不加以處理的話，敗血症會擴散毒素至身體的其他各部，最終必導致死亡。

商業溝通就像組織所需的鮮血，它將觀念、感受、計畫和決策轉換成爲建設性的行動。但是，假使其中發生障礙，導致組織內的某些溝通管道被切斷，很顯然的，這些部分便會失效和麻痺。因此，除非商業溝通障礙被移除，否則將會破壞那一部分的組織生產力。例如一些高度傳染性的組織病症：降低士氣的人格衝突、各種消極的態度以及錯誤的猜疑等。假使再不予以理會的話，這些傳染病最後會蔓延至整個組織，減低整體的生產力量，最終結束組織的生命。因此，要努力找出個人和組織的溝通障礙，並設法清除它，以及這些障礙對彼此瞭解的不利影響，這是十分重要的課題。

當然，我們不可能完全消除所有在溝通上的障礙，但是，大部分是可以被減少的。內部溝通障礙的定義：凡是阻止或扭曲個人與個人以及個人和團體之間發展互相瞭解的任何事件，均是溝通障礙。

在公司管理過程中，最常發生溝通障礙的八個項目如下：

1.只聽個人想聽的事情，排斥別人。
2.任憑個人的情緒來解釋事情。
3.對別人的動機（作爲）懷疑或沒有信心。
4.噪音或其他引起分心的事情。
5.與對方不同的價值系統和感受。
6.不接受與個人固有信念或觀念衝突的訊息。

7.使用過多不同意義的言詞。

8.所說的和其行爲不一致。

一般而言，溝通障礙可以降低，卻很難完全避免，然而，藉著一些技巧可以大幅的減低誤解。其中包括下列七個項目：

1.儘量使用面對面的直接溝通。

2.使用簡單的話，避免用語言技巧加強別人的印象。

3.要求聽者回饋意見。

4.全心注意聽講話者的反應。

5.除非對方講完，不要打斷講話者說話。

6.鼓勵大家自由的表達。

7.不論你是否同意，接受對方表達不同意的權利。

(四)注意接收訊息

在前三項由發話者主導之外，第四項則由聽話者來承接，在交流過程中要注意接收訊息：接受者必須藉著聽話和觀察行動來接收訊息。在商業溝通程序中聽話者必須處理容易阻止或扭曲眞正想法或感受的溝通障礙，同時要觀察對方的動作，又要傾聽發送訊息者的言語。

(五)解釋訊息

在接收訊息之後，接受者必須解釋這些語言和行動。也就是接受者將言語和行爲翻譯成爲想法和感受，這是形成瞭解的關鍵步驟。在這一個步驟的溝通過程中，許多原有的想法和感受經常被遺漏掉。除非所接收到的訊息能夠被正確的瞭解與解釋，否則對方是無法進一步有所反應而採取行動。

(六)肯定、否定或不理會

在解釋訊息之後，接收者必須能夠對訊息做適當的決策。如果不能夠被正確的瞭解與解釋，對方是無法進一步有所反應：Yes、No或不理會。當接收者對所接收到的訊息能夠正確的瞭解與解釋時，才能夠進一步的採取確實的反應與行動。

(七)回饋行動

最後，在接受者能夠形成正確的觀念和感受時，正確的回饋行動才能夠出現。假使在第一步驟中所發送的觀念和感受與第四項目中所接收的相同，互相瞭解的回饋就出現了，雙方都完成了有效的溝通。否則，假使項目四所接收的觀念和感受與項目不相同時，誤解就形成，溝通就失敗了。

總之，在商業溝通的七項程序裡，每一個環節都不可疏忽，以保持溝通的暢通與完整。請記住這七個步驟：

1.確定要溝通什麼。
2.把理念轉變爲訊息。
3.把訊息傳達出去。
4.注意接收訊息。
5.解釋訊息。
6.選擇採取肯定、否定或不理會反應。
7.讓溝通回饋行動結束。

第二節　商業溝通的運作

根據第一節討論的商業溝通基礎，我們要討論商業溝通的運作。議題包括以雙方合作爲前提、處理溝通態度問題、解決溝通衝突問題以及完成雙贏最終目標等四個項目。

一、以雙方合作為前提

合作性問題解決技巧是商業溝通的重要課題。通常有兩種常見的選擇：迴避與妥協。每一種合作性問題解決技巧都可以在特定的場合下使用。

(一)溝通中迴避

有些商業工作者意識到溝通的衝突，他們只是盡可能的去避免面對衝突。危機發生時，他們會先逃離，以掩飾問題，裝作衝突根本不存在。很多企業經營者都在維持公司表面的和諧，真正的企業內部卻危機重重。

相反的，過早地接納對方的要求，可能出於好意，但卻是一種破壞性的逃避衝突的做法。過早地接納，是試圖去彌補關係的做法，而沒有處理溝通受挫的感覺，也沒處理其他衝突性的現實問題。再者，潛在的情緒最終會使局面變得難以控制。反覆逃避衝突，看起來似乎在努力維持和諧的關係，但是，逃避潛在的威脅，最終會弄垮溝通關係。逃避衝突的同時，也不可避免地錯失了商業性機會。而且，持續存在的逃避不可避免地會導致否認，以及造成消極溝通的後果。

(二)溝通中妥協

商業溝通過程中，解決問題的另外一種途徑：妥協。我們把妥協定義爲「在雙方都做出讓步的基礎上達成的一致」。妥協同時考慮到雙方的需求和擔憂。有時候妥協在解決人際衝突時非常有效。亨利．克雷（Henry Clay）是美國的政治家，透過眾議院引導制訂了《密蘇里和約》（Missouri Compromise: The Missouri Compromise and Its Aftermath, 2009 by Robert Forbes），他認爲折衷妥協才是將整個國家凝聚起來的基石：所有的法律法規……都是在雙方妥協的基礎上建立起來的……如果有人能夠凌駕於人性之上，超越人性的弱點、不足、欲望、需求，如果他願意，他可以說：「我永遠不會做出妥協。」但是，我們沒有人能夠擺脫人類的本質弱點，所以，不要不屑於做出讓步和妥協。

在需求、願望和價值產生衝突的時候，商業溝通的妥協無疑具有顯著的影響力。但是，如果過分頻繁或不恰當地做出妥協，也會招致令人頭痛的麻煩，就像古老傳說中所羅門的判決所揭示的那樣。

(三)裁決的智慧

公元前九世紀，所羅門是以色列的國王。國王必須履行的重要義務中，有一項是裁決民眾的個人糾紛。有一天，兩個女人同時來到所羅門面前，她們同時指著一個孩子，說這個孩子是自己的。

第一個先說：「我的國王，這個女人跟我住在同一間房子裡，我生孩子的時候她也生了一個孩子……她的孩子被她壓死了。然後她趁我熟睡時從我身邊偷走了我的孩子，又把她死去的孩子放在我的身邊。當我第二天早上醒來，發現孩子死了。我可以辨認出，這個不是我的孩子。」

另外一個女人說道：「不，活著的孩子是我的。死去的孩子才是你的。」但第一個女人也重複了同樣的話，「不，死去的孩子是你的，活著的是我的！」然後她們在國王面前扭打起來。

國王陷入了沉思之後，他說：「給我一把劍。」下屬把劍呈上來，國王吩咐說：「把這個孩子劈成兩半，一半給她，另一半給她。」

這個時候，站在遠處的孩子的親生母親向國王哭喊道：「哦，我的國王，請把孩子給她吧，千萬不要殺死這個孩子！」另外一個女人則說：「不，把孩子殺了，我們都不應該擁有這個孩子。」國王說：「把這個活著的孩子給站在遠處的這個女人，不要傷害孩子。這個女人才是他眞正的母親。」

故事中，妥協或折衷的方法對其中一位女人來說，是孩子的死亡。頻繁使用妥協必然會對另外一方產生災難性的作用，儘管商業溝通可能不像故事中那麼極端。在很多商業溝通關係中，妥協或折衷的方法是必要採用的策略。在組織單位中，也是如此。但是，過分使用妥協的方法，會扼殺創造性，使組織成員感到壓抑並影響工作熱誠與績效。

在管理工作上，妥協通常是不好的，這是不得已才使用的方法。如果兩個部門或小組之間遇到了不能解決的問題，並把問題報告主管時，主管應該傾聽雙方的意見。然後，選擇其中的甲方案或乙方案，同時，要求被接受者要補充對方的內容爲條件。這樣可以強化被肯定的一方解決問題的積極性，也要讓沒有被接受的一方能夠「心服口服」，使部屬在解決問題時避免訴諸於妥協的方式。

因此，妥協意味著雙方都沒有完全滿足自己的需求和願望。我把這個方法稱之爲「半輸型策略」（semi-lose type policy），每一方都需要放棄一些東西來解決衝突或問題。

商業溝通由於牽涉到商業利益的競爭以及利害關係的角力，衝突是必然的過程。因此尋找解決衝突是商業溝通要學習的課題。管理問題專家瓦克（Robyn Walker）（2014）針對溝通問題解決曾指出，問題解決途徑可以提供一種溝通「中立」階段，使雙方都能夠以開放的姿態看待事實，並願意考慮不同的觀點。換言之，我們要學習的不是絕對贏得溝通的方法，而是尋找解決方法的工具。

二、處理溝通態度問題

在商業溝通過程中，高姿態的問題處理通常是貿易協商中握有較多籌碼一方的常用手段，在談判中稱爲「下馬威」。常見的過程是：否認、支配與投降三部曲。握有比較少籌碼一方也可以應用這些技巧以反制之。每一種高壓性問題處理可以在特定的場合下使用，但是，如果一方頻繁使用某一種問題解決技巧的話，肯定會讓對方反感，導致產生消極的對抗後果。

(一)溝通中否認

否認的技巧在商業溝通的衝突會帶來巨大的危險，所以有些人否認商業關係中衝突的存在。特別是握有比較多籌碼一方，在優越感的前提下，認爲對方的合作是「理所當然」。然而，握有比較少籌碼的一方，也有可能不去應對衝突，只是沉默加以否認，並不讓自己意識到衝突的存在。對衝突的壓抑似乎是向自己和對方「僞裝」一切都很好。

如果一個商業工作者持續地否認溝通問題的存在，他就有可能使自己在這個貿易世界上，變得更脆弱與過度敏感。反覆使用否認，會導致身心疾病以及其他形式的心理危機。因此，商業溝通要避免使用否認的技巧。

(二)溝通中支配

商業溝通過程中解決問題的一種途徑：支配。將自己的方法強加於對手。支配解決問題的過程，從自己需求的角度出發來制定解決方案。這種方案可能會行得通，或者有特定的效果，但卻破壞了溝通關係。因爲對方的需求沒有得到絲毫的重視，或者沒有被準確地瞭解，或者沒有得到滿足。

我們可以想像，攻擊型的人在衝突解決過程中傾向於支配和統治。但令我們奇怪的是，相當一部分妥協型的人，在處於領導地位的時候，在衝突解決過程中，傾向於將自己的方法強加給別人。這種情況常發生在管理者和部屬之間，管理者總是以爲自己是正確的，因爲他們自認比部屬知識豐富、經驗多。於是，他們會主導問題解決的過程。我們也發現很多缺乏決斷性的人，在「手中沒有權利」時會表現出妥協的姿態，但一旦他們的職位在某人之上，他們又表現出相當的支配性。

在衝突解決過程中，將解決措施強加給對方，會產生很多消極的後果。首先會導致怨恨。這種怨恨會針對提供解決策略的人。而且，人們對處於支配控制地位的人的怨恨，會激起以往對權威角色的所有憤怒。所以，獨裁專制的人不僅會因爲當前的所作所爲成爲衆矢之的，而且還會成爲衆人發洩心中積壓已久的怨恨情緒的對象。如果支配行爲不斷出現，其消極後果會顯著加劇。人們會採取蓄意破壞、消極怠工、被動攻擊、疏遠仇視以及其他破壞性的行爲來進行反擊。

(三)溝通中投降

當商業溝通中對方的需求與自己的需求產生衝突時，很多人選擇棄手。他們總是很輕易地選擇放棄。因此，在他們的商業溝通過程中，自己的需求永遠沒有機會得到滿足。有些管理者扮演「妥協者」的姿態來領導部屬。在部屬的需求、願望和請求面前，一次又一次地妥協，而管理者應該堅持的合理工作要求則被放置一旁。

一個人習慣性地向某人妥協時，其實是在表達對這個人的「憎恨」。心理學家杰拉德（Gerard Blokdijk）（2015）在談到妥協型管理方式的危害時，告訴管理者：「如果你想憎恨你的公司，儘管讓部屬每次都如願，這是眞理。」

反覆使用上述三種選擇，或者它們的組合，都會導致妥協行爲。前面談到的妥協行爲的消極後果，也是頻繁使用否認、迴避或放棄投降的後果。

三、解決溝通衝突問題

商業談判通常會發生三種類型的衝突：情緒衝突、價值衝突與需求衝突。

(一)情緒衝突

人類是情感動物，在重要的人際關係中，不可避免地會因個人的性格差異而產生敵意。這種情緒衝突情況經常出現在「諜對諜」的政治關係。然而，在單純的商業溝通過程中，比較少見，除非牽涉到個人的感情，例如，對談雙方是異性，同時對另一方產生了愛慕之意，而對方拒絕時，就可能發生。

(二)價值衝突

商業溝通的價值衝突似乎沒有「解決之道」，因爲商業交易，在市場機制的大環境前提，加上雙方之間沒有實質性或明確的價格標準，自然容易發生。但是，使用衝突解決策略可以幫助觀念差異的人更好地理解對方，幫助他們學會忍耐對方的立場，避免讓他們的觀點和行爲差異影響溝通。

(三)需求衝突

需求衝突是商業溝通的討論重點。在價值衝突和情緒衝突之外，涉及到實質性內容的就是需求的衝突。例如，在市場供需不平衡的情況下，甲方的出售需求強烈，會成爲乙方買進的還價的大空間。使用衝突解決策略可以幫助雙方縮短觀念差異，以同理心理解對方，幫助他們學會同情對方的處境。當有一天，在市場供需情況相反之時，你也會需要對方諒解的。

四、完成雙贏最終目標

在商業溝通的最好情況是：透過合作性問題解決途徑來尋求「完美的解決方案」，在合作性問題解決策略中，一旦溝通談判者發現需求產生了衝突，他們會一起尋找能夠被雙方接受的解決措施。這需要重新審視問題，尋找新的選擇，關注雙方共同的利益。在這個過程中，每一方都不需要彼此妥協或支配，因此沒有人會喪失什麼，所以都不必放棄或投降，因爲雙方都可以從中獲利。這種策略常被稱爲衝突解決的「雙贏策略」（win-win strategy），這種策略往往也是商業溝通解決需求衝突時最理想的途徑。

在進行溝通訓練之後，絕大多數人會發現即使在處理面臨最爲棘手的談判時，仍然存在雙贏的策略。然後很多人會認爲，他們是多麼高興擺脫了數年來一直使用的贏與輸、半輸和雙輸的問題解決方法。

總之，或許有人質疑雙贏的策略是否能夠在「現實世界」存在。只要耐心嘗試，有很多非常困難的矛盾衝突，在進行合作性的問題解決之後，有相當數量的應對方案可以使用。但這種策略也並非萬能靈藥，有時候這種方法不太適用，反而是另外一種方法效果更好。但是，這套策略可

以成功地應對人們遇到絕大多數的典型問題。

個案研究：拿破崙與牧童

法國英雄人物拿破崙將軍遇到了軍事管理難題，他就微服外出，往貝茨山找一位名叫大傀的智者。結果在半途上迷路了，他看到一位放牛的牧童，拿破崙問道：「小孩，貝茨山要往哪個方向走你知道嗎？」

牧童說：「知道呀！」於是便指點他路怎麼走。

拿破崙又問：「你知道大傀住哪裡嗎？」

他說：「知道啊！」

拿破崙吃了一驚，便隨口說：「看你小小年紀，好像什麼事你都知道啊！」接著又問道：「你知道如何治國平天下嗎？」

那牧童說：「知道，就像我放牧的方法一樣，只要把牛的劣性去除了，那一切就順暢了呀！治國不也是一樣嗎？」

拿破崙接著又問：「那又如何平天下呢？」

牧童笑著回答：「只要讓牛吃得飽，睡得好，不要折磨牠們，那一切就平安無事呀！平天下不也是一樣嗎？」

拿破崙聽後，非常佩服：「真是後生可畏，原以為他什麼都不懂，卻沒想到這小孩從牧牛經驗中得來的道理，就能理解治國平天下的方法。」

在企業裡，有許多類似拿破崙的「老前輩」總喜歡倚老賣老，開口閉口：「以我多年的經驗……」，來否定他人的意見，以為新人太嫩，社會閱歷不多，要求他們絕對服從。其實，「老前輩」的經驗值得新人學習，但年輕一代的新見解、新見解，不也是值得「老前輩」研究及重視的嗎？尤其是現代電腦、網路、通訊、應用程式以及種種科技新知，年輕人能夠吸收的範圍與速度，「老前輩」能跟得上嗎？兩代人的思想溝通交流，一定可以惠及整體企業。

話說回來，牧童所說出的「治國平天下」道理，拿破崙都懂，他隨後的政治生涯卻失敗了，所以證明了一點：拿破崙知道，他卻做不到！

第三節　商業交易的溝通

交易溝通是商業溝通的最重要工作之一，它是企業興衰的經營關鍵。交易溝通主要是指交易雙方討論商品的參考價格和商品的實際價格之間的差額。獲得交易效用是讓消費者產生購買行爲的根本原因，其交易效用的獲得與消費者的參照商品有密切關係。參考結果則將決定消費者是否能夠滿意，進而影響購買決策。

商業交易溝通的討論包括以下四項內容：交易溝通思維、交易溝通應變、溝通的說服力以及讓交易溝通上路。

一、交易溝通思維

大家都很羨慕業績耀眼的超級業務員，覺得他們精於思考和明快處理複雜的難題，而且眼光獨到，當然，除了他們熱愛自己的事業、經驗豐富、有充足的理性知識、本身勤勞以外，最重要的是他們善於溝通，在掌握了一套創新思維方法之後，適時向市場推出，進而獲得消費者的信賴。

這套方法要求人們看問題、想問題、處理問題不要堅持己見，要從不同角度、站在不同的或對方立場全面地評估事物。理解事物不是單獨靜止存在的，而是在不斷變化中，自己逐步按照計畫實踐，事業才會成功。要具備這種本領，除非經過長時間甚至艱苦磨練、學習並善於在錯誤中記取教訓不可，也是每個成功的商業工作者必行之路。

商業工作者通常在商業活動或在現實交易中，面對任何事在需要動腦思索前，要正確理解下列問題：

(一)創新三步曲

每項帶有革新性的創意或設想的構思，大多會經歷以下三個階段：(1)專心研究；(2)潛意思索；(3)取得認同。

舉例來說。我們常會無論怎樣回想，總是想不起來一位老朋友的姓名，可是一旦暫時不再想他，轉過頭來做點其他事情，過了一陣子之後，卻又突然想起那個人的名字了。

1.專心研究：當努力回想那位夥伴的名字時，頭腦是處在「專心研究」（concentration）狀態，就是對問題進行有意識和深入地研究，努力尋求解決問題的辦法和方案。

2.潛意思索：當暫時中止專心回想那位朋友的名字，而是邊做其他工作邊思索時，頭腦是處在「潛意思索」（subconsciousness）狀態，就是將尚未找到答案的難題暫時擺在一邊，留待休息或進行其他活動時，邊觀察、邊思索，以求得解決問題的途徑和方法。

3.取得認同：當偶然從某一事件得到啓示，突然想起那位朋友的名字時，頭腦頓時豁然開朗，最後處在「取得認同」（illumination）狀態，就是一旦受到某種事物的啓發後，很快就領悟出問題的關鍵所在及其解決辦法。

掌握交易思維，對任何一項發展創新的業者來說，都是不可缺少的條件。很多重大的、富有革新性的創意或設想，都是透過有意識的思維與溝通才能取得認同與發展。

(二)創意構思

以前曾有人進行一個研究，是以問卷形式對許多發明家實施某種心理測試。在收到的二十八份寄回來的問卷中，其中有六人答覆說：他們的種種設想都是非有意識地進行探討時得以形成和發展的；有十二人答覆說：他們是在休息和心情輕鬆的情況下完成種種創意的構思；有十人竟乾脆地說：他們那些意念都是偶然領悟出來的。這個調查結果的共同點：發明家們都善於與自己溝通，在無意識、休息與偶然的狀況下取得創意。

有時候，人們把「潛意」與「靈感」說得太過於神奇了，認爲那是神的啓示，這樣的想法很容易產生誤解。千萬不要把潛意思索看成是漫無中心、漫無邊際的沉思冥想或空想。潛意思索通常是圍繞專心研究尚未解

決的問題爲中心而展開的，其目的無非也是尋找解決這些問題的機緣或答案，而且，總要與實際事物連結，深入溝通，善用舊知識才能成功。這正是商業工作者所要努力學到的本領。

在潛意思索過程中，由於某種偶然的機遇會獲得資訊或啓示，例如，當你從睡夢中一覺醒來的時候，突然想到了久思不解的答案或好主意，這種情況當然是專心思考的結果。如果未曾專心一意的思考，潛意思索根本不會發生，正如俗語有說：「日有所思，夜有所夢。」要不是「日有所思」的專心思考，也就不會「夜有所夢」的獲得靈感了。

針對商業工作者的情況來說，所謂專心思考就是要做到銳意革新創意。否則，很難能夠洞察和獲取生意機會的靈感；或者，即使機會就在面前，也是視而不見，當然也就沒有什麼鴻運可言了。非常符合「機會總是留給有準備的人」的道理。

二、交易溝通應變

世界上沒有永恆不變的事物。換言之，世間上的任何事物有朝一日都會變得陳舊過時而被另一種新事物所代替。不過，其中有些事物可能會持續許多年或更長的時間才發生變化，而另一些事物則是經歷短短的幾個星期便是過時了。

(一)變化與機會

商業工作者應該懂得變化是一件好事。它可以爲商業工作者帶來希望和機會，當然亦會帶來困難與挑戰，問題是看你能否適時應變。現實交易中，因爲能夠適時應變而致使生意成功的事例是很多的。

個案研究：牛仔褲的變革

就拿牛仔褲的變革來講吧！在過去，服裝加工行業當中有一些默默無聞的生意人，由於其創新應變而獲得了很大的成就。當時，牛仔褲被定位為「勞工服」。隨後，忽然在一夜之間它變得非常暢銷，並成為可以陳列在高級服裝店的高價衣物。但是，過後不久，又出現一種售價更高的「技工裝」（Design Jeans）的新款牛仔褲在市場上出現，而且還十分暢銷。可見，技工裝新款牛仔褲的開發成功，無疑又是原始廠家基於瞭解市場變化趨勢而作出適時應變努力的結果。

(二)適時應變

當我們仔細研究他們的經驗時，其中值得特別重視的是「適時應變」，必須以能夠有效滿足消費者需要爲宗旨。所謂「市場變化」其實主要是指消費者需求或需要的變化。

怎樣才能有效地滿足消費者需要的變化呢？有時候，商業工作者對此也會有些主觀、片面、乃至盲目的想法。例如有些商業工作者十分自信地認爲他們可以創造某種「需要」，儘管某些產品可以透過有效的宣傳推廣促銷行動，使消費者對其發生興趣並樂意購買，但是如果消費者根本就不需要這些產品，無論怎樣推銷，亦是徒勞無功。

「適時應變」是必須做好經常性的市場調查研究工作。市場是不斷變化的，消費者的需求或需要是不斷變化的，因而滿足消費者需求或需要的方法亦是不斷變化的，同時，有效地與消費者溝通，以取得他們的認同。相反的，爲什麼有些商業工作者總是顯得那樣目光短淺和缺乏創見致使生意失敗呢？其中重要原因之一，就是沒有做好經常性的市場調查研究工作，因而無法及時瞭解和預見市場變化趨勢，當然也就難以掌握產品推陳出新的好時機。

三、溝通的說服力

行銷工作者的說服力發揮，就是以自己對商品的信心去影響顧客。要使買賣經營成功，展現說服力很具關鍵地位。

(一)有效的互動

行銷工作者說服力的展現，首先要從與消費者的有效互動開始。如果有一位消費者在買東西時對你說：「你賣的東西太貴了，別家都打八五折優惠，而你卻不打折，眞不通情理！」這時候你該怎麼辦？若以八五折賣就沒有利潤，要做賠本生意可是不行的；可是如果這時你只說：「不能再便宜了！」，那麼顧客就可能會到別家去買了。因此，不管如何，都要想辦法說服顧客：「這個價錢是最低價格了，如果再打折，我們可要賠本，總不能叫我們賠錢吧！所以這是合理的價錢，而且我們還會做很完整的售後服務。」做買賣就要像這樣，把自己的立場說清楚，並盡一切努力說服消費者。

台灣民間宗教爲何這麼興旺，是一個很好的行銷研究案例。有好的信仰還不夠，再加上信衆的熱心見證（說服力），才能得以發展，否則就很容易衰微。行銷工作更是如此，要有強而有力的說服力，必須對自己的商品的優良品質有自信，價格也要絕對合理，這樣才能說服顧客：「這價格絕對不貴，若再減價，相對地售後服務就沒辦法做。別家商店便宜，是因爲他們會忽略這項服務。」像這樣「互惠性忠告」，反而會引起顧客的共鳴和支持。嚴格來說，缺乏說服力的人，是沒辦法在商業界生存的。不僅自己覺得難過，也徒然打擾別人。

(二)機智的行動

在有效的互動之後，許多時候行銷工作還要配合機智的行動，因爲只靠語言說服他人是很難的。有效的說服，必須視情況而定，運用各種方法，才能達到目的。

舉例來說，一休和尙從小就機智過人，並且經常教導別人。但是，有些人卻認爲他年輕氣盛，太過驕傲。有一天，有一個人就質問一休說：「一休和尙，眞的有地獄和天堂嗎？」

「有！」一休和尙回答說。

「可是，聽說不論是地獄或天堂，在死亡以前，誰也不能去，是這樣的嗎？」

「對！」

「一個人如果在生前做了壞事，死後會越過刀山等難關，然後進入地獄。而所謂極樂淨土，是在距此『十萬億里』的遙遠之境，我想，像我這樣瘦弱的身體，別說極樂淨土，恐怕連地獄都去不了，你認爲如何？」

一休和尚被這樣一問，仍泰然地回答說：「地獄和天堂都不在遙遠的地方，而是存在於眼前的這個世界。」

這個人於是又說：「不對。你說地獄、天堂都在眼前，但是我看不到。像你這樣年輕的和尚，還是不能把眞實情形讓我完全明白吧？哈哈……」

被人嘲笑之後，一休和尚很氣憤地說：「你看我年輕，就想欺負我嗎？」

就隨手抓起一條繩子，走到那個人背後，把繩子套在他的脖子上，並用力地勒緊，然後問道：「怎麼樣？你現在覺得如何？」

被勒住脖子總是不好受，這個人於是哀叫：「痛死了，我明白了，我明白了。這是地獄，對！這就是地獄！」

於是一休把繩子解開後，又問他：「現在這個情況又是什麼？」

那個人喘了一口氣，回答說：「現在就像是在極樂淨土的天堂一樣，我明白了。原本以爲你年輕，一定不能解答這個問題。現在我知道錯了，我鄭重道歉。以你的才華，一定能出人頭地的。」

一休和尚當時既然用言語不能使他瞭解，只好以行動來說明了。結果，以簡單的行動配合智慧的話語，就能使對方深刻地認清其中的道理，並且讓人心服口服。一休和尚的案例不見得適合應用在展現行銷說服力，但是，其機智的行動值得借鏡。

總之，不同的情形，行銷工作有不同的表達方式。如何有條理地說服對方，使其信服，這點在經營的觀念上，也是十分重要的。掌握對方的性格、情緒，不存說服之心地去說服，才有成功的可能。

行銷工作者及消費者都是感情的動物，所以在情緒不好的時候，就很難作正確的判斷。有時候，只憑一時的衝動作判斷，來決定一件事情，如果這樣就能成功，同時不麻煩任何人，這樣也就沒什麼了；但是，像這樣憑著一時行動的判斷，在面臨重大問題時，就令人擔心了。尤其是公司的經營者，或站在指導立場的人，萬一也陷入這種情況，就更容易造成問題了。

四、交易溝通上路

商業工作者的重要任務是，能夠順利讓交易溝通上路。這項任務可以從以下三項議題進行討論：培養溝通氣氛、把握機會以及營造氣氛。

(一)培養溝通氣氛

培養溝通氣氛是生意活動的第一項任務。這就好像一篇論文的導論，又像餐廳的開胃小菜，其目的是爲接下來的討論營造良好的氣氛。

許多人在交易前的應酬，有著與平日截然不同的表現。例如，有的人平日道貌岸然，但在交易前的應酬遇上美麗的女性，其言行舉止卻是換了個人似的。

所以說，交易前的應酬有助於觀察對方，起碼能把人看得更透徹。要觀察人，首先得讓對象有較多的表現，才能看得清楚。有的人以爲交易前的應酬不是正式的場合，可以隨意些，加上一些酒意，便會露出一些本性。

無論是生意上的合作夥伴或競爭對手，看得更清楚些都是很有用的，尤其是對性格的瞭解，因爲性格對行爲有很大的影響。對性格瞭解，便可以作出較爲準確的判斷。交易前應酬是互相觀察的時機，絕對不能掉以輕心。

(二)把握機會

生意的洽談，在某個情況下，應該速戰速決，如此對自己是比較有利的。所謂「在某個情況下」，指的又是什麼呢？一般來說，只要自己處

於不敗之地，便是符合「速戰速決」的條件了。

在會議桌上一時談不攏，可以轉移到別的場所，伺機再談。美酒佳餚加上絕色佳麗，會使人意志變得薄弱，警覺性降低，就是大好的機會。或者，先談另一筆生意，降低對方的防禦心，在影響較小的生意裡，自己主動作出讓步以達成協議，使對方的興致更高，這時才提出原來在會議桌上洽談的生意，絕對有利於雙方達成協議。

(三)營造氣氛

在交易上，爲了達到某個目的，往往要營造氣氛。有的生意人，喜歡帶一位漂亮的女助手前往，這也是爲了營造氣氛。

營造氣氛這方面，自己需要在投入與不投入之間，謹守分寸。不投入，那是爲了牢記本意，避免因爲投入而忘記本來的目標，免得爲了營造氣氛反而弄巧反拙。營造了氣氛，盡情投入，玩得盡興，便可能超逾了界線。不投入，完全把交易桌看成是會議桌，氣氛很難營造得起來的，對方也無法投入。

玩得盡興，但自己很清醒，心裡有數，進退有據，當然這是不容易做得到的。有的人在會議桌上非常的嚴肅、理智，但是，卻能夠和大家把酒言歡、唱卡拉OK、開玩笑，好像百無禁忌，只有冷眼旁觀的人會發覺此人其實是始終謹守在底線之前。交際應酬是正式會議的延伸，但又不等於正式會議；取代不了正式會議，卻比正式會議更有效力。在會議桌上和在應酬場所都應付自如，才算得上是一位全面性的生意人。

總之，交易的溝通中，商業工作者首先要應用創造性思維規劃溝通的目標，然後，設定萬全的溝通應變策略，也要準備具有說服力的資料來支持你的溝通論點。最後，順利完成交易的溝通任務。

商業加油站

勤勞創造意外驚喜

有一個農夫感覺自己快要辭世，就集合所有兒子。我的好孩子們，我即將離開這個世界了，我把所擁有的一切都藏在葡萄園裡了，你們可以自己去找。

農夫說完沒過多久就去世了。他的兒子們都認為父親一定在葡萄園裡埋藏一大筆的財富，於是兒子們開始辛勤地耕作土地。他們用農具幾乎翻遍了每一寸土地。最終，他們沮喪地發現這片土地下其實什麼都沒有。但透過他們這麼努力地找父親所留下的財富，泥土卻變得鬆軟，葡萄就長得非常好，這一年有了大豐收，他們所釀造的葡萄酒也是最好的。

勤勞有時能夠創造意外的驚喜。
你對你的公司和所從事的事業有多少瞭解？

你的知識是否僅僅局限在你的工作領域，比如你們的產品、服務或者你們產品的功能？你是否清楚你們公司是如何賺錢的？

我們當中絕大多數人都太忙於自己的工作，以至於沒有額外時間來瞭解組織中其他團隊的工作。但是在一個公司裡，如果員工們對自己公司的瞭解都像農夫兒子們對土地的瞭解一樣，那麼公司將能夠更好地發揮出優勢。

個案研究：總機接線員的故事

對於員工更好地瞭解公司所能帶來的好處，有一個故事可以說明這個道理。在自動總機問世之前，瑪格麗特（Margaret）是公司接線總機的接線員。辦公室共有七百多位員工，所以她和她的夥伴們整天忙著轉接許多電話。瑪格麗特是那種你最喜歡碰上的接線員：她有一副親切、溫暖和令人愉悅的嗓子。

一天，她接到一個潛在客戶的電話，但那時候她並不知道。那個人說，我要和你們公司負責處理危險廢棄品的人通話。瑪格麗特回答說：「我不知道那是誰，你能不能告訴我他的名字。」「但問題是，我也不知道他的名字。」那個人說，「聽著，我是我們公司負責合約簽訂的人。我只知道，我的老闆讓我通知你們公司，希望你們參加一個重要工程的競標，現在離截止日期已經很接近了。」

瑪格麗特無法幫助他，她客氣地回答說：「對不起。但你必須給我一個名字，否則我無法幫你。」這場對話又持續了幾個來回，最終那人失望地掛上了電話。一週以後，一位公司競爭對手的朋友打了通電話給公司的職員，提醒說：「你們錯過了一個良機！」接著他描述了他參加的一場預備會議，他們公司還有其他很多人都對這個標案有興趣。主持會議的負責人向參與會議的人講述了那個接線員的溝通失敗的經過。

公司錯過了金額龐大的競標機會，這職員立即打電話給負責合約的經理，代表公司向他道歉。經理友好地接受了道歉並勸告說：「你們只有一次機會給我留下好印象。這次沒有參與競標是瑪格麗特的錯嗎？絕對不是。這只是錯在沒有合適地培訓瑪格麗特。」

兩天以後，瑪格麗特和其他服務性員工都參加了一次短期培訓，在這次培訓裡，他們學到很多關於公司內部組織的重要資訊。後來瑪格麗特和其他接線員都有一份人名電話表，無論打電話的人要找誰，從行銷部到財務部，或者工程部，她們都能找到。這一點很關鍵，接待員或者接線員都必須熟知公司內部情況，因為他們往往是客戶首先接觸和談話的對象。迪士尼公司就很明白這一點，一名顧客要進入樂園首先遇到的就是驗票員。於是公司就培訓驗票員，使他們能回答一些常見的問題，例如遊行什麼時候開始、洗手間在哪裡、定時巴士多久往返一趟等。

個案研究：Avis汽車出租公司

一個公司必須想辦法在各個層級上培養領導者，絕不僅僅只在經理這一層面上。本尼斯（Warren G. Bennis）與高曼（Daniel Goleman）在《透明度：領導者如何創造坦率的文化》（*Transparency: How Leaders Create a Culture of Candor*, 2008）一書中就主張這類觀點。他引用Avis汽車出租成功案例，安維斯（Warren Avis）1946年在美國底特律機場創建第一家設置在機場的汽車租賃公司，他認為每一個員工都必須對汽車出租行業有深刻的理解。本尼斯說，每一個Avis員工都必須穿著Avis的紅色夾克，並定期到第一線工作。Avis的堅持時至今日已經發展成為一家全球性的汽車租賃公司，在世界一百七十個國家和地區設立了超過一千七百家分支機搆，四千七百多個營業網點，擁有一萬九千名員工，車隊規模超過五十萬輛。

德國偉大作曲家馬勒（Gustav Mahler）則要求樂隊裡每一個人都要輪流坐到觀眾席裡聽音樂，這樣才能理解整首樂曲，以台下聽眾角度聽來是怎樣的情形（Bruno Walter & Ernst Krenek, 2013）。這種知識的傳遞使得每一個員工都對公司整體情況有一個全面瞭解。按照本尼斯的看法，一家企業關於自身的看法可以分成三種類型：戰略型、戰術型以及個人型。戰略型視野涉及一家企業是如何定位自身，並且在市場裡找到自己合適的位置；戰術型視野則主要關注一家企業是如何貫徹實施戰略；而個人型視野則主要關注每個員工是如何理解和執行公司戰略。

「如果你想檢驗某些方面的有效性，比如說零售的有效性，那就不妨檢驗各個分店員工的工作態度。」本尼斯建議。如果店員是無禮的、無知的，無法為顧客提供服務，這就意味著上司或者是無能，或者是缺乏一種融合的視野。店員們對整個公司的事務知道得越多，他們就會感覺越有信心與力量，他們的生產力也會因此提高，他們也有更多的機會來展示自己各方面的能力。工作輪換是公司常用的另一種策略，可以有效幫助員工熟悉各項業務，拓寬個人視野。

個案研究：Chubb保險公司

Chubb保險公司就透過工作輪換在公司內部傳播知識。歐布萊恩（Virginia O'Brien）在《我們隊伍的成功》（*Success On Our Own Terms*, 1998）一書裡描繪了Chubb的員工湯姆林森（Tomlinson）的事蹟，她一開始只是個保險業務員，但後來輪換到人力資源部工作。作者解釋為什麼這是一次重要的輪換，透過她在人力資源部門的輪換，湯姆林森加深了她對公司情況的瞭解，提升了她的技能，擴大了她的人際網路，具備了全局的視野，她最終成為加拿大Chubb保險公司的總裁。於是有人力資源評論家指出，一位成功的商業工作者，必須善於發展溝通技巧，然後，你有兩種選擇：

要麼在你的辦公室前深入挖掘自己，
要麼盡可能從你周圍世界裡學習知識。

請讀者回顧本章「商業溝通心理發展」的論題與個案討論，包括溝通的功能、溝通的程序、溝通的態度、溝通的衝突以及溝通的說服力等，可以印證Chubb保險公司員工湯姆林森的事蹟，同時也可以回應《我們隊伍的成功》作者歐布萊恩的呼籲。

企業要鼓勵所有的員工經常溝通，
以便徹底瞭解公司的運作。

Chapter 13

商業談判心理發展

- 商業談判的基礎
- 商業談判的操作
- 商業談判的策略
- 商業加油站：一捆木材的啓示

商業談判心理是商業心理學進階發展的第三項課題，目的是提供商業工作者根據前面章節的議題，針對談判心理發展進行整合討論。

商業談判心理是指在商業談判活動中談判者的各種心理活動。它是商業談判者在談判活動中對各種情況、條件等客觀現實的主觀動作反應。例如，當談判人員第一次與對手會晤時，對手彬彬有禮，態度誠懇，容易溝通，就會對對方有好的印象，就會對談判成功抱有希望和信心。反之，如果談判對手態度傲慢、盛氣凌人，難以相處，談判人員就會對其留下壞的印象，從而對談判的順利展開存有憂慮。

與其他的心理活動一樣，商業談判心理有其心理活動的特點以及規律性。一般來說，商業談判心理具有內隱性、相對穩定性以及談判者個人的差異性等特點。其次，商業談判，既是商業問題的談判，也是心理因素的較量。它不僅被實際商業條件所左右，也受到商業談判心理的影響。因此，在商業談判的實務應用與策略上必須納入考量。

本章根據「商務談判心理發展」主題，討論三個重要議題：(1)商業談判的基礎；(2)商業談判的操作；(3)商業談判的策略。

在第一節「商業談判的基礎」裡，主要討論四個項目：掌握談判的主題、發揮談判影響力、妥善協商與辯論以及達成談判的雙贏。在第二節「商業談判的操作」裡，主要討論五個項目：規劃創造性前提、確定談判的角色、發展互惠的關係、掌握有效的溝通、締結可行性協定。在第三節「商業談判的策略」裡，主要討論四個項目：創造有利談判氣氛、發展拋磚引玉技巧、維持適當協商空間以及善用心理暗示策略。

第一節　商業談判的基礎

商業談判的基礎是爲談判活動工作奠基。談判的基礎工作是爲實現談判目標提供資料依據、共同準則、基本手段和前提條件必不可少的工作，是現代談判的重要組成部分。

談判基礎工作的完善程度，直接影響談判水準的高低，並關係到一

個組織的生存和發展。討論包括以下四個項目：掌握談判的主題、發揮談判影響力、妥善協商與辯論以及達成談判的雙贏。

一、掌握談判的主題

談判的主題是指規劃中的主要議題，是把談判限制在一個適當範圍內，或者指出一個談判方向。在交易談判中，通常買賣雙方只會把重點放在成交價格與交易方式上，因此，傳統的談判方式常常被人們視爲呆板的錢與物的交換，是一種單純而又枯燥的銷售活動。但是，如果在每一次談判，都根據不同的情況去設定主題，那麼，將會給談判活動帶來不凡的新景象。

什麼是交易主題？在談判活動中，假使我們在所推銷的產品特點、生產背景、使用者回饋等方面設定談判主題。並在選定的談判主題中，融入一種思想、理念以及象徵，那麼就會讓顧客在購物中獲得到心靈的享受，並在心理上產生共鳴。

掌握主題原則是設定談判的方向，指向要完成的目標或者要達到的目的。以「重建談判」爲例，雖然其難度比常態談判高，但是，對優秀的談判者而言，是難得的挑戰機會。只要能夠掌握問題的關鍵，仍然能夠達到目標。

個案研究：空手道表演賽

在一場空手道表演賽中，黑帶高手以七段的實力，徒手劈開十餘塊疊在一起的實心木板，贏得觀眾熱烈的喝彩與掌聲。黑帶高手將十餘塊木板疊了起來，親切地招呼觀眾席的觀眾問道：「如果你想劈開這疊木板，你的著力點會放在木板的哪裡？」

觀眾裡有人指著木板的中心：「這裡，我想一定要打在中心點」。

空手道高手笑道：「也對，木板架高時的中心點，的確是最脆弱的部分。不過，如果你將著力點放在最上面這塊木板的中心，當你的掌擊中那

一點時，將遭受同等力量的反擊，令你的手掌疼痛不已。」

觀眾不解地問：「那究竟該把注意力放在哪個部分？」

空手道高手指著最下面那塊木板的下方：「這裡，把你所有的注意力都集中到木板的下面，你一定要想著自己將要達到這個地方，這樣，木板對於你就不再是一個障礙了。」

在重建談判時，談判者要避免「全盤談判」的局面，這樣做既費時又未掌握重點，有可能把談判問題弄得更複雜。「全面回顧」對重建談判自然是必要的，但是，它只是重建談判的前提，然後，直接針對重建談判主要問題進行處理。

無論中止後重建談判的理由，包括情況急遽變化、談判代表更改、不可抗力因素引起的重建談判，均應直接處理問題，遺留的或產生的問題，絕不擴展到已經談妥的結果，或影響重新談判的其他方面。這也可避免自己失誤和防止對方反悔達成的協定。

二、發揮談判影響力

評估對手的談判能力與影響力，就是確定談判對手有多大決策權，以及是否有幕後決策者的重要性。這一點必須特別注意，因爲如果你不知道所要達成協議的最後決定權在誰手裡，那就好像原地打轉而永遠無法到達目的地。和你談判的這個人，可能沒有達成協議的權力，這是常見的事，特別是當對方組織機構龐大，事事都必須經過上司批准。

事實上，即使是由高級人員談成的協議，在其能夠執行之前，也還須經過嚴格的審查。雖然你的談判對手並無最後決定權，但他對達成協議的影響，還是不能輕視。所以，如果你只是使對手相信你所提方案的優點，只算是成功一半，因爲你還得靠他說服他的上司，他是否能成功，就得看他有多大本事了。因此，估計一下你的對手到底有多大本事，他在所屬機構中占有多重要的分量，還是很有必要的。

如果他沒有最後決定權，那麼誰有呢？原來所談成的協議，還得接受上層人士的審查。如果是這樣的話，你也必須保留將協議交由你的上司審批的權利。這麼做，可以保證你不致於成爲對方將送交上司審批的一種藉口，而其目的在於從你這裡獲取更多讓步。

換句話說，如果你的對手眞想要用這一招，你已經有了反擊他的手段。一旦你確定了你們談成的協議，還得經過上級審批，你就得想一想，那麼你的談判對手到底有多大能耐呢？如果你的對手根本無權決定任何事情，那你最好從談判一開始，就要求對方派一位有能力做出承諾的人來，這可是件很難辦的事，特別是當對方有可能將這筆生意交給別人的時候。

在開始討論正題之前，你可以試探一下，但要進行時也得用點外交手腕。例如，你可以這麼說：「先生，既然無論如何事都還得經過主管的批准，那麼從一開始就請他參加談判不是更好嗎？」這樣說，或者採用一些其他辦法都是可能奏效的。如果這樣沒有效果，那你也只好就與眼前這個人開始談，然後再看會發生什麼事。如果談判是由於對方無權決定，而陷入僵局，你就可以更加堅持你的立場了。

在評估你的談判對手到底有多大能耐說服他的上司，你應當注意的是，這個人的談判經歷和他在對方組織機構中所占的地位。然後，還要查一下是否有線索能夠證明這個人已經具有相當能耐。顯然，如果這個人與最後決策者有相當好的關係的話，這也算是不錯的談判對手。不論如何，談判對手說服其上司的能力，將是決定談判是否能朝著達成最後協議的方向進展的重要因素。

除了確定談判對手的能耐之外，還會常常遇到的難題是要確知你的對手是否在用「請求上司批准」這一招，而試圖從你這裡得到更多的讓步。最常用的說法：「我們老闆可是連八萬塊都不肯花喲！但我還是願意出價九萬九！」這是談判人員常用的一招，儘管他也許完全有權決定是否達成協議。發生這樣的情況時，談判者最容易犯的錯誤就是繼續跟對方議價，因爲這就等於你已經接受了他所說的一切。

如果有這種情況的話，你的對手就很可能利用不存在的上司，來換取你更多的讓步，就是說你每報一次價，他都要用這位上司的否決權來威

脅你。他會一直這麼做，直到你被他嚇跑了爲止。也只有到了這個時刻，對方才會把你請回來簽協議。到這時，對手用這一招，已經從你的口袋裡掏走很多錢了。

對付這種「我們老闆肯定不會接受這個價格！」的花招的最好辦法，就是堅持要這位有權決定的人來參加談判，並成爲積極的參與者。你可以這麼說：「既然您的上司對我的報價有意見，那何不請您的上司來和我談談呢？我很想聽聽他的不同看法到底是什麼，這不是更直接了當嗎？因爲我確信我方的立場是完全正確的。」如果對方拒絕你的要求，那你就簡單地說：「那好，我們的報價就是這樣了，除非那位先生直接向我們說明他不同意的立場到底是什麼？」

用這種辦法可以迫使你的對手：(1)把他的老闆請來；(2)宣布談判破裂；(3)接受你方的報價，即所謂將會爲他的上司所否定的那個報價。

如果他選擇了第三種做法，那你就知道了對方是在跟你耍花招！如果不是這樣，那你就可以見到掌握決定權的人出現在談判會場，並由他來說明爲什麼你方的報價不能接受的原因。

還有最後一種可能就是，對方宣布談判已破裂，然後再請他們的老闆出面，試著與你的上級達成一個協定。總之，不管他用什麼來嚇唬你，只要你報的是最佳報價，那你就乾脆拒絕退讓。對於大多談判來說，除非一方或雙方都已確信對方已被推到了極限，否則協定是不會達成的。用這一招加上其他辦法，來反擊你的對手，常常會發現，一筆交易常常是在看起來已經沒有交易可談的情況下達成的。

當在談判桌上論及的某事被對方上司的名義拒絕時，這種來自上面的否決，也常確實出自對方的老闆之手。但是，這也有可能是其他人，例如技術專家、會計師、律師、董事會成員或銀行家等，這些人都可能成爲不同情況下，讓協議不能達成的原因。當然，這也可能就是眞的，但在你確認之前，你根本無法確定對方是否在跟你耍花招。而且，即使你有了第一手資料，你也還不敢肯定，或者至少在你方的專家對此進行審查，並確認人家的否定是有理之前，你也不敢肯定。

用不在場的第三者來反駁你方報價的這一招，已被用得那麼廣泛，用以下的例子來說明怎麼對付。

個案探討：馬先生與羅先生

馬先生代表一家小的製造商，正在和羅先生（一家供應商的合約科科長）洽談有關向該供應商購買製造商生產所需原料的事。談判在供應商處進行。供應商使用了「我們老闆不同意」這一招，經過了長時間的談判之後，雙方的立場已經相當接近。

馬先生已經對所購原料出價450萬元，羅先生說這個價看起還合適，但表示還得和他們的老闆商量一下，說完他就走出了會議室。大約十分鐘後他就回來了，於是就發生了下面這一段對話：

羅先生：「我已經請示了我的老闆林先生，他告訴我，任何低於550萬元的價格都是不能接受的。但是，我告訴他貴方絕不肯再讓步了，於是他又說，看在貴方是我們的老客戶的面子上，他願意接受一半損失，500萬元就成交。」

馬先生：「這不行，我們去年花420萬元買了同等品質的貨，450萬已經是我方的最高價，這一點我在一小時前已經告訴您了！」。

羅先生：「我知道，馬先生，可是……」（馬、羅兩位又爭執了大約三刻鐘，可是馬先生仍是不肯提價）

羅先生：「好吧！我再去跟老闆商量。」他又出去了，回來後他說：「林先生生氣了！不過我還是說服他同意480萬這個價。趁他還沒改變主意，咱們就簽約吧！」

馬先生顯得很生氣說：「我看不出再談下去還有什麼用。我已經訂了機票，兩小時後就得登機。如果你們老闆想做這筆生意，那就請他來直接跟我說好了。請他現在就來，否則我就要走了。」

羅先生：「請稍候，我馬上就回來！」（五分鐘後他陪著林先生進入會議室）林先生與馬先生握手，坐下後說：「馬先生，問題到底出在哪

兒？」

馬先生：「問題不在我們，我已經出了我們的最高價450萬，這已經比我們上次買同樣的貨時多給了30萬。如果您還不接受，那再討論下去也就沒什麼用了。」

林先生：「從去年開始我們的成本就提高了不少，馬先生，現在讓我來跟您說明。」於是林先生逐項地說了幾個馬、羅二人已經討論過的數字。

馬先生聽了幾分鐘，確信他說不出什麼新的論點後，說：「請停下，林先生，這些我和羅先生都已經討論過了，您到底接不接受450萬這個價？」一邊說他一邊收拾桌上的文件。

林先生：「我真不知道接受這個價後，我們還有什麼利潤！但是，我也絕不讓您把我看成老頑固，讓我再跟本部副總裁去商量商量，看他有什麼話說。」

馬先生：「這要花多長時間？離我登機只剩下一個鐘頭了！」

林先生：「我十分鐘後回來！」十五分鐘後他回來了，坐下後說：「馬先生，我給您帶來了好消息，副總裁說，如果我能為這筆生意的任何損失都承擔責任，他讓我用460萬元的價格跟您簽約。離您給的價差不多了。說句實話，我們這可是跟您賠本做生意！」他向馬先生伸過手來說：「怎麼樣，好嗎？」

馬先生：「那就460萬吧！等我回到公司，由我來準備有關文件。」

以上個案牽涉到三項關鍵問題：

第一，儘管馬先生最後還是以460萬元成交，這比他所謂的最高價多花了10萬元，但他仍對談判結果很滿意。這是因為當他在談判開始，就已經知道會議上的任何協議，都須經對方上司的審批，因此他出價時早已留了一手。事實上，只有馬先生自己知道，他們的底價應當是475萬元。一旦你發現談判要牽扯到上級審批時，你最好別把你的最高報價說給他的下級，這將使你在對手想用那一招來耍你時，你有轉圜的餘地。

第二，還有另外一個重要原因是，馬先生拒絕與羅先生繼續談下去，而且直接提高談判級別，就是請林先生來。林先生來了以後，他禮貌地聽

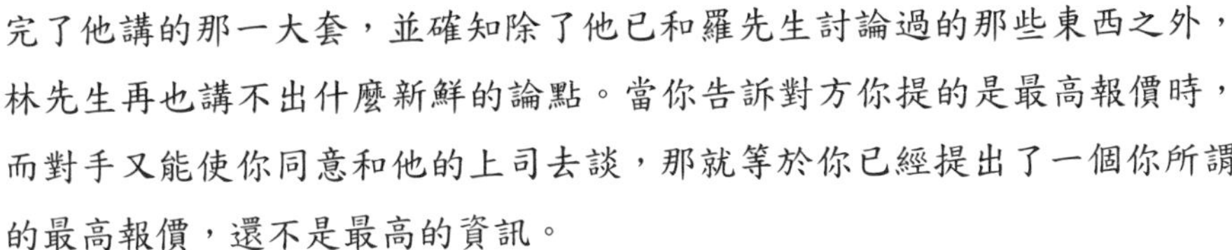

完了他講的那一大套，並確知除了他已和羅先生討論過的那些東西之外，林先生再也講不出什麼新鮮的論點。當你告訴對方你提的是最高報價時，而對手又能使你同意和他的上司去談，那就等於你已經提出了一個你所謂的最高報價，還不是最高的資訊。

第三，當然，也可能是另一種情況。林先生可能拒絕再降價，堅持要480萬。這樣，馬先生就只有兩個選擇了：離開談判桌，或再加價，直到475萬元為止。當然，馬先生還可以使用「打對折」的招數，就是把450萬和480萬之間相差的那30萬分一半。這樣的談判能取得何種結果，取決於與會人員和他們知道什麼時候該停止議價了。關鍵是雙方在任何情況下要瞭解哪個價才算是合理的。重要的是，還要知道把最佳的價錢越談越近，以及知道什麼時候該拒絕不能接受的報價。

三、妥善協商與辯論

對於許多談判來說，雙方的立場有時候可能變得針鋒相對。這時候你應當特別注意的就是，有效地維護你方立場卻又不顯露出對對方的敵意和憤慨。這可是個高難度的動作，尤其是當你的對手是一招接著一招地進攻的時候。儘管如此，與對方針鋒相對，對談判活動並無好處。所以在任何情況下，都要冷靜。

如果你能夠瞭解雙方意見不一致，本來就是談判過程的組成部分，這有助於你控制自己的情緒。因此，遇到滿懷敵意的對手時，你不用跟他正面交火，相反地，努力找出藏在那敵意背後的原因是很好的做法。下面就是消除對方憤恨情緒所常用的六種方法：

1.提出解決問題的方案。對方的憤怒常常只是由於對方無力解決你們的分歧所造成的煩惱。如果你能提出解決辦法，他的憤怒自然就會消除。

2.努力使話題轉向不那麼具有爭議的內容。這當然還不能解決已有的

難題，但這卻有助於使氣氛平息下來。等過段時間再重談爭議的問題，很有可能由於已經換了角度，對方就不會再生氣了。

3.努力用積極的態度對待雙方的分歧。使對方認識到，只要你們能攜手合作，一定可以找到完美的解決辦法。

4.設身處地，站在對手的位置上，全盤地看一下所牽涉的內容。如果雙方都採取不退讓的態度，那麼就不容易解除分歧。

5.有機會你不妨幽默一下。在恰當的時候加點輕鬆的話題，有助於緩和情勢。

6.如果對方仍是蠻不講理，硬是不肯改變敵對態度，那你只得直接對付他了。例如，你可以這麼說：「如果我們雙方都能保持平靜，並以理智的態度來討論問題，我想我們會達成友好的協議。」有時，這樣一句話很可能立即使那位怒氣沖沖的對手，突然變得很通情達理了。但是，如果你已經被他惹得忍無可忍，如果必要，你也可以用中止談判來威脅他。

四、達成談判的雙贏

在談判過程中，多半會發生這樣的情況，其中的少數問題，成了達成協議的絆腳石。於是雙方就在這些問題上，展開了長時間的折衝，雙方都堅持自己的立場，誰也不肯退讓一步。一般來說，會有兩種結果，不是在最後一分鐘達成妥協，就是談判破裂，什麼交易也沒做成。

當針對某一關鍵內容雙方僵持不下時，有許多種辦法可以有助於超越這個障礙。其中，最首要的，就是努力從你對手的角度來看看這個爭執點。問一下你自己，爲什麼這個問題對你的對手是那麼重要？這除了可以使你避免只用自己的眼光看問題，也可以避免因爲視野狹隘，而拒絕任何退讓。

事實上，如果雙方都把難題看做是一種須由雙方共同努力克服的障礙，那就沒有什麼分歧是不可消除的，因爲雙方都不會採取不肯接受任何

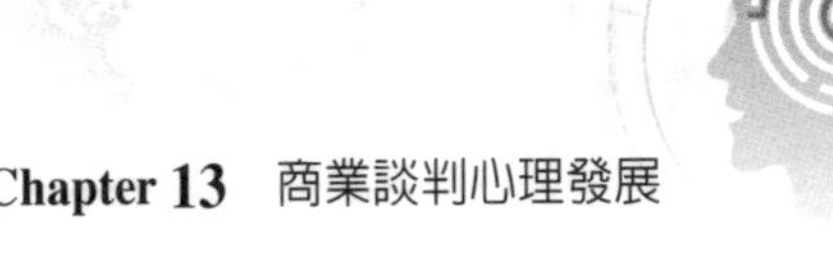

妥協的態度。注意聽取對方的不同意見，有助於消除分歧。有時，因爲你這麼做了，你將會發現，對方不同意見的基礎也許不像看起來那麼牢固，從而使你找到新觀點，看到對方不過是在那個爭執點有禁忌而已。

發生上述情況時，人們常常忽略的一個事實是，對方之所以表示不同意，其理由很可能只不過是爲掩蓋其眞正原因而已。當談判未開始前，談判人員就受到了某種限制時，就常常會發生這種事。例如，他的老闆可能已經給他規定了一個他可以接受的最高價格。有的時候，談判人員也會坦白承認，確實是由於他受到某些限制才使談判陷入困境。一旦你知道了這個情況，你當然有辦法處理它。但是，你的對手也可能不願意告訴你這一點，他可能認爲這麼做會損害他作爲談判人員的威信和有效性。也還有一種可能是，對方一旦洩露了他已有的限制，你將不願意與他繼續談判了。

不管是出於何種原因，一旦你發現在某個問題上你的對手很難決定，你一定要努力想出別的辦法，以不同的方式解決這個問題。比如，你是否能提出一些別的建議，來抵銷你在那個已成爲爭執點的問題上所做出的讓步呢？這麼做常常會有所收穫，因爲這不但使協議終於達成，還使對方免於在有禁忌的問題上讓步。因此，當出現了絆腳石時，努力找出方法足以使雙方規避爭執點，而不致使談判破裂。

個案研究：界定成交區價

成交區價通常界定在賣方的最低售價跟買方的最高買價之間。這個說法有些道理，但不全然合理。問題在談判時，常常會出現三個不同的成交區間：

1.買家的內心裡有一個。

2.賣家的內心裡有一個。

3.談判一但陷入僵局，找中立的第三者出面調停時，他內心還有一個。

所以我們建議找一個新辦法來界定這個區價，這可能很難，但是比較管用。成交區價應該界定在「買家預估賣家的最低售價」和「賣家預估買家的最高買價」之間。這種界定方法的實質在於：這個區價的基礎是對形勢的評估，而不是形勢本身。評估當然有可能是錯的，但是它可以根據新資訊的輸入而機動調整。

買家應當有能力降低「賣家預估買家的最高買價」，反過來說也是如此，談判技巧的重要性也就在這裡。你是如何提出要求的，你想要多少，你怎麼讓步，你的底線又在哪裡，都會改變對方心中的成交區價。

總之，交易雙方的立場有時候可能變得針鋒相對。這時候你應當特別注意的就是，有效地維護你方立場卻又不顯露出對對方的敵意和憤慨。這可是個高難度的動作，儘管如此，與對方針鋒相對，對談判活動並無好處。所以在任何情況下，都要冷靜。如果你能夠瞭解雙方意見不一致，本來就是談判過程的組成部分，這有助於你控制自己的情緒，邁向談判的雙贏結局。

第二節　商業談判的操作

商業談判的操作又稱爲談判運作，是指談判者爲了使比較複雜與爭議性高的工作容易進行，在按照談判一般基礎前提下，設定有效談判的特定運作原則。這個談判運作原則包括以下四個項目：規劃創造性前提、確定談判的角色、發展互惠的關係、掌握有效的溝通以及締結可行性協定。

一、規劃創造性前提

創造性的談判前提，通常應用在比較複雜與有爭議性的個案。充分利用具有創造性的預設方案，例如資訊優勢；以及大家所熟悉的方法，例如向心力、相互組合，把談判過程變成能夠改變事態的建設性準則。下面列舉幾項具有創造性的預設方案議題提供參考。

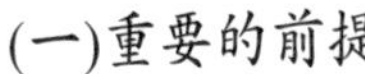

(一)重要的前提

新構想具有創造性的預設方案，這個議題有下列四項重要的前提值得注意：

1.不斷地公開討論，千萬不可中斷。讓雙方都獲得充分的資訊。它可以避免很多不必要的危險。
2.把整個談判委員會劃分成許多小委員會，把危機也加以細分。發生意見無法協調，遇有需要討論的情況時，要先各自組成小委員會。
3.當感覺到危機來臨的時候，在談判初期就要準備危機的調停工作，以便使談判前後都能發生效用。
4.善用聯合談判的方法。這方法在美國舊金山的報業罷工曾發生效用，這是非常成功的新方法，讓出版社和全部工會同時協商，勞資雙方採用個別討論的方法使事情獲得妥善的解決。但是，資方及總工會必須出席每個談判場合，這樣一來，各工會仍具有自治權，經營者只要在一個時間裡應付一個工會就可以了。結果，經營者所決定的事情，很自然的就滲透到工會的每個角落。

(二)談判注意事項

有下列五項談判注意事項值得注意：

1.與主題無關的所有因素需要個別談判的，如果無法解決，應該採取強制性的調停。
2.如果希望提早完成協商的話，雙方需要共同妥協的事最好不要溯及既往，如此才能有助於及早裁決，縱使會把最後批准的時間延遲了，但是協定仍然可實行到批准爲止，所以能夠提早裁決。
3.要維持公平的態度。談判是爲了解決意見相左的情形，所以主持談判的人必須毫無偏見、持公平的態度。
4.爲了提早促成協定的締結，經常使用先行活動的手段，而這種協定常比其他事項優先。

5.選擇適當地點舉行談判。兼顧各方的需求與想法選擇好地點。

(三)創造性談判

創造性談判是一種突破或超越傳統談判模式的創意性的方式。我們以下列個案來說明。

個案研究：二選一方法

有名的美國奇異（GE）公司是運用「採取」（Yes）或「拋棄」（No）二選一的方法，這種方法來自布魯威爾談判法（Brewer Negotiation），奇異公司一方面採用布魯威爾談判法，一方面企圖阻斷工會內部整合工作。因此，不斷和個別成員直接聯絡。這種談判政策非常單純，在談判初期，就把在決策中所要強調的全部要素提出來公開討論，而不涉及其他事件。當然，在談判中可能會稍微修正，但是絕不能在（Yes）或（No）二者有討論與讓步或妥協空間。在1960年度的重要勞資談判中，由於奇異公司很誠意的展開談判，全美勞動關係委員會於是在1964年特別把它提出來討論，但是奇異公司仍然反複使用一貫的手段，最後終於在1967年至1970年的罷工風潮中，受到十三個工會的聯合抵抗。

布魯威爾談判法是奇異公司前勞工事務負責人布魯威爾（Remy. R. Brewer）所設計的，所以就以他的名字為代稱。這種方法的主要內容是資本家應該把一切事務正當地評價後，提出一個適當的方案，而這個方案必須對從業人員、股東及公司三方都絕對公平才可以，可惜卻對勞方權益的公平性未被列入。因此布魯威爾談判法在美國聯邦最高法院進行訴訟，同時也受到各工會的駁斥。但是，這些事情都不是問題所在，最主要的問題是，如果奇異公司在談判中反複使用同樣手段的話，一定無法產生富有創意的預設方案，也不能使雙方滿意，同時也得不到談判所應獲得的成果。

二、確定談判的角色

以勞資關係爲例，在台灣由於結構性與政治性的不對等，是最容易被忽視的一種談判，因此林仁和（2014）把它列入三類特殊談判之一，與法律訴訟及企業併購談判並列。因爲有兩項原因而被忽視：爲了保有工作，勞方被壓抑或自我限縮聲張權益；被定位爲地方性個案，新聞性不高而未被輿論重視。由於最近社會運動對弱勢勞方的支持，導致個案問題的質變與量變，有可能被轉化爲社會革命因素之一，其重要性値得重視。例如，自2001年起糾纏十多年的華隆勞資糾紛案，自2013年起糾結三年多的國道收費員安置個案以及2016年華航罷工個案等的終結，得力於輿論的重視以及社會對弱勢勞方的支持。

一位敏銳的觀察家曾經指出：愛因斯坦的天才，是因爲他對於極平凡的事，也不輕易放過。

大禹治水，展示了很容易被大家疏忽的簡單原理，他巧妙地利用疏導的方法，根治了爲時已久的水患。可見最簡單的方法，往往是最有效的方法。反觀今日政壇的治標而不治本現象，値得省思。在談判時擬定具有創造性的預設方案，讓它潛藏在巧妙的過程裡，使大家都知道的簡單原理能夠發揚光大。

個案研究：資訊優勢

很久以前，美國新墨西哥州原住民地區的勞動工會，觀察了員工的態度後，決定利用這種態度和尚未組織工會的A公司，進行支持特定地方選舉特定人選的勞資問題協商，並且向員工保證可以在地方競選中獲得勝利。

選舉之前，區域工會利用咒語向勞動者做最徹底的宣傳活動，請巫師對每個員工提出警告，如果不投票支持某人的話，他的親人必定會受到懲罰，為了證實這個咒語確實靈驗，就告訴大家，投票那一天會下雨。果

然，投票前的數小時，一直不停地下著雨（其實幾天前區域工會已經從國家氣象局得知），結果，工會當然獲得了大多數的選票。吃了敗仗的A公司（資方支持的另一位候選人），認為選舉涉及不公平，向州勞動關係委員會提出抗議，由區域全美勞動關係委員會的調查，關鍵問題在於工會認為該項選舉活動過程並不違法，資方無法反駁，使整個爭議平息落幕。可見在談判上，獲得資訊的優勢以及會員的向心力所扮演的重要角色。

總之，勞資談判的成功，包括華隆勞資糾紛案、國道收費員安置案以及華航罷工案等，都獲得外部輿論公開報導，因而取得了資訊優勢，此外，內部會員向心力所扮演的重要角色以及政府的政策性支援同樣重要。

三、發展互惠的關係

有效的談判可以帶動談判雙方的觀念轉移。在談判中，如果能看出不同階層在觀念上，根據同理心原理，實現觀念轉移。最高階層的主管級人士，可能對談判原則和金錢很關心，中階層管理人員的談判注意力，往往集中在公司的方針和潛力上，而低層管理員的談判注意力，可能傾向於工作的方便性以及工作場所的管理等方面。而工會的低階層會員所關心的，無非是希望獲得更多的薪水，他們並不在乎是否能夠成爲工會的領導階層。同時，他們對於僱用原則、服務原則、獎懲辦法等方面也很介意。中階層的工會領導者所關心的焦點，是希望在不同領域的成員一律平等，同時也關心到組織的特性、方針、大衆的期望、工會的規範等方面。至於全國性工會的領導者，則對全國性的薪資標準有興趣。因此，能夠將上述各階層的特色認清後再去談判，就可以把各階層觀念整合轉移，然後在最適當的地方施加壓力，讓彼此溝通。

同樣的，在罷工的時候，各個階層的興趣也各不相同。如果罷工失敗的話，各種責難將會集中在工會的最高幹部身上，所以他們絕不會以孤注一擲的態度發動罷工，而那些需要對罷工付出代價的人，也想迴避罷工。資訊是有階級性的，因此指揮罷工風潮的人，只是將得到的資訊用自己的經驗來解釋，並據以估計事態的變化而已。現在舉個例子來說明勞資關係的階層觀念轉移。

個案研究：觀念轉移

美國有一個工會並不採取罷工的方式來爭取權利，有下列三種方法：

1.只是在午餐之前全部集聚在餐廳中，聲明要喝咖啡，然後坐著不動，這就是他們所採用的戰術，等待資方出面處理。

2.把問題提到勞資力量無法影響的地方，他們不罷工，只是將問題直接交給全美勞動關係委員會或法院處理。

3.工會的會員輪流向一份報紙投訴，而使管理者動搖立場。

上述方法的目的都會帶動觀念的轉移，主客易位，邁向正面關係的發展。

四、掌握有效的溝通

有效的談判，需要有效的溝通。資方爲了預防與勞方的溝通發生阻礙或決裂，必須和各單位的主管以及基層管理員密切聯絡，因爲他們和從業人員之間有直接的接觸，經營者可以透過他們和從業人員聯繫，當然，最好的方法是使從業人員感覺到對公司業務的參與感。通常，從業人員根本不在乎經營者爲他們設置的各項福利，雖然健康醫療、退休辦法及勞工保險等福利基金，有些是由工會及政府負責，但是大部分的財源是來自經營者，然而，大多數的勞動者似乎無法瞭解。

由於這個問題，因此產生了一種專業性管理公司，他們的工作是代替經營者與從業人員個別接觸，然後利用電腦幫助從業人員瞭解構成薪資與福利的財務結構。這種公司擁有互助基金、財產設計、健康保險、人壽保險等方面的專家，他們的主要責任是讓委託公司的從業人員樹立財產設

計規劃的觀念。這種做法可以使他們瞭解到底是誰使他們獲得工作中的各種福利，如果從業人員能夠進一步站在客觀立場考慮自己的經濟問題，自然會對自己的工作感到滿足，絕不會想更換職業。

此外，還有一種完全不同類型的談判法，這種方法主要是用在勞資談判中，也就是爲罷工做事先的預防性準備。公司方面反制工會罷工的明顯舉動是，讓不屬於工會會員的從業人員及有管理職權的人員繼續工作，並且把存貨做成目錄，然後做生產轉移的準備，同時確保財務足以應付罷工期間的虧損。工會方面則一面準備示威遊行的標語牌，一面故意將目前的狀況透露給報社以壯大聲勢。然後，要聯絡全國總工會以及協助罷工資金的機構，請他們不斷支援罷工期間的資金來源。這種舉動雖具有破壞性的功能，但是從正面看，勞資雙方都重視這個問題，並積極處理，值得肯定。

五、締結可行性協定

讓有效的談判成功——協定的締結。協定的締結方法，雙方不應以協定的簽名當作正式的結論，而應該設法使談判繼續進行，這才是先決的問題。那麼到底要怎樣做才是正確的呢？

首先，雙方不可拘限於表面上的文字說明，必須深入地解釋，使談判能夠繼續進行。有時候在協定的結尾會有曖昧的文字出現，以便正式簽署協定以後，可以繼續討論問題。

其次，當協定的用語並沒有曖昧的文字，而雙方的行動卻變成曖昧不明時，仲裁者及顧問必須全面檢討協定文字以外的全部問題。當談判者瞭解談判時，就不難瞭解各式各樣的曖昧情況（這與語言的性能是脫離不了關係的），在簽署協定的時候，這些情況將會給談判者帶來意想不到的結果。如果雙方對某一小節有不同的解釋時，應該先取得雙方的同意，各自把這一節大聲唸出來，因爲從聲音的抑揚頓挫中，可以聽出各自所期待的解釋之不同點。

如果談判對方掌握了好幾張王牌，但這並不代表本身就沒有險中求勝的機會，以下方法可以增強本身的談判實力：

1.研究本身的弱點，在談判中對方一定會挑你的不是。
2.不急不躁。
3.推銷自己的優勢。
4.找出眞正能拿主意的人。
5.假設可能會碰到的情況。
6.談到談判底線之後，就不要再讓步。
7.帶著專家一起去，一定需要一個能信賴的人。
8.派最能幹、經驗豐富的人去跟對方周旋。

總之，在談判中要選擇經驗豐富的談判高手，並且要給他們充裕的時間思考，足夠的資訊以及充分授權。盡可能地安排能夠做最後決策者直接與對當談判。

第三節　商業談判的策略

談判策略是指談判人員爲取得預期的談判目標而採取的措施和手段的總和。它對談判成敗有直接影響，關係到雙方的利益和企業的經濟效益。恰當地運用談判策略是商務談判成功的重要前提。

在前面的談判基礎與談判操作，我們爲談判工作設定了談判的藍圖。談判策略很多，在善用心理學的原則下，有以下四項策略：創造有利談判氣氛、發展拋磚引玉技巧、維持適當協商空間以及善用心理暗示策略。

一、創造有利談判氣氛

商業談判的創造氣氛，是爲了談判的順利進行，藉由理想的談判場

所和熱情友善的談判語言，呈現出來的一種自然環境和心理環境，包括自然氣氛和心理氣氛兩種。自然氣氛指選擇優美恬靜，條件優越的談判地點，巧妙布置談判場所，使談判者有安全舒適、溫暖適宜的心理感覺，宣示出對對方的熱情、友好的誠懇態度；心理氣氛是指由談判所處的自然環境與氣氛所營造的有利於己方的心理環境與狀態。心理氣氛與自然氣氛相輔相成。

(一)情境作用

現代心理學研究指出，人類的情緒隨著自然環境的變化而變化。例如，人在抒發離別的心理感受時，總聯想到秋天的雨、秋風、落葉。把梅花、竹子、松柏與人的堅韌生命力聯結起來；表達歡喜快樂的情感時，總愛用春天和暖的春風、爭奇鬥豔的鮮花、柳樹成蔭、蝶飛鳥叫的生動氣象來比喻。都說明了環境會影響人的情緒心理。

商業談判者如果能有效地運用心理學的原則與選擇，使談判對方產生積極情緒的談判場所，巧妙地發揮感染力量，能促使對方心理的變化，也能使對方感覺愉快，深表謝意，這就爲談判友好氣氛的創造，提供了一個良好的開端，也可能使對方在相關問題上作出非常有利於己方的決定。

(二)善用情境

創造良好氣氛的情境，不但是一個談判的理想策略，更重要的是好好地加以利用。

個案研究：逆向操作

日本的鋼鐵原料資源短缺，在澳洲則盛產煤、鐵。日本渴望購買澳洲的煤和鐵，澳洲不愁找不到買方。按理來說，日本人的談判優勢低於澳洲，澳洲在談判桌上具有主動權。可是，日本人卻把澳洲談判者邀請到日本來談判。當澳洲人到了日本，他們一般都會比較謹慎，講究禮貌，不致於過分侵犯地主的權益，因而日本和澳洲在談判桌上的相互地位就發生了顯著的變化。這項策略有別於一般討好對方的「順風」原則，而是「逆向」操作。

澳洲人過慣了富裕的舒適生活，他們的談判代表到了日本後不到幾天，就急於想回到家鄉別墅的游泳池、海濱和妻兒身旁去，所以在談判桌上常常表現出急躁的情緒，但日本談判代表卻不慌不忙地討價還價，他們掌握了談判的主動權，結果日本僅僅花費了少少的招待作「釣餌」就取得有利的談判環境。對於談判自然環境的選擇，往往展現出談判者的心態與用意。談判者透過對談判時空環境的選定，力求創造出有利於己方的良好心理氣氛，促使談判獲得成功。

另外，一家日本公司想與另一家公司共同承擔風險進行投資經營，但難在那家公司對這家公司的信譽不大瞭解。為了解決這個問題，有關人員請兩家公司決策者到一個特別的地點會面商談；這是個火車小站，車站門口有一座狗的雕塑，在它的周圍經常站滿了人，但幾乎沒有人觀賞這件雕塑，只是在那兒等人。為什麼都在這兒等人呢？原來有個傳說故事，故事中這隻名字叫做「小八」（ハチ）的秋田犬對主人非常忠誠。有一次主人出門未回，這隻狗不吃不喝，一直等到死。後來人們把它稱為「忠犬八公」，把它當成了「忠誠和信用」的象徵，並在此地立了雕像。所以許多人為了表示自己的忠誠和信用，就把這裡當成了約會地點。當兩個公司的決策者來到雕像旁邊時，彼此都心領神會，不須太多的言語交流，就順利地簽訂了合約。

二、發展拋磚引玉技巧

「拋磚引玉」原是成語，以形象的說法引申出深奧的道理。就是故意講出自己似乎「不成熟」的見解，以引出對方發表「眞情」之見。它的謀略意義在於提出問題，誘使對方說明或暴露自己的眞實意圖。商業談判中，一方主動地提出各種問題，但不提解決的方法，讓對方去解決。

這種策略，一方面可以達到尊重對方的目的，使對方感覺到自己是

談判的主角和中心；另一方面，自己又可以探詢對方底細，爭取主動地位。但是，這種策略在兩種情況下不適用，一種情況是在談判出現分歧時，不適用。因爲在雙方意見不一致時，對方會認爲你是故意給他出難題，會覺得你沒有誠意，容易使談判不成功。第二種情況是在瞭解了對方是一個自私自利、利益必爭的人時，不宜採用。因爲對方會乘機抓住對他有利的因素，反而使己方處於被動地位。

(一)啓發式策略

「啓發式」原爲教育學名詞，是教學方法的一種，教導者提出思考性的問題，讓學習者積極思考，並回答所提出的問題。應用在商業談判中，己方就談判議項提出問題，以虛心請教的態度，以相互磋商的口吻，請對方說出自己的意見。己方在傾聽對方意見的陳述過程中，得知有價值的資訊，以修正自己的方案並調整策略。

「啓發式」談判策略重在「發」，就是使對方開口說話，關鍵是「啓」。如果「啓」而不「發」，則毫無意義。如果「啓」而不當，反爲人所用，同樣不能達到自己的目的。「啓」一定要注意策略，它既包含了自己的潛在意圖，又使對方不能不「發」。

個案研究：讓對方找答案

有一位讀者到書店想買一本有關法律與法規方面的書籍，他逛了許多書店，但就是沒有「法律大全」這類的書籍。後來，在某書店發現了彙編齊全的法規書籍，但售價很高，讀者正為價格而猶豫不決。書店老闆抓住了顧客的心理，採取「啟發式」改變顧客的立場：

老闆：「您想買匯總多年法規大全的法律書籍吧！」

讀者：「是的。」

老闆：「您是想考研究所，還是律師？」

讀者：「參加今年的全國律師資格考試。」

老闆：「考律師比考研究生更應瞭解法律法規，您是否意識到國家每年法規都在增加和變動嗎？」

讀者：「的確是這樣，我就是想找一本法規彙編大全的書籍。」

老闆：「去年，我有兩個同學因為沒有注意近年來經濟合約法規的變化，差兩三分沒有通過律師考試。」

讀者：「是嗎？」（吃驚的樣子）

老闆：「這幾年律師考試，題目靈活多變，特別注重時效！」

讀者：「那不是更應該靈活運用法規解決實際問題嗎？」

老闆：「您說呢？」

讀者聽到這裡，消除了疑慮，就不再考慮高價而買了一套法規彙編大全。書店老闆的成功訣秘，就在於「啟發」，他緊緊抓住讀者心理，自己並沒有回答問題，讓讀者自己找到了答案。

(二)誘導式策略

「誘導式」策略也是教育心理學名詞。就是教導者透過各種方法，使學生的思維一步步接近自己的本來意圖。商業談判中的「誘導式」，指談判一方提出似乎與內容關係不大，而對方能夠接受的意見，然後，逐步引導對方不斷靠近自己的目標。「誘」是手段，「導」即導向，就是按照自己的意圖改變對方的立場態度（這是目的）。

在談判中，誘導對方與說服對方的方法技巧，是要抓住對方的心理，先說什麼，再說什麼；該說什麼，不該說什麼。參考尼倫伯格法則（Nierenberg Rule）介紹在談判中誘導對方的方法：

1. 談判開始時，要先討論容易解決的問題，然後再討論容易引起爭論的問題。如果能把正在討論的問題和已經解決的問題連結起來，就較有希望達成協議。
2. 雙方期望與雙方談判的結果有著密不可分的關係。伺機傳遞消息給對方，影響對方的意見，進而影響談判的結果。假如同時有兩個資

訊要傳遞給對方，其中一個是較讓對方滿意的，另外一個則較不合人意，則該先讓他知道那個較能投合他的消息。

3.強調雙方處境的相同要比強調彼此處境的差異，更能使對方瞭解和接受。強調合約中有利於對方的條件，這樣才能使合約較易簽訂。

4.先透露一個使對方好奇而感興趣的消息，然後再設法滿足他的要求，這種資訊千萬不能帶有威脅性，否則對方就不會接受了。說出問題的兩面情況，比單單說出一面更有效。

5.等討論過贊成和反對的意見後，再提出你的意見。通常聽話的人比較容易記住對方所說的頭尾部分，中間部分比較不易記住。結尾要比開頭更能給聽者深刻的印象，特別是當他們不瞭解所討論的問題時。與其讓對方作結論，不如先由自己清楚地陳述出來。重複地說明一個消息，更能促使對方瞭解與接受。

三、維持適當協商空間

「保留空間」的談判策略也就是「留一手」。談判者對要陳述的內容保留空間，以備討價還價之用。在實際談判中，不管你是否留有餘地，對方總是認爲你會留一手的。你的報價即便是分文不賺，他也會認爲你賺一大筆錢，總要與你討價還價，你不作出讓步，他不會滿意。因此，爲了使雙方利益都不受到損失，報價時必須留有讓步餘地。同樣，對方提出任何要求，即使你能百分之百地滿足對方，也不要立刻承諾，要讓對方覺得你是作了讓步後，才滿足他的要求的。這樣可以增加自己要求對方在其他方面作出讓步的籌碼。

「保留空間」的策略，從表面上看與開誠公布相抵觸，但也並非是絕對的。二者的目標一致，都是爲達成協定，使對方都滿意，只是實現目的途徑不同而已。不可忽視的是，該策略如何運用要因人而異。一般說來，在兩種情況下使用該策略：

1.用於對付自私狡猾、見利忘義的談判對手。

2.在不瞭解對方或開誠公布失效的情況下使用。如果對方情況都很熟悉，使用此策略，反而會失信於對方。

(一)不輕意許諾

在談判中保留空間，是不要輕意承諾：一項承諾就是一個讓步，它有打折扣的效果。有的承諾絲毫不花代價，有的承諾只在承諾人願意履行時才有用，假如你無法得到對方的讓步，就爭取對方一個承諾。

實際上，很多交易是經由口頭上的承諾而作成的。「假如你這樣做的話，我就會那樣做。」有的承諾甚至不必說出來就能夠爲雙方所瞭解。當你承諾某種好處給我時，你就可以在你的帳本上記下一筆，記帳使整個商業界得以運行。合約本身就是一項具有約束力的承諾：你若做了某些事情，我將會付錢給你。

承諾是容易的，但對方不一定會遵守。所以簽訂合約只是規定雙方的責任和權利而已，它尚不足以保證對方會履行責任，縱然我們事先約定好：我一做好工作，你就會付給我一大筆錢。可是我工作完成之後，你卻跑掉了。而合約所給予我的保證只有訴訟的權利了。可是實際上訴訟卻無法進行，因爲你已跑到其他地方去了。當合約無法充分保證對方會履行責任時，就必須採取其他的措施了。例如，要求對方預存一筆基金或者發行公司債，或是安插一個人去監督對方的董事會，或是彼此大量購買對方公司的股票。

(二)履行承諾

在談判後，對方可能會履行承諾，但是也可能不會。若要使對方履行，則必須事先作調查和管理。要讓對方知道不履行承諾已經是不可能的，並且要使對方承認這點，一份仔細擬定的合約也可以作爲管理的基礎。有些承諾即使沒有寫下字據，沒有法律的支持，也可以迫使對方履行。例如：有賭博嗜好的人，在賭場裡借錢一定會還。因此，要注意：談判的承諾往往會被打折扣的。

個案研究：中斷默契

某承包商便是因為不守諾言而致富的。他常以一種微妙的方式不遵守諾言。他在美國加州和亞利桑那州等許多不同的地方都有工作監督員。得到建築標案時，再分給分包商去做。分包商往往會多做一些額外的工作，希望以後能有利於和承包商商量，由他來補償，可惜，總是沒結果。因為這個承包商不斷地調換監督員，那些分包商突然面對全然陌生的一個人，而這個人根本就不知道前任監督員和承包商之間的默契，於是拒絕補償。由於承諾打了折扣使得分包商損失很多。這個案例值得深思，並思考預防的對策。

不過，一般來說，承諾仍是有效的。記住：假如你得不到對方的讓步，不妨先得到一些承諾。因為大部分人都會試著去履行他們的所說的話。

(三)不逼向絕路

不在談判後把對方逼向絕路。既然談判的目的是爲了達成某種協議，那麼，談判雙方千萬不要說「太過分」的話，不要把對方逼入死角。在給自己留有餘地、不輕易承諾的同時，也要給對方留有繼續協商的餘地；不把話說絕，讓對方有改變態度的時間和機會。

第一，給對方小小的讓步和承諾，以換取對方更大的讓步和承諾。既是給對方留有餘地，更爲自己留下了更大的餘地，就是贏得了對方的贊同，也實現自己的目的。既然雙方都必須信守諾言，那麼，自己小小的承諾，就防止對方日後得寸進尺，進行拉鋸式討價還價的道路。這種「以退爲進」的談判策略，在不逼死對方的策略下，悄悄地實現了自己的目標，不失爲高明的做法！

第二，思考的好處。心理學家佛洛伊德（Sigmund Freud）曾經說過「思想領先於行動」。說話也領先於行動，當我們說了或寫了某些事情時，通常已經準備以行動來維護它們。說話就是一種承諾，一旦說出來，就必須維護。你可以做一個小試驗，讓一個朋友針對某件事情向你勸告，然後注意：他就要開始建立一個又一個的要點來支持所給你的勸告。假如你把話題改變了，不需要多久，他便會把話題再轉回來，並且舉出更爲有力的證據。有人做過這種試驗，發現人們維護自己所說的話猶如維護自己本身一樣，好像爲自己所說過的話許下承諾似的。

這一點在談判過程中有重要的意義。從賣方的觀點來看，一旦買方公司的工程師或者生產人員稱讚賣方的觀念或者產品時，他們便會盡力去維護它了，所以賣方應該儘量爭取對方的稱讚。曾經稱讚過賣方所提供的服務的人，將會發現很難推翻自己所說過的話。也就是說，假如買方同意了賣方，他們甚至可能會向公司裡的同仁爲賣方辯護。假使對方公司承認其缺點，他們以後就很難和你討價還價了。

面對這種情況，買方應該全力爭取賣方和賣方公司同仁的口頭承諾。賣方的口頭承諾可以增加買方議價的力量。買方要儘量瞭解賣方的成本分析和資料，越詳細越好，以證實己方的判斷。買方應該直接和賣方公司的工程、生產和品質管制人員談話，以取得他們以後好好執行工作的承諾，使工作進度和付款密切配合。

最後，買賣必須好好地作記錄，並且妥善保存，記下賣方未來一年到五年內所要做的事。所有的承諾對於買方來說將有極大的幫助。說出來的話就是很好的承諾，要是再配合書寫的文件和實際履行的行動自然更佳。取得對方的口頭承諾，乃是你議價力量的重要來源。

個案研究：黑臉和白臉

「黑臉白臉」的策略，常在電影中看到。一個嫌疑犯被警方抓到之後，開始被審問。第一個員警用炫目的燈光照著他，持續地問他問題，態度粗暴。然後，這個員警走了，來了另一個員警，這個員警先是把燈關掉，再遞給他香菸，要他放輕鬆，然後才進入正題。不一會兒，嫌疑犯便把該

說的口供全說了。

「黑臉白臉」策略用到談判上，方式也是一樣。先出場的那個人立場強硬，毫不客氣地提出要求，並擺出一副咄咄逼人的樣子，而坐在他旁邊的一位隨時保持微笑。過一會兒，「黑臉」不再發言，「白臉」補充。相較之下，「白臉」提的要求顯然合理得多。當然，在被「黑臉」修理之後，看見「白臉」笑容可掬的樣子，一定對他有好感。「黑臉」可以有各種不同的形式，它既可以是人，例如像律師、會計師、老闆等，也可以是一些規定，例如像公司政策、貸款條文等。

當你遇上「黑臉」時，不妨採取以下的方式來對付對方：

1.任他們盡情地說，通常對方人員會主動「喊停」。
2.向他們高層主管提出抗議。
3.一走了之。
4.當眾揭穿他們。
5.會談一開始就假定「黑臉」馬上會出現，這樣做有助於緩和他們的角色。
6.召開幹部會議。

當然，在面對談判「黑臉白臉」策略時，千萬不要忘記，不管對方是黑臉還是白臉，他們都是站在同樣的利益立場上，他們的目的都是要從你身上獲取最大的利益。

四、善用心理暗示策略

談判的心理暗示策略，就是俗語「投石問路」，它是一種生動的動作比喻，指談判者不知對方的虛實，以暗示、試探等多種方式瞭解對方的談判實力和立場態度。像過河一樣，因爲不知河水有多深，便投石以試深淺。「投石問路」在政治外交談判中，常常使用巧妙的暗示來傳達某種資訊。

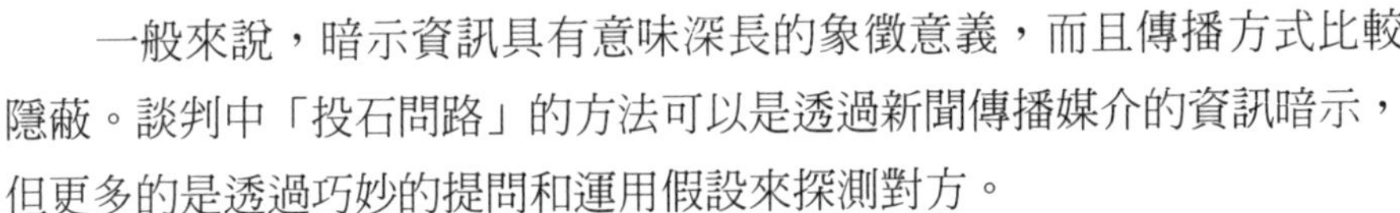

一般來說，暗示資訊具有意味深長的象徵意義，而且傳播方式比較隱蔽。談判中「投石問路」的方法可以是透過新聞傳播媒介的資訊暗示，但更多的是透過巧妙的提問和運用假設來探測對方。

(一)巧妙提問

心理的暗示策略，主要是巧妙提問。在談判中，獲得資訊的一般手段是提問。例如：

1.這次談判你希望得到什麼？
2.你希望達到什麼目的？
3.你期待什麼？
4.你們單位的財務狀況如何？

我們除了可以獲得衆多的訊息之外，還常常能發現對方的需要，知道對方追求什麼，這些都對談判有很大的作用。不僅如此，提問還是談判應對的一個手段。

所以，我們必須確認：提什麼問題，如何表述問題，何時提出問題以及所提問題會在對方身上產生什麼反應，而這些都應蘊含在邏輯的問句中。不同的談判過程，獲取資訊的提問方法不同。我們可將提問形式歸納爲下列類型：

1.一般性提問：
　・你認爲如何？
　・你爲什麼這樣做？
2.直接性提問：
　・誰能解決這個問題？
3.誘導性提問：
　・這不就是事實嗎？
4.發現事實的提問：

・何處？
・何人？
・何時？
・何事？
・何物？
・如何？
・爲何？

5.探詢性，包括選擇與假設的提問：

・是不是？
・你認爲？
・是這樣，還是那樣？
・假如……怎樣？

(二)相同背景者

談判的心理暗示策略，通常被廣泛地應用在相同語言與文化背景者之間的交易上。雖然在概念與理論上談判的心理暗示策略是超越語言文化障礙，但是，在國際商務談判時，還是要考慮其可能發生的障礙。

第一，要注意提問問題的恰當性。如果提問題的方式能夠讓對方接受，那麼這個問題就是一個恰當的問題，反之就是一個不恰當的問題。一個不恰當問題的提出往往會導致談判的破裂。

個案研究：不恰當的回應

在一個買賣交易上，因乙方晚交貨兩個月，而且只交了一半的貨。買方對賣方說：「如果你們再不把另外一半貨物按時交來，我們就向其他供應商訂貨了。」

賣方問：「你們為什麼要撤銷合約？如果你們真的撤銷合約，重新訂貨，後果是不堪設想的，這些你們明白嗎？」

賣方的發言激怒了買方，於是立即撤銷了合約。

在這裡賣方提出「你們為什麼要撤銷合約？」，這是一個不恰當的問題，因為這個問題隱含著一個判斷，也就是買方要撤銷合約，實際上買方並沒有說一定要撤銷合約。這樣，買方不管怎樣回答，都得承認自己要撤銷合約。這就是強人所難，讓人生氣，談判自然會不歡而散！所以，在磋商階段，談判者要想有效地進行磋商，首先必須確切地提出爭論的問題。力求避免提出包含著某種錯誤假定或有敵意的問題。

第二，提出的問題要有針對性。在談判中，談判者提出的問題要有針對性，也就是一個問題的提出要把問題的解決引到某個方向上去。在開始階段。為了試探對方是否有簽訂合約的意圖，是否真的購買過產品，談判者必須根據對方的心理活動，運用各種不同的方式提出問題。

當買主不感興趣、不關心或猶豫不決時，賣主應問一些引導性問題：

「你想買什麼東西？」

「你願意出多少錢？」

「你對於我們的消費調查報告有什麼意見？」

「你對於我們的產品有什麼不滿意的地方？」

「你是不是擔心我們賣的衣服會縮水？」

提出這些引導性問題之後。賣方可根據買方的回答找出一些理由來說服對方，促使對方與自己成交。若賣方看到買方對他們生產的洗衣機不太滿意，就問對方：「在哪些方面不滿意？」

買方回答：「我不喜歡產品的外型，看起來不夠堅固。」

賣方說：「如果我們改進產品的外型結構，使之增加防鏽能力，你會感到滿意嗎？」

買方答：「就這一點而言，那當然好！不過交貨時間太長！」

賣方問：「如果我們把交貨時間縮短，你能馬上決定購買嗎？」

買方答：「絕對可以。」

在這樣，賣方針對買方的要求，提出一些可供商榷的問題，促使買方接受了自己的觀點。

第三，善用假設。一個買主要購買兩件衣服。他找到了一家商店。他問賣方：「我要購買兩百件衣服，每件衣服多少錢？」

「500元。」

「假如我要購買兩件，價格會怎樣呢？」

「假如我要購買五百件，價格又會怎樣呢？」

買主不斷地運用假設，來投出他的「石子」。一旦賣主的估價單下來，頭腦敏銳的買主就能從估價單上得到許多資訊。他可以估計出賣主的生產成本、設備費用的分攤情況、生產的能量及價格政策等。所以，買主能獲得購買兩件衣服更好的價格。因此，「投石問路」不失為獲取資訊的一個好方法。許多談判者正是運用這種方法獲取更多的資訊，然後進行比較、分析、推斷，找出更好的解決方案。有經驗的買主常常用類似前面問題來投石問路：

「假如我們要買好幾種產品，不只購買一種呢？」

「假如我們買下你全部產品呢？」

「假如我們要分期付款呢？」

「假如我們和你簽訂兩年合約呢？」

總之，這些看來無害的提問，有時會使賣方進退兩難，因為他們要想拒絕回答是很不容易的。所以，許多賣主寧願降低價格成交，也不願接受這種疲勞轟炸的詢問。

商業加油站

一捆木材的啟示

一個農夫有好幾個兒子，總是爭吵不休。儘管他多次苦口婆心語重心長地勸說他們，結果仍無濟於事。有一天，生氣的農夫終於忍不住了，他把所有的兒子集合到穀倉，地上放著一捆木柴。他說：「我希望你們一個一個地嘗試，用力把這捆木柴折成兩段。」

兒子們輪流上陣，但沒一個人能做到。於是農夫拆開木柴，往每個人手裡塞一根。然後他叫大家再試，大家都很輕鬆地折斷了手裡的木柴。非常有智慧的農夫教育兒子們說：「從這個例子中學習吧！只要你們團結一致，齊心協力，就不會被敵人征服；可是你們互相爭鬥不休，便很容易被敵人打垮。」

雖然農夫開始希望用好話勸勉兒子們同心協力工作。結果毫無作用，一捆木材的教訓，卻讓他們信服。換言之，談判成功的關鍵，並不在「多言」，而是在「力行」。正如愛爾蘭教育家葉慈（William B. Yeats）所說的：

教育不是裝滿一桶水，
而且點燃一把火。

Education is not the filling of a pail,
but the lighting of a fire.

個案研究：團隊的價值

惠普公司（Hewlett-Packard）的首席執行長菲奧莉娜（Carly Fiorina）在她的著作《迎接挑戰：我的領導旅程》（*Rising to the Challenge: My Leadership Journey*, 2015）指出：許多公司看重團隊的價值，只有團結才能

成功。你或者你的朋友住過院嗎？醫院就是一個完美合作的典範。你的醫生主要負責治療，但是他需要其他專家，諸如X光技術專家、血液化驗專家、實驗室工人、夜班護士、麻醉師等的配合，才能找出病因並幫助你恢復健康。每一個專家都貢獻自己的智慧，並且共同來承擔責任。

雖然醫院模型提供了一種有效率的配置，但當組織或者工作形式沒那麼複雜的時候，還有一些模型運作起來也許更有效率。我們不妨稱它們動物園模型。塞弗特（Harvey Seifter）在他的《領導合奏》（*Leadership Ensemble*, 2001）中如此描述：

聖地牙哥動物園是美國最大的動物園之一。每年有超過五百萬的遊客來參觀，動物園則擁有超過八百五十種的動物和六千五百種植物。你估計維持這麼大規模要花費多少錢？你相信動物園在2003年的預算要超過一億美元嗎？更加重要的是，動物園沒有公共資助，它的收入完全來自於門票和會員費用。遊客們和贊助者們都希望動物園變得更乾淨，動物都能得到更好的照料。於是，為了達到如此之高的預期，動物園必須要鼓勵團隊合作。

麥爾斯（Douglas G. Myers）擔任了動物園的執行長以後，發覺整個動物園有五十個單獨運作的部門——簡直是一場噩夢。每一個部門都有自己獨立的責任，比如，維護動物園運作、園藝修剪、照料動物等，缺乏橫向聯絡與整合。按照麥爾斯的想法，這個動物園需要排除單位主義，應該透過訓練員工適應所有工作，從而整合起來。他經過溝通協調，從不同部門抽取人員來重組隊伍。麥爾斯認為員工必須做公司分派給他的一切工作。塞弗特在他的《領導合奏》中解釋：「每一個團隊都應該對職責範圍內的所有問題負責。從飼養動物到保護環境，我們擁有一批專業人員，比如，動物園管理員、動物飼養員、園藝專家等，甚至還有建築管理員。」

這些團隊單位的人數經常少於十二到十五人，都有自己的預算，可以自由支配這些錢的用途。這樣整合的團隊模式富有彈性，責任也被分擔。廣義地定義這項工作，動物園員工可以學到更多東西，也使得他們自己更突顯在組織中的價值，也對別人更有幫助。這是善於溝通的麥爾斯成功領

導聖地牙哥動物園工作團隊的關鍵。

透過溝通提升團隊工作效率是一件大好事。

參考文獻

Acuff, Dan S. & Robert H. Reiher (2003). *What Kids Buy and Why: The Psychology of Marketing to Kids*. Publisher: Simon and Schuster.

Antonides, Gerrit (1996). *Psychology in Economics and Business*. Publisher Kluwer Academic Publishers.

Baird, Allen J. (1992). *Option Market Making: Trading and Risk Analysis for the Financial and Commodity Option Markets*. Published: Wiley.

Baron, David P. (1998). *Business and Its Environment*. Published: Prentice Hall.

Bell, Chip R. & Patterson R. John (2009). *Take Their Breath Away: How Imaginative Service Creates Devoted Customers*. Publisher: Wiley.

Bennis, Warren G., Daniel Goleman & James O'Toole (2008). *Transparency: How Leaders Create a Culture of Candor*. Publisher: Jossey-Bass.

Blackwell, Roger D. (1997). *From Mind to Market: Reinventing the Retail Supply Chain*. Publisher: HarperBusiness.

Blinder, Alan S. (1990). *Inventory Theory and Consumer Behavior*. Publisher: Prentice-Hall.

Blokdijk, Gerard (2015). *Yield Management: Simple Steps to Win, Insights and Opportunities for Maxing Out Success*.

Brown, Stanley A. (1998). *Breakthrough Customer Service: Best Practices of Leaders in Customer Support*. Publisher: Wiley.

Carrubba, Eugene R. & Mark E. Snyder (1993). *You Deserve the Best: A Consumer's Guide to Product Quality and Total Customer Satisfaction*. Publisher: Amer Society for Quality.

Clifford, Donald K. & Richard E. Cavanagh (1986). *Winning Performance: How America's High-growth Midsize Companies Succeed*. Publisher: Bantam.

Costa, Janeen A. (1994). *Gender Issues and Consumer Behavior*. Publisher: SAGE

Publications, Inc.

Covey, Stephen (2013). *The 7 Habits of Highly Effective People: Powerful Lessons in Personal Change*. Publisher: Simon & Schuster.

Daniels, John D. (1997). *International Business: Environments and Operations*. Publisher: Addison Wesley.

Day, Ralph L. (1991). *Journal of Consumer Satisfaction, Dissatisfaction and Complaining Behavior*. Publisher: Brigham Young Univ Graduate School.

Dewey, John (2013). *How We Think*. Publisher: CreateSpace Independent Publishing Platform.

Drucker, Peter F. (2014). *Managing in Turbulent Times*. Publisher: HarperCollins e-books.

Druker, Peter F. (2014). *The Peter Drucker Collection on Becoming An Effective Executive*. Publisher: HarperCollins e-books.

Dubrin, Andrew J. (1990). *Effective Business Psychology*. Publisher: Prentice Hall.

Duffie, Darrell (1996). *Dynamic Asset Pricing Theory* (2nd Ed.). Publisher: Princeton University Press.

Fiorina, Carly (2015). *Rising to the Challenge: My Leadership Journey*. Publisher: Sentinel.

Foxall, Gordon R. & Ronald E. Goldsmith (1994). *Consumer Psychology for Marketing*. Publisher: Cengage Learning.

Frankel, Carl (1998). *In Earth's Company: Business, Environment, and the Challenge of Sustainability*. Publisher: New Society Publishers.

Galbraith, John K. (2004). *The Economics of Innocent Fraud: Truth For Our Time*. Publisher: Houghton Mifflin

Gilbert, Paul R. (1994). *Nations, Cultures and Markets: Papers in Applied Psychology*. Publisher: Avebury.

Giuliani, Rudolph (2007). *Leadership*. Publisher: Miramax.

Grensing, Lin (1997). *Finding, Hiring and Keeping the Right People Business Package*. Publisher: Self Counsel Pr.

Hanna, Nessim (2000). *Consumer Behavior: An Applied Approach*. Publisher:

Prentice Hall.

Harris, Richard J. (1999). *A Cognitive Psychology of Mass Communication*. Publisher: Routledge.

Hawkins, Delbert I., Roger J. Best & Kenneth A. Coney (2001). *Consumer Behavior: Building Marketing Strategy*. Publisher: McGraw-Hill.

Heller, Robert (1999). *Essential Managers: Managing Teams*. Publisher: DK.

Hill, Ronald P. (1999). *Marketing and Consumer Behavior Research in the Public Interest*. Publisher SAGE Publications Inc.

Hoch, Stephen J. & Howard C. Kunreuther (2004). *Wharton on Making Decisions*. Publisher: Wiley.

Holbrook, Morris B. (1993). *Daytime Television Gameshows and the Celebration of Merchandise: The Price Is Right*. Publisher: Popular Press.

Jones, John W., Brian D. Steffy & Douglas W. Bray (Editor) (1990). *Applying Psychology in Business: The Handbook for Managers and Human Resource Professionals*. Publisher: Lexington Books.

Kazdin, Alan E. (2003). *Encyclopedia of Psychology*. Publisher: Amer Psychological Assn.

Kiev, Ari (1998). *Trading to Win: The Psychology of Mastering the Markets*. Publisher: Wiley.

Kleinman, George (1997). *Mastering Commodity Futures and Options: The Secrets of Successful Trading*. Publisher: Financial Times.

Kotler Philip T. & Gary Armstrong (2015). *Principles of Marketing* (16th Ed.). Publisher: Pearson.

Kroc, Ray (1992). *Grinding It Out: The Making of McDonald' s*. Publisher: St. Martin's Paperbacks.

Laflair, Roy M. (1980). *Managerial Psychology: Business Success through the Power of Scientific Psychology*. Publisher: American Classical College Press.

Larson, Chrisitan D. (2016). *Business Psychology: How to Become Powerful and Successful in Business*. Publisher: CreateSpace Independent Publishing Platform.

Lauder, Estee (1985). *Estee: A Success Story*. Publisher: Random House.

Levinson, Jay C. & Seth Godin (1994). *The Guerrilla Marketing Handbook*. Publisher: Mariner Books.

Littler, Dale (2006). *Blackwell Encyclopedia of Management: Marketing*. Publisher: Wiley-Blackwell.

Luthans, Fred, Carolyn M. Youssef-Morgan & Bruce J. Avolio (2015). *Psychological Capital and Beyond*. Publisher: Oxford University Press.

Maclaran, Pauline, Liz Parsons & Elizabeth Parsons (2009). *Contemporary Issues in Marketing and Consumer Behavior*. Publisher: Routledge.

McKenna, Eugene F. (2012). *Business Psychology and Organizational Behavior*. Publisher: Psychology Press.

McKenna, Patrick F. & David H. Maister (2005). *First Among Equals: How to Manage a Group of Professionals*. Publisher: Free Press.

Moscovici, Serge (1985). *The Age of the Crowd: A Historical Treatise on Mass Psychology*. Publisher: Cambridge University Press.

Mowen, John C. & Michael Minor (1997). *Consumer Behavior*. Publisher: Prentice Hall.

Nagle, Thomas T. & Reed K. Holden (1994). *The Strategy and Tactics of Pricing: A Guide to Profitable Decision Making* (2nd Ed.). Publisher: Taylor & Francis.

Natenberg, Sheldon (1994). *Option Volatility and Pricing: Advanced Trading Strategies and Techniques*. Publisher: McGraw-Hill

Neale, Margaret A. & Thomas Z. Lys (2015). *Getting (More of) What You Want: How the Secrets of Economics and Psychology Can Help You Negotiate Anything, in Business and in Life*. Publisher: Gildan Media, LLC.

Noonan, David (2005). *Aesop and the CEO: Powerful Business Lessons from Aesop and America's Best Leaders*. Publisher: Thomas Nelson.

Norman, Don A. (2005). *Emotional Design: Why We Love (or Hate) Everyday Things*. Publisher: Basic Books.

O' Brien, Virginia (1998). *Success On Our Own Terms: Tales of Extraordinary, Ordinary Business Women*. Publisher: Wiley.

Oliver, Richard L. (2010). *Satisfaction: A Behavioral Perspective on the Consumer*

(2nd Ed.). Publisher: Routledge.

Palmer, Adrian & Catherine Cole (1995). *Services Marketing: Principles and Practice*. Publisher: Prentice Hall College Div.

Parkinson, Mark (1999). *Using Psychology in Business: A Practical Guide for Managers*. Publisher: Gower Publishing Ltd.

Pollard, William C. (2010). *The Soul of the Firm*. Publisher: DeltaOne Leadership Center.

Pring, Martin J. (1995). *Investment Psychology Explained: Classic Strategies to Beat the Markets*. Publisher: Wiley.

Rabolt, Nancy J. & Judy K. Miler (1997). *Concepts and Cases in Retail and Merchandise Management: Instructor's Guide*. Publisher: Fairchild Books & Visuals.

Ramsgard, William C. (1977). *Making Systems Work: The Psychology of Business Systems*. Publisher: Wiley.

Reich, Robert B. (2012). *Beyond Outrage: What Has Gone Wrong with Our Economy and Our Democracy, and How to Fix It*. Publisher: Audible Studios.

Rohr, Ellen (1999). *How Much Should I Charge?: Pricing Basics for Making Money Doing What You Love*. Publisher: Maxrohr.

Rust, Roland T. & Richard L. Oliver (Editor) (1993). *Service Quality: New Directions in Theory and Practice*. Publisher: SAGE Publications, Inc.

Schütte, Hellmut & Deanne Ciarlante (1998). *Consumer Behavior in Asia*. Publisher: NYU Press.

Scott, Walter D. (2016). *Increasing Human Efficiency in Business a Contribution to the Psychology of Business*. Publisher: Leopold Classic Library.

Seifter, Harvey (2001). *Leadership Ensemble: Lessons in Collaborative Management from the World's Only Conductorless Orchestra*. Publisher: Times Books.

Skinner, Burrhus F. (1965). *Science and Human Behavior*. Publisher: Free Press.

Solomon, Michael R. (2008). *Consumer Behavior*. Publisher: Prentice Hall.

Solomon, Michael R., Rosemary Polegato & Judith L. Zaichkowsky (1998). *Consumer Behavior: Buying, Having, and Being*. Publisher: Prentice Hall Canada Inc.

Stamatis, Dean H. (1995). *Total Quality Service: Principles, Practices, and Implementation*. Publisher: CRC Press.

Sundel, Martin & Sandra S. Sundel (2017). *Behavior Change in the Human Services: Behavioral and Cognitive Principles and Applications* (6th Ed.). Publisher: SAGE Publications, Inc.

Sutton, Cort (1981). *Advertising Your Way to Success: How to Create Best-Selling Advertisements in All Media*. Publisher: Prentice Hall.

Taylor, Frederick W. (2008). *The Principles of Scientific Management*. Publisher: Digireads.com.

Trump, Donald (2015). *Trump: The Art of the Deal*. Publisher: Random House Value Publishing.

Trykova, T. A. (2010). *Commodity Packaging Materials and Packaging*. Publisher: Dashkov i Ko.

US Government (1992). *Consumer Product Safety: Responsive Business Approaches to Consumer Needs*. Publisher: Washington, D.C.: The Office.

Walker, Robyn (2014). *Strategic Management Communication for Leaders* (3rd Ed.). Publisher: South-Western College Pub.

Walter, Bruno & Ernst Krenek (2013). *Gustav Mahler (Dover Books on Music and Music History)*. Publisher: Dover Publications.

Walton, Sam (1993). *Sam Walton: Made In America*. Publisher: Bantam.

Weil, Simone (2002). *Gravity and Grace*. Publisher: Routledge.

Weisgal, Margit B. (2004). *Show and Sell: 133 Business Building Ways to Promote Your Trade Show Exhibit*. Publisher: Amacom Books.

Weisgal, Margit B. (2005). Show and Sell: 133 Business Building Ways to Promote Your Trade Show Exhibit. Publisher: Amacom Books.

Windham, Laurie (2000). *The Soul of the New Consumer: The Attitudes, Behavior, and Preferences of E-Customers*. Publisher: Allworth Press.

Zemke, Ron. (2003). *Best Practices in Customer Service*. Publisher: AMACOM.

商業心理學——掌握商務活動新優勢

作　　者／林仁和
出 版 者／揚智文化事業股份有限公司
發 行 人／葉忠賢
總 編 輯／閻富萍
特約執編／鄭美珠
地　　址／新北市深坑區北深路三段 260 號 8 樓
電　　話／(02)8662-6826
傳　　真／(02)2664-7633
網　　址／http://www.ycrc.com.tw
E-mail／service@ycrc.com.tw
ISBN／978-986-298-258-7
初版一刷／2001 年 8 月
二版一刷／2010 年 3 月
三版一刷／2017 年 5 月
定　　價／新台幣 500 元

國家圖書館出版品預行編目資料

商業心理學：掌握商務活動新優勢 / 林仁和著. -- 第三版. -- 新北市：揚智文化, 2017.05

面； 公分

ISBN 978-986-298-258-7（平裝）

1.商業心理學

490.14 106007255